ZHAYAO YU HUOGONGPIN ANQUAN

炸药与火工品安全

胡立双　张清爽　胡双启　主编

化学工业出版社

·北京·

内容简介

《炸药与火工品安全》共11章，分别介绍了炸药及火工品安全性概念与界定；炸药组成、分类、特点及爆炸特征；炸药爆炸化学方程式书写及爆炸性能参数；炸药不安全因素及受外界刺激时感度；常见单体及混合起爆药特性；常见单体及混合炸药特性；火帽、底火、延期药、雷管、传爆药柱等常见火工品基本性质；静电及射频对电火工品影响及其防护；炸药及火工品安全运输原则、方式等；炸药及火工品安全销毁技术及安全保障；炸药及火工品厂（库）房安全设计等。

本书可作为高等院校安全工程等专业的教学用书或教学参考书，也可供相关领域的研究人员或工程技术人员参考。

图书在版编目（CIP）数据

炸药与火工品安全/胡立双，张清爽，胡双启主编．—北京：化学工业出版社，2021.11（2024.10重印）

ISBN 978-7-122-39723-2

Ⅰ．①炸…　Ⅱ．①胡…②张…③胡…　Ⅲ．①炸药-基本知识②火工品-基本知识　Ⅳ．①TQ56

中国版本图书馆CIP数据核字（2021）第162818号

责任编辑：高　震　杜进祥　　　　装帧设计：韩　飞

责任校对：王佳伟

出版发行：化学工业出版社（北京市东城区青年湖南街13号　邮政编码100011）

印　　装：北京盛通数码印刷有限公司

710mm×1000mm　1/16　印张15　字数258千字　2024年10月北京第1版第5次印刷

购书咨询：010-64518888　　　　售后服务：010-64518899

网　　址：http://www.cip.com.cn

凡购买本书，如有缺损质量问题，本社销售中心负责调换。

定　　价：58.00元

前言

一千多年前中国人发明了黑火药，是我国古代的四大发明之一。直至19世纪80年代，欧洲人发明了无烟火药和黄色炸药，从此进入现代炸药时代，梯恩梯、黑索今、奥克托今及六硝基六氮杂异伍兹烷等相继合成并投入使用，能量与性能不断提升，成为现代炸药的特征标志。1799年研制成功雷汞，后来又研制了氮化铅、四氮烯、三硝基间苯二酚铅等起爆药，为火工品改善性能与增加品种提供了有利条件。20世纪以来，许多新技术出现推动了火工技术的发展，60年代出现了激光起爆器，70年代又出现了半导体桥雷管，火工品的发展促进并扩大了炸药的应用。

以“精确打击、高效毁伤、高生存能力以及环境友好”为指导的新时期武器装备跨越式发展目标对炸药及火工品提出了更高的要求。高能、钝感是炸药发展的永恒方向，火工品的发展离不开炸药，钝感、智能、集成和安全是未来火工品的主要发展趋势。

本书共分为11章。第1章概述，主要介绍了炸药的本质特征与安全性的相关概念。重点阐述了炸药的安全技术体系。第2章炸药，主要论述了炸药及其特点，重点介绍了炸药化学变化基本形式及炸药分类。第3章炸药的热化学及爆炸能量，主要介绍炸药爆炸化学方程式书写原则及炸药爆炸性能参数。第4章炸药安全性，主要介绍炸药不安全因素及相应的感度。第5章起爆药，介绍了常见的一些起爆药的性质。第6章猛炸药，介绍了常见单体和混合炸药的性质。第7章火工品，介绍了常见火工品结构、性能及用途。第8章电火工品防静电和防射频设计，介绍电火工品防静电、防射频设计应用。第9章炸药及火工品运输安全，介绍炸药及火工品运输过程中的安全技术。第10章炸药及火工品销毁安全，介绍炸药及火工品销毁方法及销毁过程中的安全防范技术。第11章炸药及火工品厂（库）房防爆安全，介绍炸药及火工品厂房相关安全技术。

本书由中北大学胡立双、张清爽、胡双启组织编写并统稿，主要由中北大学胡立双、张清爽、胡双启、刘洋、赵海霞、曹雄、冯永安、崔超，兵器工业卫生研究所李连强，中国兵器工业火炸药工程与安全技术研究院曾丹、王艳平、吕智星、卫水爱，南京理工大学何中其及甘肃银光化学工业集团有限公司何丹合编。其中，第1章由胡双启教授、卫水爱研究员级高级工程师、刘洋博士及胡立双副教授撰写；第2章由刘洋博士撰写；第3章由张清爽副教授、刘洋博士及胡立双副教授撰写；第4章及第7章由胡立双副教授撰写；第5章由李连强研究员级高级工程师、赵海霞副教授及冯永安博士、刘洋博士及胡立双副教授撰写；第6章由何丹高级工程师、崔超博士、刘洋博士及胡立双副教授撰写；第8章由王艳平研究员级高级工程师撰写；第9章由何中其副教授、胡立双副教授、刘洋博士及曹雄教授撰写；第10章由曾丹研究员级高级工程师、刘洋博士及胡立双副教授撰写；第11章由吕智星高级工程师、刘洋博士及胡立双副教授撰写。光春雨、卫欣欣、弓世达、王志强、刘耿麟、朱文博、杜泽林、梁凯丽、雷超刚及冯景也参与了本书部分章节撰写，在此表示衷心感谢。

由于编者水平有限，疏漏之处在所难免，敬请读者批评指正。

编者

2021年9月

目录

第1章

概　　述

1.1 炸药及火工品基本概念

关于炸药，人们的认识经历了若干阶段的发展：初期——药剂；早期——危险的燃烧爆炸物质；近年——含能材料（物质）；近期——特殊能源。

炸药首先是一种物质，但在本质上它是一种能源，是一种特殊能源。该能源在一定外界和环境条件下，在特殊的封闭体系中（不需其他物质参与）以燃烧或者爆轰的化学方式释放能量并实现对外做功。该能源的本质是其组成元素的起始与终点物理化学状态的不同，造成元素的能级状态不同而释放能量，通常为热能。炸药作为能源的特殊性在于其组成元素的物理化学变化过程在封闭体系下完成，不需其他物质参与。

炸药主要应用于武器，可作为武器的发射、推进与毁伤能源，对武器威力起着重要的基础支撑与保证作用。所以，炸药可以称作武器能源，同时可作为其他方面的热源、气源、信号源等。

火工品是指装有一定量炸药，可用预定的刺激能激发并以爆炸或燃烧产生效应，完成规定的功能，比如点燃、起爆以及作为某种特定动力源的一次性使用的元件或小型装置。

火工品本质上是一种特殊能源，具有能量质量比高、作用时间短、起爆及输出能量可控、体积小及长期储存好等特点。由于很少有其他能源同时具备上述五种功能，所以，火工品如同血管遍布人体一样遍布武器系统各个位置，广泛应用于各类武器系统。

1.2 炸药及火工品安全性概念与界定

1.2.1 安全性基本内涵

安全性是指某种事物，特别是某种物质按照人们的意志处于一种相对稳定状态的特性，是一种性质、特点。

客观事物的安全性的本质是其特征状态处于稳定、可控制、可接受的范围以内，或者是表达特征状态的特征（函数）值在阈值以下。所以，安全的理论基础是建立在对客观事物状态的描述与表达，物理数学模型的建立和数值求解，特征函数的表达、变化规律以及相关阈值的确定之上的。安全技术可以归结为物理数学模型本构方程中相关参数、系数和边界条件的确定、调整、控制方法、手段、标准等。

1.2.2 炸药及火工品安全性基本内涵

炸药及火工品的安全性是指炸药及火工品在制造、加工、储存、使用等过程中按照人们的意志所希望的相对稳定特性。

1.2.3 炸药及火工品安全性外延界定

炸药及火工品安全性的外延：第一，指炸药及火工品在制造、加工、储存、使用等过程中的安全特性；第二，指与安全性直接或间接关联性质的具体内容，对于炸药而言，包括热分解特性、爆炸特性、燃烧特性等；第三，指在制造、加工、储存、使用等过程中由于外界条件可能引起分解、燃烧、爆炸的可能性，以及危害性分析和防护措施等。

1.3 炸药安全技术

1.3.1 炸药高危险性

炸药是国防科技工业领域产品研制、生产、储存、运输、使用、去军事化过程中导致灾难的最主要危险源。炸药高能量与高危险共存的固有特性决定了其不同于一般工业危险品，具有特殊的高风险。

① 事故引发能量低，极易发生燃烧爆炸事故。

② 燃烧爆炸冲击波压力高、热辐射效应强、破坏力大。

③ 风险贯穿于军工燃烧爆炸品整个生命周期的各个阶段。

④ 事故后果严重，影响大，可能造成核心能力的丧失、武器装备科研生产进度的延迟。

1.3.2 安全技术

炸药安全技术是防止炸药全生命周期事故发生及减小事故损失的方法、手段和措施。

炸药安全技术源于其全生命周期内事故灾变的机理、历程与模式，能量意外释放规律与控制的理论体系，解决炸药科研、生产与能力建设项目的安全设计、安全评审、安全监察、事故调查与处理等方面的工程问题。

(1) 地位与属性

炸药安全技术是炸药科研生产技术体系的重要组成部分，是控制炸药风险，实现技术目标的基础性、核心关键技术，是武器装备研制生产得以实施，国防设施功能得以保持的基本保障与首要条件。

(2) 使命

炸药安全技术具有四个重要使命：

① 保障人员、财产及环境安全。

② 保障炸药研制、生产、供给能力。

③ 保障国防基础设施安全有效与可用性，减小非打击性损失。

④ 保障武器装备生存能力。

复习思考题

1. 什么是安全？什么是安全性？炸药安全性的基本内涵是什么？
2. 什么是炸药？炸药在武器系统中的作用有哪些？
3. 为什么说炸药是高危物质？
4. 什么是火工品？火工品的特点有哪些？
5. 火工品在武器系统中的地位如何？

第2章

炸　　药

2.1 爆炸现象及特征

2.1.1 爆炸现象

爆炸是自然界中经常发生的一种现象。从最广义的角度来看，爆炸是指物质的物理或化学变化，在变化过程中，伴随能量的快速转化，即热力学能转化为机械压缩能，且使原来的物质或爆炸变化产物、周围介质产生运动。

爆炸可以由各种不同的物理现象或化学现象所引起。就引起爆炸过程的性质来看，爆炸现象大致可分为以下几类。

(1) 物理爆炸

物理爆炸是系统的物理变化引起的爆炸。例如，蒸汽锅炉、高压气瓶及车轮胎的爆炸是常见的物理爆炸。蒸汽锅炉爆炸是由于锅炉内的水受热成汽超过了额定的蒸汽压力时，压力超过锅炉壁的承受应力，锅炉碎裂。锅炉碎裂后，锅炉内的过热水汽快速膨胀，做破坏功。高压气瓶的爆炸是由于偶然的受热，气瓶内压力急剧升高，或是腐蚀、其他机械破损致使气瓶的强度下降，均可使气瓶爆炸。这种爆炸是由压缩气体的热力学能造成的。

(2) 化学爆炸

化学爆炸是由物质的化学变化引起的爆炸。例如，细煤粉悬浮于空气中的爆炸，甲烷、乙炔以一定比例与空气混合所产生的爆炸，以及炸药的爆炸，都属于化学爆炸现象。它们是由于急剧而快速的化学反应导致大量化学能的突然释放引起的。

(3) 核爆炸

核爆炸是由原子核的裂变（如^{235}U的裂变）或聚变（如氘、氚、锂核的聚变）引起的爆炸。

核爆炸反应所释放出的能量比炸药爆炸放出的化学能量要大得多。核爆炸时可形成数百万到数千万摄氏度的高温，在爆炸中心造成数太帕的高压，同时还有很强的光和热的辐射以及各种高能粒子的贯穿辐射。1kg ^{235}U 全部进行核裂变放出的能量相当于 2×10^7kg 梯恩梯（三硝基甲苯，TNT）炸药爆炸的能量。

本书只涉及由炸药化学反应过程所引起的爆炸，因此，本书后面所提到的“爆炸”，如不加以说明，均是指炸药爆炸。

2.1.2 炸药爆炸特征

炸药爆炸是一个化学反应过程，但炸药的化学反应并不都是爆炸，必须具备一定条件的化学反应才是爆炸。

例如，一个炸药包用雷管引爆，刹那间发生爆炸。人们看到，炸药包瞬时化为一团火光，形成烟雾并产生轰隆巨响，附近形成强烈的爆炸风（冲击波），建筑物或被破坏或受到强烈震动。分析上述爆炸现象：一团火光表明炸药爆炸过程是放热的，因而形成高温而发光；爆炸刹那间完成说明爆炸过程的速度极快；仅用一个小雷管即可将大包炸药引爆，说明雷管在炸药中所引起的爆炸反应过程是能够自动传播的；烟雾表明炸药爆炸过程中有大量气体产生，而气体的迅速膨胀则是建筑物等发生破坏或震动的本质原因。

综上所述，炸药爆炸过程具有三个特征，即反应的放热性、反应的高速率、生成大量气体产物。

（1）反应的放热性

化学反应释放的热量是爆炸的能源。反应过程吸热还是放热、放热量的多少决定了过程是否具有爆炸性质。

（2）反应的高速率

虽然反应的放热性是爆炸的重要条件，但是并非所有放热反应都能表现出爆炸性。高的反应速率是形成爆炸的又一重要条件。许多普通放热反应放出的热量往往要比炸药爆炸时放出的热量大得多，但它们并未能形成爆炸现象，其根本原因在于它们的反应过程进行得很慢。煤块可以平稳地燃烧，供人取暖。但是，如果将煤块粉碎成细末，使煤粉在空气中悬浮，形成一定比例的煤粉-空气混合物，点燃这种混合物就可引起爆炸。同样是煤，两种场合的区别在于反应速率。

(3) 生成大量气体产物

一个高速进行的放热反应也可能不具有爆炸性。例如，铝热剂燃烧时，按下列反应进行：

$$2Al + Fe_2O_3 \longrightarrow Al_2O_3 + 2Fe$$

该反应释放的热可达 840kJ/mol，是草酸银分解放热的 6.8 倍，但是铝热剂不易爆炸，而草酸银却很容易爆炸。原因在于草酸银反应时放出气体产物 CO_2，而铝热剂的反应产物却是固体。

需要指出的是，有些物质虽然在分解时生成了正常条件下处于固态的产物，但也造成了爆炸现象。例如乙炔银的分解反应

$$Ag_2C_2 \longrightarrow 2Ag + 2C + 365.16kJ/mol$$

这是由于在反应形成的高温下，银发生气化并使周围空气灼热而膨胀所致。

综合上面的讨论，可以得出结论：只有具备以上三个特征的反应过程才具有爆炸特性。因此可以说，炸药爆炸现象乃是一种以高速进行的能自动传播的化学变化过程，在此过程中放出大量的热、生成大量的气体产物，并对周围介质做功或形成压力突跃的传播。

2.2 炸药及其特点

广义上，炸药指能发生化学爆炸的物质，包括化合物和混合物。火药、烟火剂、起爆药都属于炸药的范畴。但是技术上只将用于军事工业、民用爆破目的的物质叫作炸药，又叫猛炸药，这是炸药的狭义含义。

(1) 炸药——高能量密度的物质

炸药是否是某种特殊含能的物质？分析表明，炸药分子内并非含有什么特殊含能的因素。在表 2-1 中列出了炸药、燃料反应释放能量的对比。

表 2-1 炸药、燃料反应释放能量值

物质	Q_c/kJ		
	1kg 物质	1kg 物质-氧混合物①	1L 物质-氧混合物
木柴	18830	7950	19.6
无烟煤	33470	9205	17.9
汽油	41840	9823	17.6
黑火药	2930	2930	2803
梯恩梯	4180	4180	6480
硝化甘油	6280	6280	10042

① 指燃料与氧的等化学比混合物，炸药自身含氧，不需和氧混合。

由表 2-1 所列的数据可以看出，1kg 燃料与炸药燃烧所释放的能量相对比，燃料放热远远大于炸药。例如，汽油的放热量是硝化甘油的 6.7 倍、梯恩梯的 10 倍、黑火药的 14.3 倍。但是，汽油燃烧时需要氧气助燃。在作对比时，应该以汽油-氧的等化学比混合物反应热作为对比基础。对比结果表明，汽油-氧混合物的放热仍大于炸药释放的能量。不过，氧是气体，密度小，因此汽油-氧混合物的密度也小，占有的体积大。如果 1L 的燃料与炸药释放的能量相对比，则情况明显不同。这时，1L 硝化甘油的反应热是汽油-氧混合物的 571 倍，梯恩梯是该混合物的 370 倍，黑火药则是它的 160 倍。

以上说明，炸药在反应时所放出的能量就单位质量而言，并不比普通燃料多，而由于反应的高速率，爆炸反应所放出的能量实际上可以近似地认为全部聚集在炸药爆炸前所占据的体积内，从而造成了一般化学反应所无法达到的能量密度（单位体积物质反应热）。

(2) 炸药——强自行活化的物质

炸药爆炸后，反应快速进行，直到反应完全。炸药爆炸时，释放大量的能量。依此类推，部分炸药爆炸后，可以不断地使和其接触的其余部分活化，发生反应，如此过程循环不止，直到全部炸药反应完毕。

(3) 炸药——亚稳定性物质

相对于一般的稳定物质而言，炸药稳定性较差，因而是一种亚稳定性物质，但炸药不是一触即发的危险品。有些著作中曾认为炸药像一个倒立着的瓶子，稍受外力就会倾倒，对于起爆药来说，这种比喻或许成立，但猛炸药则不然。有实用意义的炸药必须相当安全，能承受相当强烈的外界作用而不会爆炸。近代战争要求炸药具有低感度、高安全性。某些工业炸药感度很低，不能被雷管引爆，还得借助于猛炸药，例如梯恩梯-黑索今混合炸药，且所用药量达百克。

(4) 炸药——自供氧的物质

常用单体炸药的分子内或混合炸药的组分内，不仅含有可燃组分，而且含有氧化成分，它们不需外界供氧，在分子内或组分间即可进行化学反应。所以，即使与外界隔绝，炸药自身仍可发生氧化-还原反应，甚至燃烧或爆炸。

2.3 炸药分类

有些物质在一般情况下不能爆轰，但在特定条件下却能进行爆轰。例如，发射药在一般情况下主要的化学变化形式是燃烧，但是在密闭容器内或大威力的传爆药柱进行起爆时，还是可以发生爆轰的。苦味酸和梯恩梯在没有发明雷管前，一直不被视为炸药，但应用雷管起爆方法后，它们却成了很重要的炸药。硝酸铵一直被看作是化学肥料，但现在广泛地被当作民用爆破炸药。因此，炸药与非爆炸物的界限并不是十分明确的。从某种意义上来说，把某些物质称为炸药，而把另一些物质称为火药或烟火剂等，是一种习惯上的、有条件的划分。

2.3.1 按炸药组成分类

一般分为两大类，即单体炸药和混合炸药。

单体炸药又称单质炸药或爆炸化合物。它本身是一种化合物，即一种均一的相对稳定的化学物质。在一定的外界作用下，它的分子键会发生断裂，导致迅速的爆炸反应，生成新的稳定的产物。如梯恩梯、黑索今（环三亚甲基三硝胺）、奥克托今（环四亚甲基四硝胺）均为单体炸药。

混合炸药是由两种或两种以上独立的化学成分构成的爆炸物质。有时为了特殊目的要加入某些附加物以改善炸药的爆炸性能、安全性能、力学性能、成型性能以及抗高温性能等，从而使混合炸药在军事应用上日益扩大，地位越来越重要。目前，能实际应用的大多为混合炸药，分军用和民用两大类，还有些既可军用，又可民用。

2.3.2 按炸药用途分类

按炸药的用途，可将其分为起爆药、猛炸药、火药（或发射药）以及烟火剂四大类。

（1）起爆药

起爆药是一种对外界作用十分敏感的炸药。它不但在比较小的外界作用（机械作用或热作用等）下就能发生爆炸变化，而且其变化速度很快，一旦被引爆，立即可以达到稳定爆轰。所以起爆药的特点是，对外界作用比较敏感，从爆炸到爆轰时间短。

起爆药广泛用于装填火帽、雷管等火工品，还可作为各种爆炸机构（如爆炸螺栓、自炸装置等）的主装药。目前，军用火工品使用的起爆药主要是叠氮化铅［$Pb(N_3)_2$］、斯蒂酚酸铅［$C_6H(NO_2)_3O_2Pb \cdot H_2O$］、特屈拉辛［$C_2H_8N_{10}O$］及二硝基重氮酚［$C_6H_2N_2O(NO_2)_2$，代号 DDNP］等。

（2）猛炸药

猛炸药是爆炸时能对周围介质起猛烈破坏作用的炸药的统称。猛炸药对外界作用比较钝感，必须用冲击波或靠起爆药形成的爆轰波来激发其爆轰。猛炸药的品种多，使用的数量大，在军事上主要用来装填各种弹丸和爆破器材等。弹丸中装药经常用梯恩梯或梯恩梯与黑索今为主的各种混合炸药；工程爆破上常用硝酸铵炸药、浆状炸药、铵油炸药及乳化炸药等；火工品中常用的猛炸药有钝化黑索今、钝化太安等。

(3) 火药

火药（或发射药）能在无外界助燃剂（如氧）的参加下，迅速而有规律地燃烧，生成大量高温气体，用来抛射弹丸、推进火箭导弹系统，或完成其他特殊任务。此外，也可使用液体燃料作推进剂。

常用的发射药或火药，除了黑火药外，使用最多的是由硝化棉、硝化甘油为主要成分，外加部分添加剂胶化成的无烟火药。

(4) 烟火剂

烟火剂通常是由氧化剂、有机可燃剂或金属粉及少量黏合剂混合而成的。其特点是接受外界作用后发生燃烧作用，产生有色火焰、烟幕等烟火效应。烟火剂主要用于装填特种弹药，如照明弹中的照明剂、烟幕弹中的烟幕剂、燃烧弹中的燃烧剂以及信号剂等。

在上述四类炸药中，起爆药和猛炸药的基本化学变化形式是爆轰；火药和烟火剂则主要是燃烧。不过，它们都具有爆炸的性质，在一定条件下，都能产生爆轰。

2.4 炸药基本要求

(1) 能量水平

炸药应具有满意的能量水平，即应具有尽可能高的做功能力和猛度且对不同能量指标的要求常随炸药用途而异，即根据用途要求能提供相应的爆破、破甲、粉碎、抛掷、推进、引爆等做功形式的能量。用于破甲或碎甲弹的炸药应具有高的爆速；机械加工业的炸药则往往要求低密度和低爆速，以免破坏工样。

(2) 安全性能

炸药应对机械、热、火焰、光、静电放电及各种辐射等的感度足够低，以保证生产、加工、运输及使用中的安全。但炸药又应对冲击波和爆轰波具有适当的感度，以保证能可靠而准确地被引爆。另外，随炸药使用条件不同，还要求它们具有相应的安全性能。例如，在深水中使用的炸药应当有良好的抗水性；在高温下使用的炸药应当有良好的耐热性和理化稳定性（如不发生相变等）；在低温下使用的炸药应当具有良好的低温稳定性（不发生相变，不脆裂等），并在低温下具有良好的爆轰敏感性和传爆稳定性。

（3）安定性和相容性

炸药应具有良好的物理-化学安定性，以保证长储安全。军用炸药的储存期较长，民用炸药的储存期可以较短。炸药要与包装材料、弹体或其他防护物相接触，在混合炸药中还要与其他组分相接触，所以炸药的相容性也是十分重要的。

（4）装药工艺

炸药应具有良好的加工和装药性能，能采取压装、铸装和螺旋装等方法装入弹体，且成型后的药柱应具有优良的力学性能。

（5）原材料及生产工艺

炸药应原材料来源丰富，价格可以承受；生产工艺成熟、可靠，安全程度高；产品质量和得率再现性好。

（6）生态和环境保护

炸药生产过程应不产生或仅产生少量“三废”，且可以处理，易于实现达标排放，不增加对环境的污染，不影响生态平衡。

完全满足上述要求的炸药是很少的，在设计和选择实用的炸药时，大多是在满足主要要求的前提下，在其他要求间求得折中和最佳平衡。对军用炸药应更多地考虑能量水平、安全水平及作用可靠性，而对民用炸药则应更多考虑其安全性、实用性和经济性。

复习思考题

1. 什么是爆炸？常见爆炸种类有哪些？
2. 炸药的分类方法有哪些？
3. 炸药在军事和民用方面有哪些作用？
4. 单体炸药和混合炸药区别与联系是什么？
5. 炸药爆炸是化学爆炸，除了炸药爆炸，你还知道哪些化学爆炸？

第3章

炸药的热化学及爆炸能量

3.1 炸药氧平衡与氧系数

3.1.1 炸药氧平衡

组成炸药的元素主要是C、H、O、N。为了提高炸药的某些性能，有时还加入一些其他元素，如F、Cl、S、Si、B、Mg、Al等。

炸药的爆炸过程实质上是可燃元素与氧化剂发生极其迅速和猛烈的氧化还原反应的过程。氧平衡就是衡量炸药中的氧，与将可燃元素完全氧化所需要的氧两者是否平衡的问题。

氧平衡是指炸药中的氧用来完全氧化可燃元素以后，每克炸药所多余或不足的氧量，用符号OB表示。若炸药中含有其他可燃元素，如Al等，同样也应完全氧化（Al_2O_3）来进行计算。

对于炸药（a、b、c、d 为对应元素的原子个数），其氧平衡的公式为：

$$OB=\frac{c-(2a+b/2)}{M_r}\times 16(\text{g 氧/g 炸药})$$

或

$$OB=\frac{c-(2a+b/2)}{M_r}\times 16\times 100\% \tag{3-1}$$

式中 M_r——炸药的分子量；

16——氧的原子量。

由式(3-1)可见，随着炸药中含氧量的改变，氧平衡可以有三种情况：

当 $c>2a+b/2$ 时，炸药中的氧完全氧化其可燃元素后还有富余，称为正氧平衡，相应的炸药就是正氧平衡炸药。

当 $c=2a+b/2$ 时，炸药中的氧恰好能完全氧化其可燃元素，称为零氧平衡，相应的炸药就是零氧平衡炸药。

当 $c<2a+b/2$ 时，炸药中的氧不足以完全氧化其可燃元素，称为负氧平衡，相应的炸药就是负氧平衡炸药。

如硝化甘油（$C_3H_5O_9N_3$）的氧平衡为：

$$OB=\frac{9-(2\times3+5\div2)}{227}\times16=+0.035(\text{g 氧/g 炸药}) \quad 或+3.5\%$$

式中，227 为硝化甘油的分子量。故硝化甘油就是正氧平衡炸药。

对于混合炸药，氧平衡的计算公式为：

$$OB=\sum_{i=1}^{n}OB_i w_i(\text{g 氧 /g 炸药}) \tag{3-2}$$

式中　n——混合炸药的组分数；

OB_i——第 i 种组分的氧平衡；

w_i——第 i 种组分在炸药中的质量分数。

如 2# 岩石炸药，其组分和各组分氧平衡见表 3-1。

表 3-1　2# 岩石炸药组分及各自氧平衡

i	NH_4NO_3	TNT(梯恩梯)	木粉
w_i/%	85	11	4
OB_i/(g 氧/g 炸药)	+0.2	−0.74	−1.38

则 2# 岩石炸药的氧平衡为：

$$OB=\frac{0.2\times85-0.74\times11-1.38\times4}{100}=+0.0334(\text{g 氧/g 炸药}) \quad 或+3.34\%$$

2# 岩石炸药也是正氧平衡的炸药。

3.1.2　炸药氧系数

氧系数表示炸药分子被氧饱和的程度。对于 $C_aH_bO_cN_d$ 类炸药，氧系数的公式是

$$A=\frac{c}{2a+b/2}\times100\% \tag{3-3}$$

即氧系数是炸药中所含的氧量与完全氧化可燃元素所需氧量的百分比。这是一个无量纲量。它与氧平衡的关系可用下式表示：

$$OB=\frac{16c(1-1/A)}{M_r} \tag{3-4}$$

若 $A>100\%$，则 $OB>0$，即正氧平衡炸药；

若 $A=100\%$，则 $OB=0$，即零氧平衡炸药；

若 $A<100\%$，则 OB>0，即负氧平衡炸药。

氧系数的计算举例如下：

硝化甘油：$A=\frac{9}{2\times3+5/2}\times100\%=105.9\%$

梯恩梯：$A=\frac{6}{2\times7+5/2}\times100\%=36.4\%$

混合炸药氧系数的计算与混合炸药氧平衡的计算方法类似。

3.2　炸药爆炸反应方程式

确定炸药的爆炸反应方程，即确定炸药爆炸产物的成分和含量，对理论研究和实际应用都很有意义。因为爆炸变化方程是炸药爆轰参数计算的基础，是工程爆破，特别是矿井、巷道爆破及分析爆炸产物毒性的重要依据。

确定炸药爆炸反应方程式的方法有经验确定法和理论确定法。本书只介绍爆炸反应方程式的经验确定法。

(1) 直接写出法

一些简单的无氧化合物，如叠氮化铅、乙炔银、三氯化氮等在爆炸时直接生成其组成元素的稳定单质，因而可直接写出其爆炸变化方程。

$$PbN_6 \longrightarrow Pb+3N_2$$

$$Ag_2C_2 \longrightarrow 2Ag+2C$$

$$2NCl_3 \longrightarrow N_2+3Cl_2$$

对于 $C_aH_bO_cN_d$ 类炸药，简化经验方法是根据炸药氧平衡的不同，将炸药分成三类，其爆炸反应方程式也是三种。

① 第Ⅰ类炸药为正氧平衡和零氧平衡炸药，即 $c\geqslant 2a+b/2$ 的炸药。

此类炸药产物成分确定的法则为：爆炸反应按最大放热原则生成其产物，即炸药中的 C、H 元素全部被氧化为 CO_2 和 H_2O，从而释放最大的反应热量。

此类炸药的爆炸反应方程式为：

$$C_aH_bO_cN_d \longrightarrow aCO_2+\frac{b}{2}H_2O+\frac{1}{2}\left(c-2a-\frac{b}{2}\right)O_2+\frac{d}{2}N_2$$

例如，硝化甘油爆炸反应方程式为：

$$C_3H_5O_9N_3 \longrightarrow 3CO_2+2.5H_2O+0.25O_2+1.5N_2$$

② 第Ⅱ类炸药为负氧平衡炸药，但其含氧量又足以使炸药中的 C、H 元素完全气化，即 $a+\frac{b}{2}\leqslant c\leqslant 2a+\frac{b}{2}$。

对于此类炸药的反应有两种经验确定方法。

第一种是马里雅尔-吕查德里（Mallard-Lechatelier）法（M-L 法）。假定炸药中的氧首先使碳全部氧化成一氧化碳，剩下的氧均等地使氢氧化成水，使一氧化碳氧化成二氧化碳。爆炸反应方程式为：

$$C_aH_bO_cN_d \longrightarrow \frac{c-a}{2}CO_2+\frac{c-a}{2}H_2O+\frac{3a-c}{2}CO+\frac{d}{2}N_2+\frac{a+b-c}{2}H_2$$

第二种是布伦克里-威尔逊（Brinkley-Wilson）法（B-W 法）。假定炸药中的氧首先将 H 元素全部氧化为 H_2O，然后将 C 元素全部氧化为 CO，如果还有氧剩余，再将部分 CO 氧化为 CO_2。爆炸反应方程式为：

$$C_aH_bO_cN_d \longrightarrow \left(c-a-\frac{b}{2}\right)CO_2+\frac{b}{2}H_2O+\left(2a-c+\frac{b}{2}\right)CO+\frac{d}{2}N_2$$

例如，太安的爆炸反应方程式可写作：

$$C_5H_8O_{12}N_4 \longrightarrow 3.5CO_2+3.5H_2O+1.5CO+2N_2+0.5H_2 \quad (\text{M-L 法})$$

$$C_5H_8O_{12}N_4 \longrightarrow 3CO_2+4H_2O+2CO+2N_2 \quad (\text{B-W 法})$$

黑索今的爆炸反应可写为：

$$C_3H_6O_6N_6 \longrightarrow 1.5CO_2+1.5H_2O+1.5CO+3N_2+1.5H_2 \quad (\text{M-L 法})$$

$$C_3H_6O_6N_6 \longrightarrow 3H_2O+3CO+3N_2 \quad (\text{B-W 法})$$

③ 第Ⅲ类炸药为严重的负氧平衡炸药，其含氧量不足以使炸药中的 C 元素完全气化，即 $c<a+b/2$ 类炸药。

此类炸药产物成分确定的法则为：炸药中的 H 元素完全氧化为 H_2O，剩余的氧再将部分 C 元素氧化为 CO，多余的 C 以游离态存在。写其反应式时，M-L 法不适合。

此类炸药的爆炸反应方程式为（按 B-W 法）：

$$C_aH_bO_cN_d \longrightarrow \frac{b}{2}H_2O+\left(c-\frac{b}{2}\right)CO+\left(a-c+\frac{b}{2}\right)C+\frac{d}{2}N_2$$

例如，梯恩梯的爆炸反应方程式为：

$$C_7H_5O_6N_3 \longrightarrow 2.5H_2O+3.5CO+3.5C+1.5N_2$$

(2) Г. А. АВаКЯН 法

(Г. А. АВаКЯН) 提出了确定 $C_aH_bO_cN_d$ 类凝聚态炸药爆炸产物最终组分的半经验计算法。计算的基础是基于真实性系数 K 的假设，$K=0.32\times(100A)^{0.24}$，式中，$A$ 为氧系数。真实性系数 K 的值可以表示炸药中的氢被氧化为水的程度。即在爆炸时，氢最大可能生成 $\frac{b}{2}H_2O$，而实际上却只能生成 $\frac{Kb}{2}H_2O$，有 $\frac{(1-K)b}{2}H_2$ 以游离态出现。

若 $C_aH_bO_cN_d$ 类炸药的爆炸变化方程为：

$$C_aH_bO_cN_d \longrightarrow xCO_2 + yCO + zC + uH_2O + hH_2 + iO_2 + \frac{d}{2}N_2$$

则
$$u=\frac{Kb}{2};h=\frac{(1-K)b}{2}$$

至于 x，y，x，i 的值，通过炸药中含氧量对产物组分影响的分析，按氧系数 A 的不同情况分别为：

① $A \geqslant 100\%$。由于炸药分子中含氧较多，可以假定在产物中不含游离碳，则

$$\begin{cases} z=0 \\ x=(1.4K-0.4)a \\ y=a-x=1.4(1-K)a \\ i=\dfrac{1}{2}(c-2x-y-u)=\dfrac{c}{2}-0.7Ka-0.3a-\dfrac{Kb}{4} \end{cases} \tag{3-5}$$

② $A<100\%$。由于炸药分子中含氧不足，可以假定在产物中不生成 O_2，分两种情况：若 $c \geqslant a+b/2$，则

$$\begin{cases} z=0 \\ i=0 \\ x=0.7\left(c-\dfrac{b}{2}\right)K-0.4a \\ y=a-x=1.4a-0.7\left(c-\dfrac{b}{2}\right)K \end{cases} \tag{3-6}$$

若 $c<a+b/2$，则

$$\begin{cases} i=0 \\ x=1.16c(K-0.568)-0.5u \\ y=c-(2x+u)=u[1-2.32(K-0.568)] \\ z=a-x-y=a-c[1-1.16(K-0.568)]+0.5u \end{cases} \tag{3-7}$$

按照阿瓦克扬（Г. А. АВаКЯН）的意见，此方法可用于装药密度 ρ_0 为 0.8～0.9 倍炸药单晶密度时的情况。

3.3 炸药性能参数

3.3.1 炸药爆热

单位质量的炸药在爆炸反应时放出的热量称为该炸药的爆热，一般用 Q_V 来表示，其单位为 kJ/mol 或 kJ/kg。爆热是炸药产生巨大做功能力的

能源。

3.3.1.1 炸药爆热计算

计算爆热的理论依据是盖斯定律。下面简要说明利用盖斯定律来计算炸药爆热的方法。如图 3-1 所示，状态 1 为组成炸药元素的稳定单质，即初态；状态 2 为炸药，即中间态；状态 3 为爆炸产物，即终态。

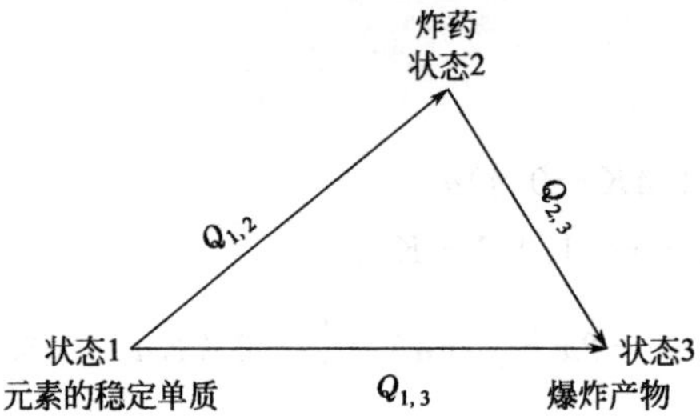

图 3-1 计算炸药爆热的盖斯定律示意图

从状态 1～3 有两条途径：一是由元素的稳定单质直接生成爆炸产物，同时放出热量 $Q_{1,3}$；二是从元素的稳定单质先生成炸药，同时放出或吸收热量 $Q_{1,2}$，然后再由炸药发生爆炸反应，放出热量 $Q_{2,3}$，生成爆炸产物。

根据盖斯定律，系统沿第一条途径转变时，反应热的代数和应该等于它沿第二条途径转变时反应热的代数和，即

$$Q_{1,3}=Q_{1,2}+Q_{2,3} \tag{3-8}$$

则炸药的爆热 $Q_{2,3}$ 为：

$$Q_{2,3}=Q_{1,3}-Q_{1,2} \tag{3-9}$$

式中，$Q_{1,3}$ 为爆炸产物的生成热之和；$Q_{1,2}$ 为炸药的生成热，对于混合炸药，其 $Q_{1,2}$ 是各组分生成焓之和；$Q_{2,3}$ 为炸药的爆热。

也就是说，炸药的爆热为爆炸产物的生成焓减去炸药本身的生成焓。因此，只要知道炸药爆炸反应方程式、炸药的生成热数据以及爆炸产物的生成热数据，就可以计算出炸药的爆热。炸药和爆炸产物的生成热数据可由相关手册查得，也可以通过燃烧热实验测得或利用有关计算方法求得。但必须注意，手册给出的生成热数据是定压条件下的数据，而炸药的爆炸过程近似于定容过程，一般所谓的爆热指的是定容爆热（Q_V）。因此，需要将定压爆热（Q_p）转化成定容爆热（Q_V）。

转化过程如下。由热力学第一定律可以导出定容和定压热效应之间的关系为：

$$Q_V = Q_p + p\Delta V \tag{3-10}$$

如果把炸药产物看作理想气体，而且反应前后的温度和压力均保持不变，则根据理想气体状态方程：

$$pV = nRT \tag{3-11}$$

则：
$$Q_V = Q_p + p\Delta V = Q_p + (n_2 - n_1)RT = Q_p + \Delta nRT \tag{3-12}$$

式中，Δn 为反应前后气体物质的量的变化，mol；R 为摩尔气体常数，这里取 $R=8.3144\text{J/(mol·K)}$。

综上所述，计算爆热的步骤大致可分为三步：

第一步，写出炸药的爆炸反应方程式；

第二步，按照式(3-9) 查表计算出定压爆热（Q_p）；

第三步，将定压爆热（Q_p）转化为定容爆热（Q_V），即可得到炸药的爆热。

【例 3-1】 已知太安（PETN）的爆炸反应方程式为：

$$C_5H_8O_{12}N_4 \longrightarrow 4H_2O + 3CO_2 + 2CO + 2N_2 + Q_V$$

求太安的爆热 Q_V（kJ/kg）。

解：(1) 画出计算太安爆热的盖斯定律图（图 3-2）。

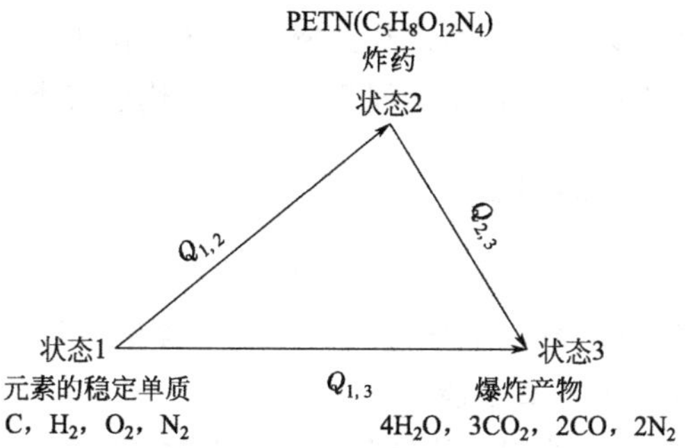

图 3-2　计算太安爆热的盖斯图

(2) 所需物质在 298K 时的定压生成热数据 Q_{pf} 见表 3-2。

表 3-2　Q_{pf} 数据

物质名称	PETN	H_2O	CO_2	CO	N_2
Q_{pf}/(kJ/mol)	514.6	241.8	393.5	110.5	0

(3) 令 Q_p 为 298K 时的定压爆热，按照盖斯定律图有：

$$Q_p = Q_{2,3} = Q_{1,3} - Q_{1,2} = 4\times241.8 + 3\times393.5 + 2\times110.5 - 514.6$$
$$= 1854.1(\text{kJ/mol})$$

(4) 计算太安的定容爆热：

$$Q_V = Q_p + 2.478(n_2 - n_1) = 1854.1 + 2.478 \times (4+3+2+2-0)$$
$$= 1881.4(\text{kJ/mol})$$

(5) 将 Q_V 换算成所要求的单位 (kJ/kg)：

$$Q_V = 1881.4 \times \frac{1000}{M_r} = 1881.4 \times \frac{1000}{316} = 5953.8(\text{kJ/kg})$$

3.3.1.2 爆热影响因素

(1) 装药密度的影响

爆热并不是一个定值，它强烈地依赖于装药密度和爆炸条件，装药密度增加，爆热也增加。

(2) 外壳的影响

实验表明，负氧平衡炸药在高密度和坚固的外壳中爆轰时，爆热值增大很多。对于太安、硝化甘油等接近零氧平衡炸药，外壳对爆热的影响不是很显著。

(3) 添加物的影响

加入惰性液体可以起到与增加炸药密度同样的作用，使爆热增加。其他的物质，如煤油、石蜡、惰性重金属等对炸药爆热也有类似的影响。

3.3.1.3 提高炸药爆热的途径

一般来说，提高炸药爆热的途径有以下几种。

① 改善炸药的氧平衡，使炸药中氧化剂的含量恰好能将可燃剂完全氧化，即尽量达到或接近零氧平衡。

② 减少炸药分子中的“无效氧”或“半无效氧”。

③ 加入高能元素或能生成高热量氧化物的细金属粉末，如铝粉、镁粉等。

3.3.2 炸药爆温

所谓炸药爆温是指炸药爆炸时放出的能量将爆炸产物加热到的最高温度。在实际爆炸中，对其数据也有相应的要求。比如在有可燃性气体和粉尘的矿山爆破时，为了保证安全，希望爆温低，以防止引起矿井中的瓦斯及矿尘爆炸。再如弹药，特别是鱼雷、水雷的主装药，往往希望炸药爆温高，以获得较大的威力。

3.3.2.1 爆温的理论计算

为使计算简化，可以假设：

① 爆炸反应时间很短，在此时期内爆炸产物来不及膨胀，认为爆轰过程是定容过程；

② 爆炸过程进行得很快，爆炸放出的热量全部用来加热爆炸产物，看作是绝热过程；

③ 爆炸产物的摩尔热容只是温度的函数，而与爆炸时的压力等其他条件无关。

根据上述假定，炸药爆热与爆温的关系可以写为：

$$Q_V = \bar{c}_V (T_B - T_0) = \bar{c}_V t \tag{3-13}$$

式中 T_B——炸药的爆温，K；

T_0——炸药的初温，取298K；

t——爆炸产物从 $T_0 \sim T_B$ 的温度间隔，即净增温度，它的数值与采用的温标K或℃无关；

$\bar{c}_V$——炸药全部爆炸产物在温度间隔 $0 \sim t$ 内的平均摩尔热容，J/(mol·K)。

摩尔定容热容与温度的关系为：

$$\bar{c}_V = a_i + b_i t + c_i t^2 + d_i t^3 + \cdots$$

式中，a_i，b_i，c_i，d_i 是与产物组分有关的常数。对于一般工程计算，上式仅取前两项，即认为平均分子热容与温度间隔 t 为直线关系：

$$\bar{c}_V = a_i + b_i t \tag{3-14}$$

则

$$\bar{c}_V = A + Bt \tag{3-15}$$

$$A = \sum n_i a_i, B = \sum n_i b_i$$

这样

$$Q_V = At + Bt^2 \tag{3-16}$$

即

$$Bt^2 + At - Q_V = 0 \tag{3-17}$$

于是

$$t = \frac{-A + \sqrt{A^2 + 4BQ_V}}{2B}$$

所以爆温

$$T_B = \frac{-A + \sqrt{A^2 + 4BQ_V}}{2B} + 298\text{K} \tag{3-18}$$

由此可见，只要知道炸药的爆炸变化方程式或爆炸产物的组分，每种产物的平均分子热容和炸药的爆热，就可以求出该炸药的爆温。

【例 3-2】 已知梯恩梯的爆炸变化方程式为：

$$C_7H_5O_6N_3 \longrightarrow 2CO_2 + CO + 4C + H_2O + 1.2H_2 + 1.4N_2 + 0.2NH_3$$

$$Q_V = 959.4\text{kJ/mol}$$

求梯恩梯的爆温 T_B。

解：(1) 计算爆炸产物的热容。

对于双原子气体（CO、H_2、N_2）：$(1+1.2+1.4)\times(20.08+1.883\times 10^{-3}t)=72.29+6.77\times 0^{-3}t$

对于 H_2O：$1\times(16.74+8.996\times10^{-3}t)=16.74+8.996\times10^{-3}t$

对于 CO_2：$2\times(37.66+2.427\times10^{-3}t)=75.32+4.854\times10^{-3}t$

对于 NH_3：$0.2\times(41.84+1.883\times10^{-3}t)=8.368+0.377\times10^{-3}t$

对于 C：$4\times25.10=100.4$

所以 $\bar{c}_V=\sum n_i\bar{c}_{V_i}=273.1+21.06\times10^{-3}t$，$A=273.1$，$B=21.06\times10^{-3}$

(2) 将 A、B 值代入式(3-18) 中，得

$$T_B=\frac{-273.1+\sqrt{273.1^2+4\times21.01\times10^{-3}\times959.4\times10^3}}{2\times21.01\times10^{-3}}+298$$

$$=3174(\text{K})$$

3.3.2.2 改变爆温的途径

在使用炸药时，往往要提高或降低炸药的爆温，提高爆温的途径有：

① 提高炸药的爆热，即提高爆炸产物的生成热或降低炸药的生成热。

② 降低爆炸产物的热容。

③ 提高炸药组分中 H/C（含量比），有利于提高爆热，却不利于提高爆温。要提高爆温，就应提高炸药组分中 C/H（含量比）。

④ 在炸药中加入能生成高热值的金属粉末，如铝、镁、钛等，既有利于提高爆热，又有利于提高爆温，例如：

$$95.5\%NH_4NO_3+4.5\%C，Q_V=3041.8\text{kJ/kg}，T_B=1983\text{K}$$

$$72\%NH_4NO_3+23.5\%Al+4.5\%\ C，Q_V=6694.4\text{kJ/kg}，T_B=4183\text{K}$$

3.3.3 炸药爆速

3.3.3.1 炸药爆速的计算

爆速是爆轰波在炸药中稳定传播的速度，它是表征炸药爆轰性能的重要参数之一。计算爆速常用的方法是 Kamlet（康姆莱特）法。

Kamlet 法计算公式以所提出的 N、M 和 Q 值为基础，因此也叫 N-M-Q 公式。该公式用于计算一般的 CHON 系列炸药是比较精确的，它的使用范围是装药密度大于 1g/cm³。其计算公式如下。

对于 $C_aH_bO_cN_d$ 类炸药，有：

$$\begin{cases} p=1.588\varphi\rho_0^2 \\ v_D=1.01\varphi^{\frac{1}{2}}(1+1.30\rho_0) \\ \varphi=0.489N\sqrt{MQ} \end{cases} \tag{3-19}$$

式中　p——C-J 面爆压，GPa；

v_D——C-J 面爆速，km/s；

ρ_0——炸药的装药密度，g/cm³；

N——每克炸药所生成气态爆轰产物的物质的量，mol/g；

M——气态爆轰产物的平均摩尔质量，g/mol；

φ——炸药的特性值；

Q——每克炸药的最大定压爆热，J/g。

根据上面的方程组就可以求得爆速和爆压。$C_aH_bO_cN_d$ 类炸药的 N、M、Q 值的计算分为三种情况，这是因为在规定爆炸产物组成时是以最大放热原则来计算的：氧首先与氢反应生成水，剩余的氧再与碳生成二氧化碳，多余的氧则以氧分子存在，若有多余的碳，则以固体炭形式存在。

① 当 $c\geqslant 2a+b/2$ 时，多余的氧以氧分子存在。此时的爆炸反应方程式为：

$$C_aH_bO_cN_d \longrightarrow \frac{d}{2}N_2+\frac{b}{2}H_2O+aCO_2+\frac{1}{2}\left(c-\frac{b}{2}-2a\right)O_2 \tag{3-20}$$

炸药的摩尔质量 $M_{re}=12a+b+16c+14d$

$$\begin{cases} N=\dfrac{2d+b+2c}{4M_{re}} \\ M=\dfrac{1}{N} \\ Q=\dfrac{28.9b+94.1a-0.239\Delta H_f^0}{M_{re}}\times 4.184\times 10^3 \end{cases} \tag{3-21}$$

式中　ΔH_f^0——炸药的生成热，J/mol。

② 当 $2a+b/2>c\geqslant b/2$ 时，氧不足，有多余的碳，因此炸药反应方程式为：

$$C_aH_bO_cN_d \longrightarrow \frac{d}{2}N_2+\frac{b}{2}H_2O+\frac{1}{2}\left(c-\frac{b}{2}\right)CO_2+\left(a-\frac{c}{2}-\frac{b}{4}\right)C \tag{3-22}$$

炸药的摩尔质量 $M_{re}=12a+b+16c+14d$

$$\begin{cases} N=\dfrac{2d+b+2c}{4M_{re}} \\ M=\dfrac{56d+88c-8b}{2d+b+2c} \\ Q=\dfrac{28.9b+94.1\left(\dfrac{c}{2}-\dfrac{b}{4}\right)-0.239\Delta H_f^0}{M_{re}}\times 4.184\times 10^3 \end{cases} \tag{3-23}$$

③ 当 $c<b/2$ 时，氧极其不足，仅将部分氢氧化为水，还有部分氢存在，碳完全没有被氧化，全以固体炭存在。此时的爆炸反应方程式为：

$$C_aH_bO_cN_d \longrightarrow \frac{d}{2}N_2+cH_2O+\frac{1}{2}\left(b-\frac{c}{2}\right)H_2+aC \tag{3-24}$$

炸药的摩尔质量 $M_{re}=12a+b+16c+14d$

$$\begin{cases} N=\dfrac{d+b}{2M_{re}} \\ M=\dfrac{2d+32c+28b}{d+b} \\ Q=\dfrac{57.8c-0.239\Delta H_f^0}{M_{re}}\times 4.184\times 10^3 \end{cases} \tag{3-25}$$

【例 3-3】 用 Kamlet 公式计算黑索今（$\rho_0=1.786g/cm^3$、$\Delta H_f^0=-65.5kJ/mol$）的爆速和爆压。

解： 按照黑索今的分子式：$C_3H_6O_6N_6$，满足 $2a+b/2>c\geqslant b/2$。

因此爆炸反应方程式为：$C_3H_6O_6N_6 \longrightarrow 3N_2+3H_2O+1.5CO_2+1.5C$

$M_{re}=222.1$

则：

$$N=\frac{2d+b+2c}{4M_{re}}=\frac{2\times 6+6+2\times 6}{4\times 222.1}=0.03377(mol/g)$$

$$M=\frac{56d+88c-8b}{2d+b+2c}=\frac{56\times 6+88\times 6-8\times 6}{2\times 6+6+2\times 61}=27.2(g/mol)$$

$$Q=\frac{28.9b+94.1\left(\dfrac{c}{2}-\dfrac{b}{4}\right)-0.239\Delta H_f^0}{M_{re}}\times 4.184\times 10^3$$

$$=\frac{28.9\times 6+94.1\times\left(\dfrac{6}{2}-\dfrac{6}{4}\right)-0.239\times(-65.5)}{222.1}\times 4.184\times 10^3$$

$$=6220.52(J/g)$$

$$\varphi=0.489N\sqrt{MQ}=0.489\times0.03377\times\sqrt{27.2\times6220.52}=6.7904$$

$$v_D=1.01\varphi^{\frac{1}{2}}(1+1.30\rho_0)=1.01\times\sqrt{6.7904}\times(1+1.30\times1.786)=8.743(km/s)$$

$$p=1.588\varphi\rho_0^2=1.588\times6.7904\times1.786^2=34.40(GPa)$$

3.3.3.2　炸药爆速的实验测定

测定炸药爆速的方法较多，归纳起来，从测试原理上可以分为两大类。

(1) 测时法

已知炸药中某两点间的距离 Δs，利用各种类型的测时仪器，测出爆轰波传播经过这两点所需要的时间，利用下式即可求出爆轰波在这两点间传播的平均速度 v_D。

$$v_D=\frac{\Delta s}{\Delta t}$$

(2) 高速摄影法

该方法是借助于爆轰波阵面的发光现象，利用高速摄影机将爆轰波沿药柱传播的轨迹 $s(t)$ 连续地拍摄下来，而得到爆轰波通过药柱任一断面的瞬时速度。高速摄影法分转鼓法和转镜法两种。转鼓法主要用于测量低速燃烧过程，转镜法则适于测定高速爆轰过程。

3.3.4　炸药爆压

炸药的爆压是炸药爆炸时爆轰波阵面的压力，也称为 C-J 压力，通常采用经验公式来估算炸药的爆压。主要方法有以下几种。

3.3.4.1　C-J 爆压经验公式

经验表明，对于大多数高密度固体炸药，可以采用炸药 C-J 爆压经验公式计算：

$$p=\frac{1}{4}\rho_0D^2 \tag{3-26}$$

式中　p——爆压，GPa；

ρ_0——装药密度，g/cm^3；

D——炸药在装药密度 ρ_0 下的爆速。

3.3.4.2　Kamlet 经验公式法

若已知炸药的组成、生成热和装药密度，就可以利用 Kamlet 经验公式

[式(3-19)] 计算炸药的爆压。

$$\begin{cases} p=1.588\varphi\rho_0^2 \\ \varphi=0.489N\sqrt{MQ} \end{cases} \tag{3-27}$$

3.3.5 炸药爆容

爆容又称比容，是指 1kg 炸药爆炸反应的气态产物在标准状态（0℃，100kPa）下所占有的体积，以 V_0 表示，单位为 L/kg。若已知炸药的爆炸变化方程，其爆容很容易按下式求得。

$$V_0=\frac{22400n}{m} \tag{3-28}$$

式中　m——炸药的质量，kg；

n——气态爆炸产物的物质的量之和，mol。

因此，要计算某一炸药的理论爆容，必须先根据炸药的氧平衡值写出其爆炸反应方程式。

【例 3-4】 已知阿马托 80/20 的爆炸变化方程为：

$$11.35NH_4NO_3+C_7H_5O_6N_3 \longrightarrow 25.2H_2O+12.85N_2+7CO_2+0.425O_2$$

其爆容为：

$$V_0=\frac{22400n}{m}=\frac{22400\times(7+25.2+12.85+0.425)}{11.35\times80+227}=897.5(\text{L/kg})$$

复习思考题

1. 炸药氧平衡的含义是什么？计算 HMX（$C_4H_8O_8N_8$）的氧平衡。
2. 炸药爆炸性能参数有哪些？之间有什么联系？
3. 影响炸药爆热的因素有哪些？
4. 炸药爆速测试原理是什么？测试方法有哪些？
5. 炸药爆温是不是越高越好？提高炸药爆温的途径有哪些？

第4章

炸药安全性

4.1 炸药固有不安全因素分析

4.1.1 爆炸性物质种类与分子结构

爆炸性物质一般都具有特殊的不稳定结构和爆炸性基团。下面根据物质的化学结构，讨论爆炸性物质的种类。

① N-O结合物。如硝酸酯（$—ONO_2$）类化合物以及硝基（$—NO_2$）化合物等。

② N-N结合物。如重氮基盐、金属叠氮化合物、叠氮氢酸以及联氨衍生物等。

③ N-X结合物。如卤机氮、硫化氮等。

④ N-C结合物。如氰化物等。

⑤ O-O结合物。如有机过氧化物、臭氧化物等。

⑥ 氯酸类或高氯酸盐类化合物。如氯酸酯、高氯酸酯、重金属高氯酸盐等。

⑦ 乙炔及乙炔重金属盐。

4.1.2 炸药自反应特性

炸药在没有其他任何点火源的情况下，仅依靠自身的化学变化而放出热量就能使其温度升高，达到爆发点，引起燃烧或爆炸。炸药是一类具有自反应性质的物质。

炸药的自反应特性可以用热爆炸理论解释。热爆炸理论就是研究炸药放热系统产生热爆炸的可能性和临界条件，以及一旦满足了临界条件以后发生热爆炸的时间等问题。所谓热爆炸的临界条件，就是指在单纯的热作用下，能引起放热系统自动发生爆炸或燃烧的最低条件（如温度、压力等）。

（1）谢苗诺夫理论模型

谢苗诺夫（Semenov）理论模型假设：炸药是均温的；周围环境温度不随时间变化；发生爆炸时炸药温度与环境温度相近；炸药按零级反应进行；在炸药和环境接触的界面上，热传导遵守牛顿冷却定律，全部热阻力和温度均集中在此界面上。那么对于一定体系的炸药，因自反应放热方程为：

$$q_1 = V\rho QZ\mathrm{e}^{-E/(RT)} \tag{4-1}$$

式中，ρ 为炸药密度；E 为反应的活化能；R 为通用气体常数；q_1 为系统热量产生的总速率；Q 为消耗每摩尔炸药所产生的热量；T 为反应温度；V 为炸药体积；Z 为频率因子。

另外，系统向外界的散热速率可表示为

$$q_2 = \chi S(T - T_a) \tag{4-2}$$

式中，χ 为传热系数；S 为炸药表面积；T 为系统温度；T_a 为环境温度；q_2 为系统向外散失的热量。

设传热系数 χ 是常数，即 χ 不随温度变化而变化，此时式(4-2) 是线性方程。如果将式(4-1) 和式(4-2) 画在坐标图上，可以得到如图 4-1 所示的曲线。

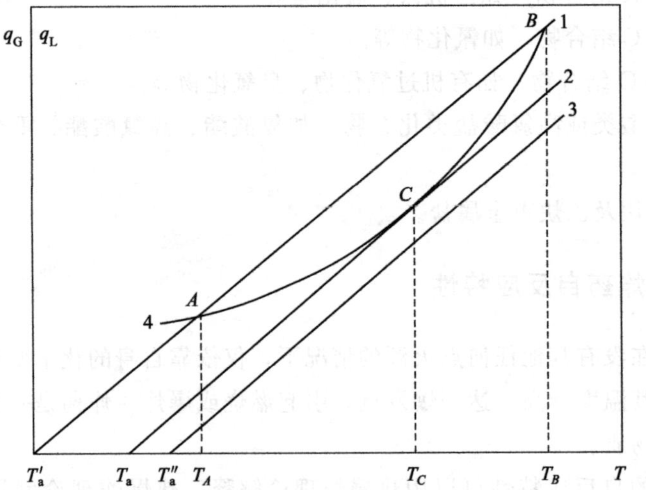

图 4-1 q_G 和 q_L 与 T 的关系

图 4-1 中直线 1、2、3 分别表示同一炸药几何尺寸固定时，在不同的外界环境温度 T_a、T'_a、T''_a下的散热速率曲线，对应式(4-2)。曲线 4 为化学反应的放热速率曲线，对应式(4-1)。

由图 4-1 可以看出，这两种线可以组成三种情况：

① $T''_a > T_a$，直线 3 与曲线 4 根本不相交，热产生曲线永远位于热损失曲线之上，即放热速率大于散热速率。这时化学反应产生的热不能及时散失，而在炸药中积聚，使炸药温度不断上升。随着炸药温度的上升，放热速率又不断加快，最后必然产生突然的爆炸。

② $T'_a < T_a$，直线 1 与曲线 4 相交于 A、B 两点，对应的炸药温度为 T_A 和 T_B。炸药温度为 T_A、T_B 时，放热速率与散热速率数值相等。当温度低于 T_A 时，由于放热速率大于散热速率，所以炸药可以自动升温至 T_A。当某种原因使炸药温度上升至大于 T_A 时，又因散热速率超过放热速率，则温度又要自动下降到 T_A。因此，当环境温度为 T'_a时，炸药可以自动在 A 点保持恒温，在这一点，放热过程与散热过程保持动态平衡，故 A 点称为恒定热平衡点。在 B 点，虽然放热过程与散热过程也达到平衡，但由于 T_A 升温至 T_B 要经过一段很长的放热速率小于散热速率的范围，因此，除了外界作用外，不能自动达到。B 点称为不恒定平衡点，不对应于实际情况。

③ 直线 2 与曲线 4 相切于 C 点。C 点所对应的 T_C 处放热速率和散热速率相等，处于热平衡。但只要稍微偏离 T_C，则该反应放热速率就将超过散热速率，此时就破坏了放热过程与散热过程的热平衡，因此将 C 点称为临界点。处于临界点的系统称为临界系统，此时的状态称为临界状态，临界状态所对应的环境温度和危险品尺寸称为临界条件。若环境温度较 T_A 稍低，则出现直线 1 和曲线 4 的组合情况；而当环境温度 T_a 稍高，则出现直线 3 与直线 4 的组合情况。此时，在任一温度，由化学反应产生的热都超过了散热，而不可避免地要出现热爆炸。

由图 4-1 可知，在 C 点时，$q_1 = q_2$，并且 $\mathrm{d}q_1/\mathrm{d}T = \mathrm{d}q_2/\mathrm{d}T$，将式(4-1)和式(4-2) 代入得：

$$\chi = \rho QZE\mathrm{e}^{-E/(RT)}/RT \tag{4-3}$$

由式(4-1)、式(4-2) 得：

$$T - T_a = RT^2/E \approx RT_a^2/E \tag{4-4}$$

即

$$(T - T_a)E/(RT_a^2) \approx 1 \tag{4-5}$$

令无量纲温度 $\theta = (T - T_a)E/(RT_a^2)$，则爆炸临界条件是 $\theta_c = 1$。当

$\theta>1$ 时，爆炸发生；当 $\theta<1$ 时，爆炸不发生。这样，从谢苗诺夫理论导出了爆炸临界判据 θ 值，它可用于计算爆炸时的临界温升。这点后来被弗兰克-卡门涅斯基所采纳。谢苗诺夫理论的主要缺点是在建立模型时假设了炸药中无温度分布，因此只适用于不断搅拌的流体炸药。

后来，格莱（Gray）和波丁顿（Boddington）将谢苗诺夫理论进行了改进，他们采用谢苗诺夫数来表示热爆炸的临界判据。

令
$$\varepsilon=RT_a^2/E$$
变换
$$-E/(RT)=-E/(RT_a)+\theta/(1+\varepsilon\theta)$$
$$e^{-E/(RT)}=e^{-E/(RT_a)}e^{\theta/(1+\varepsilon\theta)}$$
代入式(4-1)和式(4-2)，并令 $q_1=q_2$，整理得：
$$\theta e^{-\theta/(1+\varepsilon\theta)}=\rho VQEZe^{-E/(RT_a)}/(\chi SRT_a^2)=\psi \tag{4-6}$$
ψ 被定义为谢苗诺夫数。

因 $E\gg RT_a$，所以 $\varepsilon\to0$，$\varepsilon\theta\to0$。

故
$$\psi=\theta e^{-\theta}$$
已知谢苗诺夫的爆炸判据为 $\theta=1$，即
$$e^{-1}=0.36788$$

这样，谢苗诺夫临界判据可以用 $\psi_c=0.36788$ 来表示，ψ 大于此值，稳定破坏，爆炸要发生；ψ 小于此值，可以出现两个交点，上交点不稳定，不能存在，下交点是稳定的，它表示炸药在该点的温度下反应完毕而不爆炸。

（2）弗兰克-卡门涅斯基理论模型

弗兰克-卡门涅斯基（Frank-Kamenetskii）理论模型假设炸药是导热性不良的物质，炸药中的温度是空间分布的，炸药中心温度最高，对称加热；反应物表面的温度等于环境温度。

他们在求解炸药自反应热爆炸判据时引入了无量纲温度 $\theta=(T-T_a)E/(RT_a^2)$、无量纲时间 $\tau=\dfrac{RQZ}{cE}t$、无量纲距离 $\xi=\dfrac{x}{a}$ 或 $\xi=\dfrac{r}{a}$。

由拉格朗日公式 $\dfrac{1}{T}=\dfrac{1}{T_a}-\dfrac{1}{T_a^2}(T-T_a)$ 得：
$$e^{-E/(RT)}=e^{-E/(RT_a)}e^{\theta} \tag{4-7}$$

将上述无量纲参数代入热爆炸基本方程 $\rho c\dfrac{\partial T}{\partial t}=\rho QZe^{-E/(RT)}-\lambda\left(\dfrac{\partial^2T}{\partial r^2}+\dfrac{j}{r}\times\dfrac{\partial T}{\partial r}\right)$ 中，并令

$$\delta=\frac{\rho QZEa^{2}}{\lambda RT_{\mathrm{a}}^{2}}\mathrm{e}^{-E/(RT_{\mathrm{a}})} \tag{4-8}$$

δ 为弗兰克-卡门涅斯基理论的爆炸临界判据。

得：

$$\frac{\rho ca^{2}}{\lambda}\times\frac{\partial\theta}{\partial\tau}=\frac{\partial^{2}\theta}{\partial\xi^{2}}+\frac{j}{\xi}\left(\frac{\partial\theta}{\partial\xi}\right)+\delta\mathrm{e}^{\theta} \tag{4-9}$$

把稳定条件$\frac{\partial\theta}{\partial\tau}=0$ 代入式(4-9)，得到：

$$\frac{\mathrm{d}^{2}\theta}{\mathrm{d}\xi^{2}}+\frac{j}{\xi}\times\frac{\mathrm{d}\theta}{\mathrm{d}\xi}=-\delta\mathrm{e}^{\theta} \tag{4-10}$$

边界条件：在中心位置 $\zeta=0$，$\mathrm{d}\theta/\mathrm{d}\zeta=0$，$\theta=\theta_{\mathrm{m}}$；在边界上，$\zeta=\pm1$，$\theta=0$。

对于不同几何形状时，弗兰克-卡门涅斯基热爆炸判据临界值如表 4-1 所示。

表 4-1 弗兰克-卡门涅斯基系统取不同几何形状时的临界值

形状	δ_{c}	θ_{m}
无限大平板($j=0$)	0.88	1.22
无限长圆柱($j=1$)	2.00	1.38
球($j=2$)	3.32	1.61

4.1.3 炸药化学变化基本形式与相互间的转化

按反应的速度及传播的性质，炸药化学变化过程可分为热分解、燃烧和爆轰。

(1) 热分解

在常温常压不受其他任何外界作用的情况下，炸药往往以缓慢的速度进行分解反应，这种在热的作用下，炸药分子发生分解的现象与过程叫炸药的热分解。炸药长期贮存中发生变色、减量、变质等现象，往往就是由炸药热分解所引起。

(2) 燃烧

燃烧是炸药化学变化的另一种典型形式。对发射药和烟火剂来说，燃烧则是其化学变化的基本形式。不过无论哪种炸药，当它们处于燃烧状态时，只要条件适当，都有转变为爆轰的可能。

(3) 爆轰

爆轰是猛炸药和起爆药化学变化的基本形式。炸药的爆轰是一种不需外界供氧而以高速进行的能自动传播的化学变化过程，在此过程中放出大量的热，并生成大量的气体产物。

炸药热分解、燃烧和爆轰三者之间的关系：炸药的热分解与燃烧和爆轰之间的主要区别在于，炸药的热分解反应是在整个炸药中同时进行的，而燃烧和爆轰不是在整个炸药内同时发生的，是在炸药的某一局部开始以化学波的形式在炸药中按一定的速度，一层一层地自动传播。此外，前者速度缓慢，后两者反应强烈。

燃烧和爆轰是性质不同的两种化学变化过程。实验与理论研究表明，它们在基本特性上有如下区别。

① 从传播过程的机理上看，炸药的燃烧传播是化学反应区的能量通过热传导、热辐射及燃烧气体产物的扩散作用传给未反应炸药的。炸药的爆轰传播则是借助于冲击波对未反应的炸药强烈的冲击压缩作用来实现的。

② 从化学反应区的传播速度上看，燃烧传播速度通常约数毫米每秒到数米每秒，最大的传播速度也只有数百米每秒（如黑火药的最大燃速约为400m/s），通常比原始炸药的声速要低得多。相反，爆轰过程的传播速度总是大于原始炸药内的声速，一般爆轰速度可达数千米每秒到一万米每秒之间。如黑索今在结晶密度下，爆速达到8800m/s左右。

③ 从环境的影响看，燃烧过程的传播速度受外界条件的影响，特别是环境压力条件的影响显著。如在大气中燃烧进行得很慢，但在密闭容器中燃烧过程的传播速度急剧加快，燃烧产生气态产物的压力高达数百兆帕。而爆轰过程由于传播速度极快，几乎不受外界条件的影响，对于一定的炸药来说，在一定装药条件下，爆轰速度是个常数。

④ 从反应区内产物质点运动的方向来看，炸药燃烧过程中反应区产物质点运动的方向与燃烧波传播方向相反。因此燃烧波阵面内的压力较低。而炸药爆轰波反应区内的产物质点运动的方向是与爆轰波传播方向相同，因此爆轰反应区的压力高，可达几十吉帕。

⑤ 从对外界的破坏作用来看，由于爆轰过程形成高温高压气体产物以及强烈的冲击波，并且爆轰过后常伴随着燃烧，因此爆轰对外界的破坏作用往往比燃烧的破坏作用大得多。

炸药化学变化过程的三种形式（热分解、燃烧、爆轰）在性质上虽然各不相同，但它们之间却有着紧密的内在联系。炸药的热分解在一定条件下可以转变为燃烧和爆轰，燃烧在一定条件下又可以转变为爆轰。而这种转变的出现也正是许多爆炸事故的根源。

4.2　炸药热分解、热安定性与相容性

4.2.1　炸药热分解分析方法

炸药的热分解，是指在热作用下，炸药分子发生分解的现象与过程。如对于CHON类炸药，热分解是由分子中最不稳定的那部分键断开，生成分子碎片和气体分解产物二氧化氮，如下式所示。

$$\text{炸药分子} \longrightarrow \text{分子碎片} + NO_2$$

$$\hookrightarrow \text{其他分解产物}$$

根据炸药热分解的特征，研究炸药热分解的方法有：量气法、失重法、测热法等。根据热分解过程中环境温度是否变化，又可分为等温、变温两大类。

(1) 量气法

量气法的重要一点是要保持反应器空间的全部恒温，这样系统内不会有温差出现，因而也就不会出现物质的升华、挥发、冷凝等现象。但是，有些量气法却不能严格保证这一点，这样，由于可能出现上述物质转移现象，对分解过程会有影响。

就反应器的温度控制来说，可分为恒温、变温两种。真空热安定性、布氏计法属于前一种。恒温热分解一般要求把环境温度控制在一定范围内，根据热分解气体产物的压力或体积与时间的关系（曲线或者图表）可以研究炸药热分解的过程。

(2) 失重法

炸药热分解时形成气体产物，本身重量减少，因此，测量炸药样品重量的变化，也可以了解炸药热分解性质。此法可分为等温和不等温（温度以某一定速度上升）热失重两种。

(3) 测热法

炸药的热分解是一个放热过程，测热法的基本原理是测定炸药在分解过程中的热效应。在程序控温条件下测量试样的物化性质与温度的函数关系。温度控制程序一般采用线性关系，也可以是温度的对数或倒数。测热法主要有差热分析（DTA）和差示扫描量热（DSC）两种。

4.2.2　炸药热安定性

炸药是要长期存放的。由于长期存放的条件（例如，温度、湿度、堆放

体积和通风等）各不相同，炸药会发生各种程度不同的变化。例如，有些炸药会变色、放出二氧化氮。有时，这种变化会相当激烈，可使炸药的温度逐渐上升，最后产生自燃或者爆炸，这种变化统称为化学性变化。在存放过程中，炸药的某些物理性质会发生变化。例如，炸药变脆、结块，某些浆状炸药的胶体状态变化等。由于这些性质变化，炸药不再适宜于使用，甚至完全失效，这种变化统称为物理性变化。

研究炸药发生的上述变化属于炸药的安定性问题。炸药的安定性是指在一定条件下，炸药保持其物理、化学、爆炸性质不发生可觉察的或者发生在允许范围内变化的能力。炸药的安定性是由炸药的物理、化学以及爆炸性质随时间变化的速度所决定的。这种变化的速度越小，炸药的安定性就越高。反过来，当这种变化速度越大时，则炸药的安定性就越小。

一般说，硝酸酯类炸药的安定性较差，硝基化合物类炸药的安定性最好，而硝基胺炸药则居中。测定炸药安定性的方法很多，现有的常用的测定炸药热安定性的方法（如真空安定性试验、阿贝尔试验、维也里试验等）都是用某一固定参量（如加热一定时间后，观察放出的气体产物数量，试纸是否变色等）表示，而不能说明在这段加热时间内炸药热分解的发展过程。炸药热分解的过程是很复杂的，只用某一点的参量是不能全面表达某一炸药的热安定性的。对于两种热分解性质截然不同的炸药，由图 4-2 可见，炸药 1 的分解速度较小，但是速度在不断加快，到达某一瞬间则开始剧烈加速。相

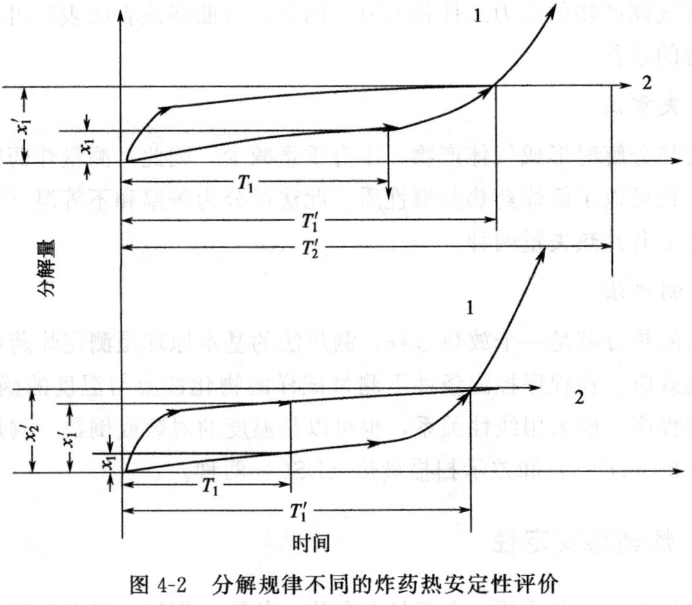

图 4-2 分解规律不同的炸药热安定性评价

1—按固定分解量 x 评价；2—按固定时间 T 评价

反，炸药2在刚开始热分解时速度较快，但是加快的趋势小，当炸药1已开始剧烈加速时，炸药2还处在以较低速度平稳热分解的阶段。如果只选某一固定参量（加热时间或是分解量）来表示炸药的热安定性，那么随着所选的具体参量值的变化，会出现对这两种炸药的不同评价。因此，在评定新的炸药（单体或者混合炸药）热安定性时，一定要研究该炸药的热分解过程。

4.2.3 炸药相容性

第二次世界大战以后，混合炸药的品种日益增多，品种中的组分数也有增多趋势，这种多元混合体系的热分解速度通常都比主体炸药本身的热分解速度快。例如，在160℃时，硝化甘油和过氯酸铵分别都能平稳地分解，当二者以1∶1（质量比）混合时，则猛烈爆燃。这说明混合体系的反应速度要比各个组分单独热分解时的速度要大。即各种组分混合后，混合体系的总反应能力有增加的趋势。

军用炸药通常是装填在各种炮弹、鱼雷、导弹的战斗部内。因此，作为炸药柱整体要和金属、油漆以及其他材料相接触，在炸药柱、材料的表面上会发生一定的化学作用，表现为金属腐蚀、材料变色、老化等。因此，也应考虑炸药和这些材料接触时可能发生的各种反应。

炸药与其他材料混合或者接触（炸药做成一定的几何形状）后，在混合体系内或相接触物质之间发生不超过允许范围内变化的能力就叫作炸药的相容性。相容性是用混合体系的反应速度和原有炸药和组分的反应速度相比较改变的程度来衡量。凡混合体系的总反应速度明显增加并超过允许范围，这种体系就是不相容的；相反，混合体系的反应速度变化少于允许范围，就认为该体系是相容的。由于测定炸药热分解的方法很多，反应速度的表示方法各有不同，所以，用来判断混合体系相容性的参量、标准也不同。

在讨论炸药相容性时，要区分下列两种现象。凡是研究主体炸药与其他材料混合后反应速度变化情况的现象属于组分相容性的课题。这是从混合炸药的角度来研究混合炸药中的各个组分是否适宜于应用。有时，常把这种相容性问题叫作内相容性。另一种则是把混合炸药作为整体，研究炸药与其他材料（包括金属、非金属材料）接触后可能发生的反应情况，这是属于接触相容性的问题，接触相容性又叫作外相容性。

相容性又可分为物理相容性、化学相容性两类。凡是炸药与材料混合或接触后，体系的物理性质变化（如相变、物理力学性质等）的程度属于物理相容性的研究范围，而关于体系化学性质变化情况的研究则是化学相容性的研究范围。实际上，这两种现象是有联系的。物理性质变化往往可能促进化学性质的变化；反之，化学性质变化也能加快物理变化的过程。

当炸药与其他材料混合后，如果彼此之间不相容，势必表现在生成气体、放热速度加快，甚至分解产物的组分也明显改变等各方面。此外，有时还出现混合体系的机械感度增加、爆发点降低、燃速改变以及其他现象。

4.3 外界环境对炸药及其制品作用

4.3.1 热作用

4.3.1.1 受热分解引起燃烧爆炸的机理

炸药化学反应具有放热性，在分解反应过程中不断释放热量，同时还与周围环境发生热量传递，由于热产生速率与温度关系是非线性的，热损失速率与温度关系是近似线性的，两者随温度的变化关系不一致，一旦系统的热产生速率大于热损失速率，系统就会因热积累而温度升高，使反应加速，产生更多的热量；系统温度因此不断升高，如此循环，最终导致燃烧爆炸。

4.3.1.2 受热分解引起燃烧爆炸事故举例

【例 4-1】 迫击炮弹引信恒温试验爆炸

事故地点：某实验室四层。事故性质：责任事故。事故类别：引信中传爆药爆炸。损坏情况：恒温试验箱损坏。

① 事故经过及概况。某迫击炮弹引信共 30 枚按技术条件进行恒温试验。恒温试验箱由电加热来升温。在加热升温过程中，恒温试验箱突然爆炸，迫击炮弹引信部分被抛出，散落在实验室的地面上，部分遗留在恒温试验箱内。

② 原因分析。有的引信传爆管爆炸，有的引信传爆管未爆炸。事故原因是采用的恒温试验箱是非安全型恒温试验箱，且升温时间过长，温度过高，造成传爆药柱爆炸。

4.3.2 摩擦作用

4.3.2.1 摩擦引起燃烧爆炸事故的机理

由于摩擦力和位移的存在，会产生热能，放出热量，即摩擦生热现象。

摩擦放出的热量使接触表面温度升高，因此，持续摩擦可能引燃或引爆易燃易爆物质。

同摩擦生热一样，表面不平整的固体结合时，实际接触不是整个表面，而是部分突出点上发生接触，因此接触面积较小。在外力的作用下，接触的各突出点之间便会发生摩擦并出现变形，从而发生相对滑动。在摩擦过程中部分能量转化成热能，并在这些点上聚集起来，因此这些点温度可以上升很高。对于炸药来说，在受到外界机械作用时，炸药的晶体之间以及炸药与容器的内壁、转轴之间都会发生摩擦，形成热点，进而发展为燃烧爆炸。

炸药与容器内壁、转轴摩擦时可以形成热点，在这种情况下形成热点所升高的温度，除了受炸药熔点影响外，还与金属的熔点和导热性能有关。实验表明，金属熔点高于 570℃能够形成热点。金属导热性越低，越容易形成热点，且热点可以达到的温度较高。

4.3.2.2　摩擦引起的燃烧爆炸事故举例

【例 4-2】　碾药爆炸引燃 300t 硝铵炸药

事故地点：某黑火药车间碾药工房。事故性质：责任事故。事故类别：火灾。伤亡情况：重伤 1 人，轻伤 1 人。

① 事故概况。碾药工房三料粉爆炸，引起工房着火燃烧，将工房门口的生产工人甲推至室外 5～6m 处造成重伤。在工房内另一台碾压机旁的维修工人被严重烧伤。火焰扑出室外，将院内堆放的 300t 硝铵炸药引燃。其他房屋先后都被点着，简易棚内放着的 1t 硝酸钾也着火。棚内 100kg 黑火药发生爆炸，火种顺北风（4 级）落至距厂外 1500m 的民房。事故发生后，因火势太大，消防车无济于事。在场工作人员从库房内抢出民品雷管 1 箱、炸药 62 箱。本次事故造成厂内工房、库房及办公室共 33 间全部烧毁。生产硝铵的设备（6 台轮碾机、2 台制索机）都被烧毁。整个工厂成为一片废墟。

② 事故经过。该硝铵炸药厂，因面积小，又缺少工、库房，原材料及成品大部分是露天堆放。控制产品水分是靠日晒或火炕烘干法。采用轮碾法试制导火索三料粉，该厂 2 台轮碾机同设在碾药工房内。生产工人甲被临时分配到碾压工序操作。他将硝酸钾、硫黄和木炭装入碾盘上，开车生产，另一台轮碾机正在修理，碾盘上 15kg 三料粉突然起火爆炸。

③ 原因分析。生产工人甲不熟悉黑火药生产，未及时加水湿润三料粉以及照料碾压情况，致使碾压过程中碾砣与碾盘直接接触，剧烈摩擦致使碾盘上火药着火爆炸。又因工房之间距离不满足规范要求，厂内堆放大量硝铵炸药，造成整个工厂被烧毁。

4.3.3 撞击作用

4.3.3.1 撞击引起燃烧爆炸的机理

物体之间撞击时，物体运动速度发生变化，从动量守恒和能量守恒观点可知，撞击后一部分能量会转化为热能，当撞击产生的热量大于所需的最小起爆能量，则可能引起炸药的爆炸。

根据热点理论，炸药中可能含有微小的气泡，或在受到撞击时外界的气体会被带入炸药中形成气泡，炸药在迅速的撞击作用下会发生变形，封闭在炸药中的气泡由于具有巨大的压缩性，受到撞击时，气泡被绝热压缩，从而导致气泡的温度上升，形成热点，该热点可以使气泡中的炸药微粒及气泡壁面的炸药点燃和爆炸。

4.3.3.2 撞击引起燃烧爆炸事故举例

【例 4-3】 目标指示器燃爆事故

事故地点：某研究所实验室。事故性质：责任事故。伤亡情况：死亡 1 人，重伤 1 人。

① 事故经过。2010 年 8 月 16 日 9 时，张某在实验室进行光烟指示器用发光罐的检查处理。他从 3 号工房暂存间领取了三枚发光罐，其中两枚放入纸箱中，另一枚在工作台上进行手工处理。约 9 时 25 分发生燃烧爆炸，实验室内烟尘笼罩，其他人立即撤离现场。现场救援人员迅速将受伤的张某送往医院，经全力抢救无效死亡。其余四人无外伤，听力不同程度受到影响。

② 事故发生的直接原因。发光罐所用药剂首次应用，相关人员对在金属壳体中装填发光药剂的安全性、药剂的感度、威力及其存在的危险性认识不足。加之研制时间短、研制产品数量少，因此尚未形成成熟的工艺技术，难以配备专用工具和工装。

发光罐为 ϕ38mm×180mm 的圆柱形，台虎钳口为 20mm×300mm 的带有斜花纹的矩形平面，虽然钳口平面已敷有胶布防止摩擦、夹伤及松动，但由于罐体壁厚较薄（0.5mm），内部装药密度较低（0.85g/cm^3），难以对产品实施有效固定和支撑，因此在检查处理过程中，夹在台虎钳的发光罐会发生移动、晃动或震动，造成罐体内药剂与药剂、药剂与罐壁之间产生摩擦、撞击作用，在装药内部形成热点，引起发光剂燃爆。

4.3.4 冲击波作用

4.3.4.1 冲击波引起燃烧爆炸的机理

对于均相炸药，多数学者认为在冲击波进入炸药后，在波阵面后面，炸药首先是受冲击整体加热，然后出现化学反应。在最先受冲击的地方，炸药将在极短时间内完成反应，产生超速爆轰，这种超速爆轰波赶上初始入射冲击波后，在未受冲击的炸药内发展成稳定的爆轰。对于非均相炸药，目前一般认为，冲击波进入非均质炸药后，对炸药进行不均匀的加热，会在冲击波阵面后一些力学、物理结构的间断点处产生局部高温区，即所谓的“热点”。炸药受到冲击或摩擦时，并不是全部遭受机械作用的物质平均加热，而只是其中很少的个别部分，例如炸药内部的空穴、间隙、杂质和密度间断等处，冲击波在这些地方来回反射和绝热压缩，将机械能集中在这些局部区域，使温度大大高于平均温度，从而在这些区域形成热点。炸药首先在这些热点处燃烧，从而激发热点附近的炸药晶粒发生化学反应，所释放出来的能量以热点为中心迅速向外扩展，则将有更多的能量放出，并使冲击波得到加强。得到加强的冲击波在向前传播中将会形成更多的高温热点，从而使更多的炸药卷入化学反应，于是冲击波阵面压力越来越高，并最后演变为爆轰，直至发展成稳定爆轰。

4.3.4.2 冲击波引起燃烧爆炸事故举例

【例 4-4】 震源药柱生产车间发生爆炸

事故地点：某公司 502 工房。事故性质：责任事故。事故类别：炸药爆炸。

① 事故经过及概况。2013 年 5 月 20 日，某公司将震源药柱的压盖工序后面由人工操作的工序，全部违规擅自移到了装药工房，本来分开的操作，应该两个工房操作，但都把人移上来，就增加了人数，工作人员违规，分 7 次向搅拌机内加入 36 铲废药，废药中混入了起爆件中的太安。太安在 4 号装药机内受到强力摩擦、挤压、撞击，瞬间发生爆炸，引爆了 4 号装药机内乳化炸药，从而引爆了 502 工房内其他部位炸药。

② 原因分析。震源药柱废药在回收复用过程中混入了起爆件中的太安，引爆了 4 号装药机内乳化炸药，殉爆了 502 工房内其他部位炸药。

4.3.5 电点火作用

4.3.5.1 电点火引起燃烧爆炸的机理

电点火能引起燃烧爆炸的机理包括电能转化为其他能量和电击穿引起炸药及其制品燃烧爆炸两种。

(1) 电能转化引起燃烧爆炸

当电流通过桥丝式电火工品的桥丝时，电能将按照焦耳-楞次定律($Q=I^2Rt$)产生热量，使桥丝升温至灼热状态，加热桥丝周围的炸药并引爆。目前广泛使用的电雷管主要是利用电能转化成热能来引爆雷管内炸药的。

此外电能转化为冲击波能，也可引起炸药及其制品的燃烧爆炸，如在高压强电流的作用下，金属迅速受热而气化，产生高温高压等离子体，并迅速膨胀形成冲击波，以冲击波的形式冲击炸药，使炸药起爆。

(2) 电击穿引起燃烧爆炸的机理

炸药颗粒或混有少量空气的炸药装药，电阻率在 $10^{12}\sim10^{14}\Omega\cdot cm$ 之间，基本上是绝缘物质，因此炸药被强电压击穿属于电介质击穿。发生电击穿时，电阻和电流发生猛烈的变化，如果产生的热量足够，则可以引爆炸药。

4.3.5.2 电点火引起燃烧爆炸事故举例

【例 4-5】 130mm 火箭弹试验送弹途中双基发射药点火

事故地点：某靶场保温工房至试验台途中。事故性质：责任事故。事故类别：火药爆炸。伤亡情况：死亡 1 人。

① 事故概况和经过。130mm 火箭弹静止试验，从保温工房到试验台用吉普车送弹。弹装入保温袋，摆放在吉普车上。当送至第 6 发时，吉普车驶离保温工房 42m 拐弯处，驾驶员听到身后“砰”的一声，回头一看，车内全是烟，估计是发动机点火药盒发火。立即通知随运工人赶快跳车，同时关了油门，刹了车，跳下车来。吉普车由于惯性作用，滑出 10 余米，才停下来。这时，发动机的发射药柱已点燃，火势很大，随运工人还没来得及跳车，已被大火围住。驾驶员和赶来救火的人员救出随运工人，因严重烧伤，抢救无效，当日死亡。

② 原因分析。

a. 130mm 火箭弹发动机点火系统，采用 63-130 电点火具，内装并联的两个 F-1 电点火头，点火具电阻为 0.2～0.4Ω，F-1 电点火头电阻为 0.4～0.8Ω，发火电流为 1A，安全电流为 20mA。电流 360～440mA，通电持续时间 100ms，即能发火（实际在 600mA，100%发火）。该事故中设备、工具、附件有缺陷。

b. 吉普车电瓶的正极，接在右油箱及右座架上，同时又与车体大架相接。电瓶正极的接线栓生锈，接触不良，使右油箱与车体大架之间产生 0.2～0.25V 的电位差。

c. 右油箱与车体大架间电位差 0.2～0.25V，并联的电点火头电阻 0.2～0.4Ω，根据欧姆定律计算，电流约为 0.5～1.25A，足以使电发火头发火。所以当发动机金属与车体接触，就会造成送弹途中发动机点火。

4.3.6 静电作用

4.3.6.1 静电的危害

若静电能量以火花形式放出，称为静电火花能量。生产和生活中产生的静电，虽然电压很高，但电量很小，电量都在微库级到毫库级的范围内。因此，静电能量也很小，一般不超过数毫焦，少数情况下能达到数十毫焦。然而，尽管静电能量很小，仍可超过可燃物的最小发火能量，导致可燃物的燃烧。炸药及其制品在静电下，也可能发生燃烧爆炸。

4.3.6.2 静电火花引起燃烧爆炸事故举例

【例 4-6】 400kg 三料药粉爆炸

事故地点：某厂黑火药车间三料混合工房。事故性质：责任事故。事故类别：火药爆炸。

① 事故概况。爆炸使工房内两台三药料混合机损坏，木制滚筒炸碎飞散。一台混合机主轴显著弯曲变形，其电气部分损坏严重。另一台混合机水泥机架倒向东侧。工房全部倒塌。一台混合机地面炸有深 100～150mm、体积 4m^3 的爆坑，工房破坏面积 108m^2。

② 事故经过。两台三料混合机设在同一工房内，6 月 24 日，工人甲、乙发现一台混合机的机轴瓦有异常响声，滚筒转动受阻不灵活，投料后更甚。当时虽经修理，并未彻底解决。6 月 29 日，工人丙清扫工房时，不慎碰断该机接地线，并随手把地线悬挂在机架上。6 月 30 日，由甲、乙二人投料（三料粉），每机装料 200kg，8 时 30 分开始运转。运转 2h 于 11 时 30

分发生了爆炸。

③ 原因分析。从一台混合机地面的爆坑可断定是该机内的药料先发生爆炸然后殉爆另一台混合机内的药料。发生爆炸原因可能是：事故前，混合机接地不良，致使静电聚集，积累到一定程度后，发生静电火花；当静电火花能量达到三料药粉的发火能量时则发生爆炸。

炸药及其制品在生产、运输、贮存和使用过程中还可能受到雷击、火星、射频及电气短路等形式的外界能量作用。因此，如果工作人员能够了解炸药及其制品在生产、运输、贮存和使用过程中的特点，就能更好地消除和控制这些因素，避免燃烧爆炸事故的发生。

4.4 炸药感度

炸药的感度就是炸药受到外界能量作用而引起爆炸的难易程度。如果某种炸药在很小的某种外界能量作用下就能被激发爆炸，我们说这种炸药对于这种外界作用比较敏感。而另一种炸药在很大的同种形式外界作用下才能被激发爆炸，我们说另一种炸药对于这种外界作用比较钝感或感度低。

激发炸药所用的能量叫初始能或起爆能。常见的初始能有机械能（撞击、摩擦、针刺）、热能（直接加热、火花、火焰）、爆炸能（爆轰波、冲击波）、电能（静电、电热丝）等。炸药的感度就是指炸药对这些具体的起爆能的敏感度。与此对应，炸药的感度分为撞击感度、摩擦感度、针刺感度、火焰感度、爆轰感度、冲击波感度、静电火花感度等。

4.4.1 炸药热感度

炸药的热感度就是指炸药在热的作用下发生爆炸的难易程度。热作用主要有两种形式：一是均匀加热的形式；二是火焰直接灼热的形式。为了便于区别，我们把炸药对于均匀加热的感度称为热感度，把对火焰的感度称为火焰感度。

(1) 热感度的表示法和试验测定

炸药在温度足够的热源下均匀加热时会发生分解放热引起爆炸。从受热到爆炸所经历的时间称为感应期或延滞期，炸药发生爆炸或发火时加热介质的温度称为爆发点或发火点，使炸药发生爆炸的加热介质的最低温度称为最小爆发点。目前广泛采用一定延滞期的爆发点来表示炸药热感度，常用的有5s延滞期的爆发点。

① 试验原理。在一定的试验条件下，测试不同的恒定温度下试样发生爆炸的延滞期，将数据作图，即可求得一定延滞期的爆发点。

② 试验装置。5s 延滞期爆发点测定仪是一种比较简单的装置，由伍德合金浴和可调节加热速度的电炉组成。伍德合金浴为圆柱形钢浴，内径 75mm，高 74mm，钢浴外边包着保温套，钢浴内装有伍德合金。钢浴上面有带孔的盖子，一个孔安装着插温度计的套管，另一孔插入铜雷管。注意将雷管壳的底部与温度计的水银球保持在同一水平面上。试验装置如图 4-3 所示。计时采用秒表。改进的爆发点测定仪能自动计时，自动测温和控温。伍德合金组成（质量分数）：锡 13%，铅 25%，镉 12%，铋 50%。

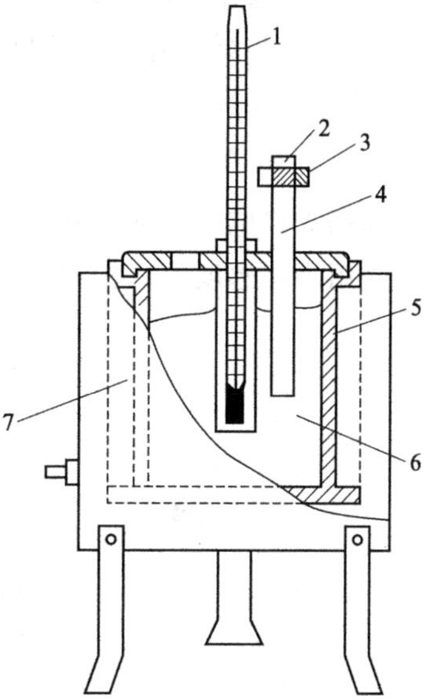

图 4-3　5s 爆发点测试装置

1—温度计；2—塞子；3—固定螺母；4—雷管壳；5—加热浴体；6—加热用合金；7—电炉

③ 试验方法。每次取平底 8 号铜雷管壳 13～15 个，各拧上固定螺钉，以便使每个管壳浸入合金钢浴的深度保持一致，一般为 10～15mm。称取干燥的试样，猛炸药为 (50±2)mg，起爆药为 (20±1)mg。装药时应先检查管壳是否清洁，然后将试样通过小漏斗装入管壳内。向管壳内装药时一定注意，既不能漏装，更不能重复装。将装有炸药的管壳放在专门的管架上，再在管壳上塞上木塞或金属塞，塞的松紧程度要一致。

可采用升温法或降温法的任一种。例如采用降温法，即控制试验温度由高到低逐渐下降，取不同的温度间隔，一般每下降 3～5℃投样试验一次。若用 T 表示介质温度，τ 表示延滞期，则可在不同的恒定温度 T_1、T_2、T_3、…、T_n 时，记录试样爆发时相应的延滞期 τ_1、τ_2、τ_3、…、τ_n。在取得延滞期为 1～30s 的试验数据后，即可停止试验，测定次数 n 不应小于 6。根据试验数据作 T-τ 和 $\ln\tau$-$1/T$ 的关系图。由 T-τ 图上求得 5s 延滞期的爆发点，由 $\ln\tau$-$1/T$ 图根据直线的斜率算出炸药的活化能。

试验得到的凝聚炸药爆发点与延滞期之间的关系为：

$$\ln\tau = A + \frac{E}{R} \times \frac{1}{T} \tag{4-11}$$

式中 τ——延滞期，s；

E——与爆炸反应相应的活化能，J/mol；

R——通用气体常数，8.314J/(mol·K)；

A——与爆炸有关的常数；

T——爆发点，K。

(2) 炸药的火焰感度

炸药火焰感度的试验方法很多，下面以导火索燃烧的火星或火焰为加热源法介绍火焰感度的试验方法，这种试验方法简便，然而精度不高。

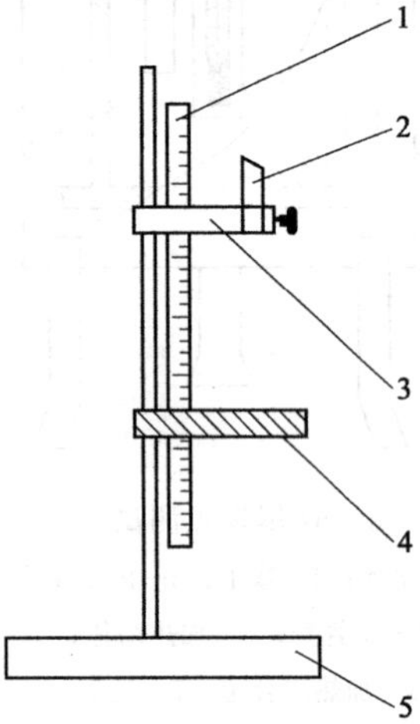

图 4-4 火焰感度试验装置

1—刻度尺；2—导火索；3—导火索夹；4—火帽台；5—钢台

① 试验原理。导火索燃烧喷出的火星或火焰作用于不同距离的炸药试样上，观察试样能否被引燃。

② 试验装置。试验装置如图 4-4 所示。

③ 试验方法。试验用的炸药应经过干燥和筛选，用天平称量 25 份，每份药量 20mg，通过小的纸漏斗，将炸药装在 7.62mm 的枪弹火帽壳内。测定装药密度对火焰感度的影响时，应将炸药在专门的压模内进行压药。

先调节导火索夹，使其上的指针与尺面相接触，然后调节火帽台，使火帽台的凹槽对准导火索夹的孔，并控制火帽台保持水平，记录火帽台上表面所对的刻度尺数值。用镊子夹取已装好药的火帽，平放在火帽台的凹处，再将导火索插在导火索夹中，使导火索的底平面与导火索夹的底平面相平，再拧紧固定螺钉，使导火索固定住。最后点燃导火索，观察火帽中的炸药是否发火。

用 50%发火率的距离表示火焰感度时，可按“升降法”求出均值和标准偏差。用上下限表示火焰感度，先粗略找到发火与不发火的交界点，然后从此点处每隔 5mm 进行试验，每点平行试验 5 次，100%不发火的最小距离称为下限，100%发火的最大距离称为上限。

4.4.2 炸药机械感度

炸药在机械作用（如撞击、摩擦、针刺）下发生爆炸的难易程度称为炸药的机械感度。按机械作用的形式不同，炸药的机械感度相应分为撞击感度、摩擦感度、针刺感度等。

(1) 撞击感度

炸药在机械撞击作用下发生爆炸反应的难易程度叫作炸药的撞击感度。

① 试验原理。将一定规格的炸药试样放在专门的试验装置中，承受一定质量的落锤从不同高度落下的撞击作用，观察试样是否发生分解、燃烧或爆炸。

② 仪器设备。测量炸药撞击感度的仪器一般都是用落锤仪，如图 4-5 所示。下面介绍几种不同结构的落锤仪。

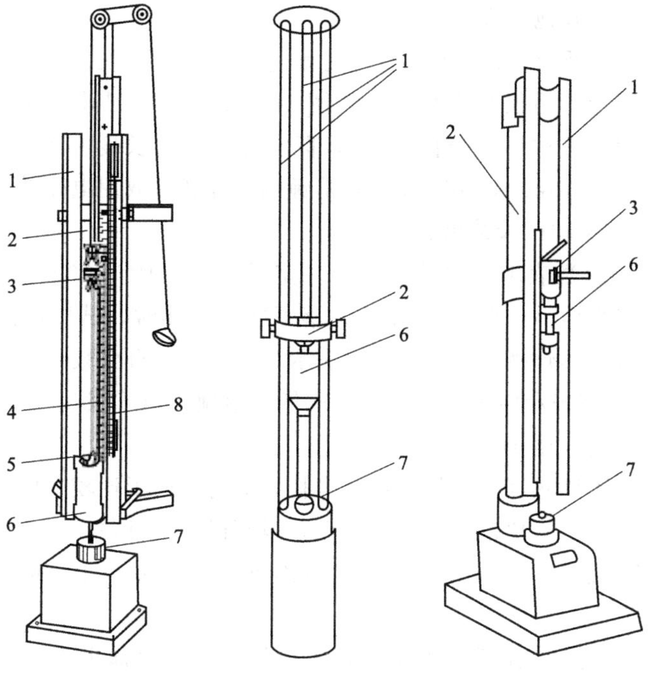

图 4-5　三种撞击感度落锤仪

1—导轨；2—支柱；3—落锤释放装置；4—齿板；5—固定落锤用杆；6—落锤；7—定位座；8—标尺

a. 卡斯特落锤仪。这是常用的一种落锤仪，其外形见图 4-5(a)。落锤仪由导轨、基座、脱锤器、落锤及撞击装置 5 部分组成，三根导轨均安装在墙上，墙应为较厚的混凝土墙。导轨应严格垂直并互相平行，中心导轨的下部装有齿板，上部装有起吊落锤装置。一定质量的落锤借助于装在中心导轨上的脱锤器而悬挂在两根 V 形导轨之间，悬挂高度可以任意调节。被试炸药装在撞击装置中。落锤上装有反跳装置，当落锤下落打击到撞击装置上时，惯性作用使得反跳装置的挂钩脱开向后弹出，当落锤反跳后再下落时，挂钩被齿板挡住就可防止落锤第二次打击在撞击装置上。落锤质量有 2kg、5kg、10kg 3 种。导轨长 2m 左右。落锤仪的基础应牢固，混凝土地基约 1.5m 深。

b. 三柱式落锤仪。欧洲和北美大都使用这种落锤仪，见图 4-5(b)。导轨由 3 根长粗钢圆柱组成，3 根钢柱互成 120°分布，直接固定在作为基座的粗圆钢上，落锤就悬挂在 3 根钢柱之间。这种落锤仪的优点是整体性好，不必安装在墙壁和其他基座上，便于搬运。

c. BAM 落锤仪。BAM 落锤仪是德国材料试验所发展的一种落锤仪。其结构与卡斯特落锤仪基本相同，见图 4-5（c）。其特点是采用框架结构，导轨的端面为长方柱形。全长 2.3m，但实际使用的长度不到 1m。落锤质量有 2kg、5kg、10kg 和 20kg 4 种，落锤的升降和释放用电磁铁进行控制。

③ 试验方法和试验结果。

a. 爆炸百分数表示撞击感度。当一定质量（一般为 10kg、5kg、2kg）的落锤从一定高度（一般为 250mm）落下撞击试样时，试样可能爆炸或不爆炸，测定试样爆炸概率，用百分数表示，称为爆炸百分数法。

b. 临界落高表示撞击感度。一定质量的落锤使试样发生 50%爆炸的高度称为临界落高，用 H_{50} 表示。

对于各种不同感度的试样均可测出临界落高，便于比较它们的感度，克服了爆炸百分数法可比范围较小的缺点，因而得到了日益广泛的应用。对于临界落高 H_{50} 较高的炸药来讲，H_{50} 的测定值相对误差很小，可以准确表示炸药的撞击感度。

c. 感度下限。一定质量的落锤撞击试样，一次爆炸也不发生的最大下落高度称为感度下限。感度下限说明了炸药能承受多大撞击能而不发生爆炸，因而是一种常用的表示撞击感度的参数。为了试验方便，有时感度下限指在试验条件下一个最小爆炸概率时的落锤下落高度。

d. 撞击能。撞击能以 50%爆炸的落高与锤重的乘积表示。由于落锤撞击到击柱时，有一部分能量损耗于落锤系统材料弹性引起的落锤反跳，不可能将全部能量都传给炸药，故落锤落下时传给炸药的撞击能量为

$$E=mg(H_{50}-H_0)$$

式中，m 为落锤质量；g 为重力加速度；H_{50} 为 50%爆炸落高；H_0 为落锤反跳高度。

(2) 摩擦感度

在实际加工或处理炸药的过程中，炸药不仅可能受到撞击，也经常受到摩擦，或者受到伴有摩擦的撞击。有些炸药（特别是有些复合推进剂）钝化后，用标准撞击装置试验表现出不敏感，可是测定其摩擦感度时则很敏感。因此摩擦可作为炸药的一种引燃、引爆的方式，如摩擦发火管等。

① 试验原理。基本原理是在加有静载荷的摩擦装置间加上炸药试样，摩擦炸药试样，观察爆炸与否。

② 仪器设备。

a. 柯兹洛夫摩擦摆。这种摩擦摆由仪器本体、油压机及摆锤 3 部分组成，如图 4-6 所示。将 20～30mg 试样均匀放在两个直径 10mm 的钢滑柱之间，放入爆炸室中，开动油压机，通过顶杆将上滑柱由滑柱套中顶出并用一定的压力压紧，压强可由压力表量出，当到达所需压强后，令摆锤从一定角度沿弧形摆下，通过击杆打击滑柱，使上滑柱水平移动 1～2mm，试样受到强烈摩擦，观察试样是否发生爆炸。

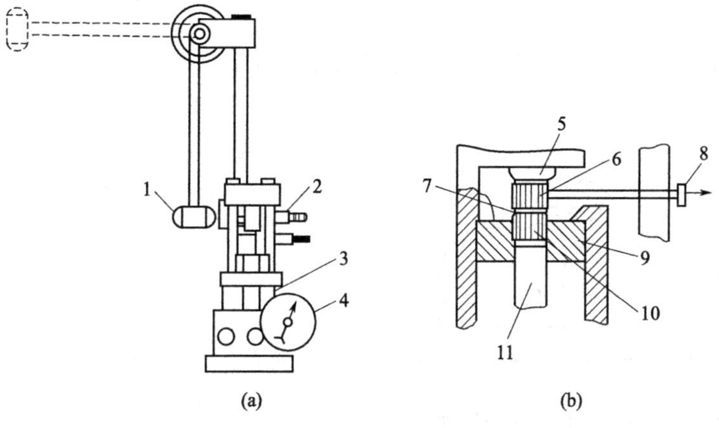

图 4-6 柯兹洛夫摩擦摆

1—摆体；2—仪器主体；3—油压机；4—压力表；5—上顶柱；6—上滑柱；7—试样；8—击杆；9—滑柱套；10—下滑柱；11—顶杆

柯兹洛夫摩擦摆测定摩擦感度试验结果有两种：一种是测定在一定试验条件下试样的爆炸概率。常用的试验条件为摆角 90°，挤压压强 474.6MPa；或摆角 96°，挤压压强 539.2MPa。另一种是测定炸药与钢表面之间的外摩擦系数，并由此计算出炸药所承受的摩擦功。

b. BAM摩擦仪。BAM摩擦仪是一种直线移动式摩擦仪，它由机体、马达、托架和砝码等部分组成，如图4-7所示。取试样0.01mg放在机座的磁摩擦板上，将固定在托架上的一支特制磁摩擦棒与试样接触，磁棒运动时应使其前后的试样量约为1∶2，在托架上挂好砝码，开动机器使磁棒以最大约7cm/s的速度做1cm的往复运动，观察试样是否发生爆炸，调节砝码的质量及悬挂位置，测量6次试验中发生1次爆炸时的最小负载，即以1/6爆点时的最小负载（N）衡量炸药的摩擦感度。

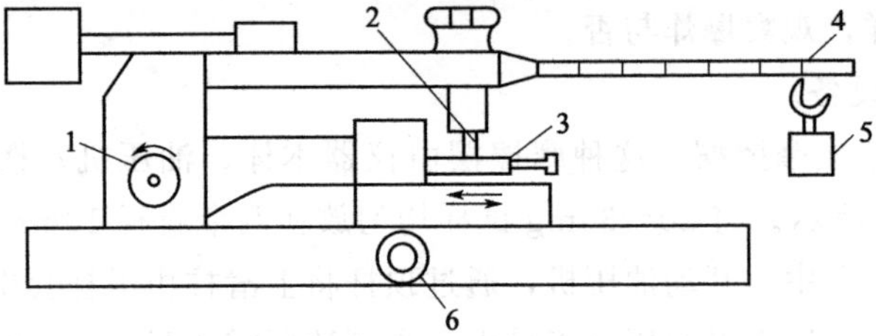

图4-7 BAM摩擦仪

1—主体；2—摩擦棒；3—摩擦板；4—托架；5—砝码；6—底座

砝码的质量有9种，悬挂位置有6个，负载可以从5～360N之间进行调节。

c. ABL仪。ABL仪由油压机、固定轮、平台和摆组成，其作用原理示意如图4-8所示。

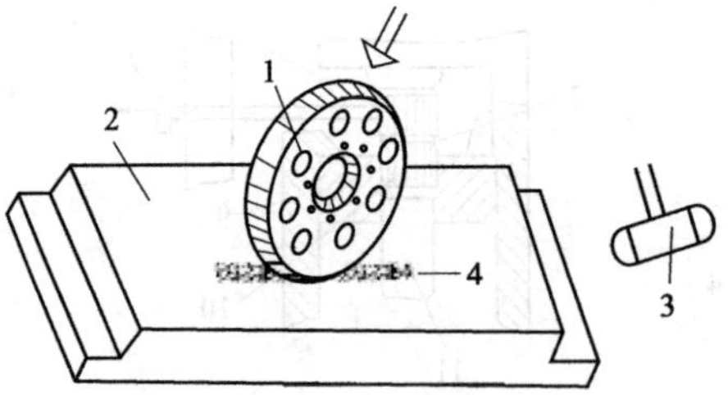

图4-8 ABL摩擦仪作用原理示意

1—固定轮；2—平台；3—摆锤；4—试样

这种摩擦仪的固定轮及平台均由专门的钢材制成，平台表面具有一定的粗糙度。将试样放在平台上，均匀铺成宽6.4mm、长25.4mm的一条，其厚度相当于试样的一个颗粒厚度。降下固定轮，使与试样接触，并用油压机使固定轮给试样施加一定的压力，其压力最小为44N，最大为8006N。当达到预定压力后，令摆锤从一定角度沿弧形下落打在平台的边上，使平台沿与压力垂直的方向、以一定速度滑移25.4cm，通常用的滑移速度为0.9m/s，如有火花、火焰、爆裂声或测出反应产物，就认为产生了爆炸。测定在20次试验中，一次爆炸也不发生的最高压力，以其衡量炸药的摩擦感度。

（3）针刺感度

针刺感度常以一定质量的落锤下落后落在与炸药相接处的标准击针上，使击针刺入炸药，观察爆否，以落高的上下限表示。

4.4.3　炸药爆轰感度与冲击波感度

炸药的爆轰感度通常以极限药量来表示，即一定试验条件下，引起 1g 炸药完全爆轰所需的最小起爆药量。极限药量越小，爆轰感度越高。

炸药的冲击波感度是指在冲击波作用下，炸药发生爆炸的难易程度。冲击波感度是炸药在安全方面和引爆方面十分重要的性能参数。

测量炸药冲击波感度的方法有：隔板试验、楔形试验、殉爆试验等。

（1）隔板试验

隔板试验是测定炸药冲击波感度最常用的一种方法。隔板试验分为大型隔板试验和小型隔板试验两种。

① 试验原理。在作为冲击波源的主发装药和需要测定其冲击波感度的被发装药之间，放上惰性隔板如金属板或塑料片，并通过改变隔板厚度以测定使被发装药产生 50%爆发率时的隔板厚度来评价被测炸药的冲击波感度。

② 试验装置。小型隔板试验装置如图 4-9 所示。大型隔板试验装置与小型隔板试验装置基本相似。

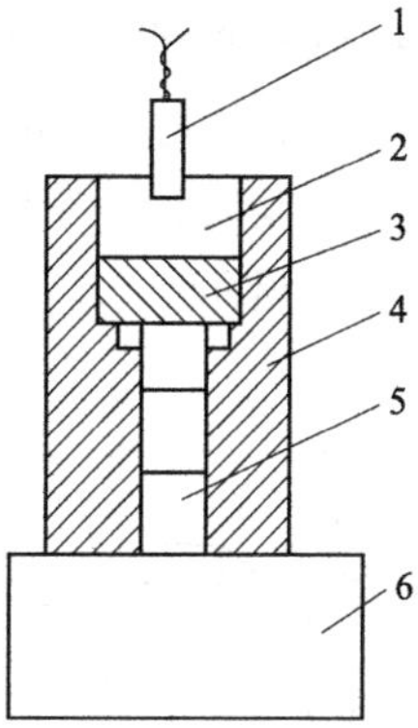

图 4-9　小型隔板试验装置

1—雷管；2—主发药柱；3—隔板；4—固定器；5—被发药柱；6—验证板

③ 试验方法。一般可按“升降法”进行试验，详见撞击感度试验中测定临界落高的试验程序。

④ 数据处理。被发装药爆发率为 50%时的隔板值，即隔板临界值 δ_{50}，可由式(4-12) 求得：

$$\delta_{50}=\delta_0+d\left(\frac{A}{N}+\frac{1}{2}\right) \tag{4-12}$$

式中　δ_{50}——爆发率 50%的隔板值，mm；

δ_0——零水平的隔板厚度，mm；

d——步长，mm；

A——i 水平数与该水平数下爆炸或不爆炸次数乘积之和，$A=\sum in_i$；

N——i 水平数时爆与不爆次数之和，$N=\sum n_i$；

i——水平数，从零开始的自然数；

n_i——i 水平时爆或不爆的次数。

在数据处理时，采用次数少的结果，如两种情况的次数相同，可任取一种，将数据代入式(4-12) 中。凡取爆轰时的数据计算时取负号，凡取不爆轰时的数据计算时则取正号。

(2) 楔形试验

楔形试验是因炸药试样做成楔形而命名的。试验时将楔形试样引爆，测定其爆轰中止传播处的厚度，以此研究爆轰在薄层试样中传播的程度，从而评价炸药的冲击波感度。

① 液体炸药的楔形试验。

a. 试验原理。将炸药试样制成楔形，由厚端处引爆，以爆轰停止传播处的液膜厚度表示冲击波感度的大小。

b. 试验装置。用倾斜敞口的槽子装液体炸药，控制炸药试样成为楔形，如图 4-10 所示。

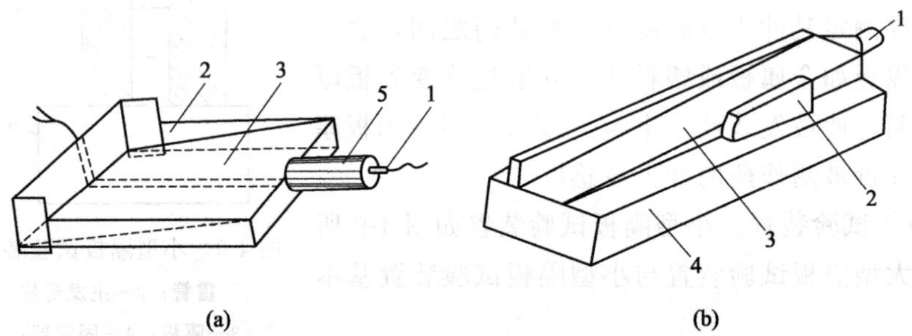

图 4-10　楔形试验装置

1—雷管；2—槽子或限制板；3—炸药；4—验证板；5—传爆药柱

c. 试验方法。在槽内装上足够量的液体试样，当倾斜槽子时，液体由传爆药柱的一端逐渐向另一端流动，在传爆药柱端的深度应与槽子深度一样，并逐渐变薄，其最小厚度由表面张力决定。传爆药柱用 8 号电雷管或更强的电雷管起爆。

由探针的扫描来计算爆速。最小液膜厚度就是爆轰停止传播处的厚度，可由速度探针的扫描轨迹中断看出。不论发生高速爆轰或是低速爆轰都可确定出最小液膜厚度。

② 固体炸药的楔形试验。

a. 试验原理。将固体炸药压制成规定的装药密度，加工成楔形，从厚端处引爆，以爆轰停止传播处的厚度即熄爆厚度来表示冲击波感度的大小。

b. 试验装置。固体炸药楔形试验的装置如图 4-10 所示。

c. 试验方法。试验中关键的部分是制作楔形试样和装配楔形试验装置，其次是精确测量各个部位的厚度。当楔形试样被引爆后，在黄铜板上显示出熄爆的痕迹，测出熄爆处对应的楔形试样的厚度，即熄爆厚度或称失败厚度。楔形顶角采用 1°、2°、3°、4°和 5°，得到的结果外推到 0°。

4.4.4　炸药静电感度

炸药在静电火花作用下发生爆炸的难易程度叫作炸药的静电火花感度。在炸药生产和加工过程中，不可避免会产生摩擦，形成的静电往往达到数百至数千伏，因此，静电是炸药及其制品发生事故的一个重要原因。炸药由于静电而发生爆炸涉及两个方面：一个是炸药本身产生静电的难易程度；另一个是炸药在静电火花作用下发生爆炸的难易程度。

（1）炸药产生静电的难易程度及静电测量

要知道炸药摩擦时产生静电的难易程度，就要对炸药摩擦后所带电量进行测量比较。目前常用的静电测定装置如图 4-11 所示。

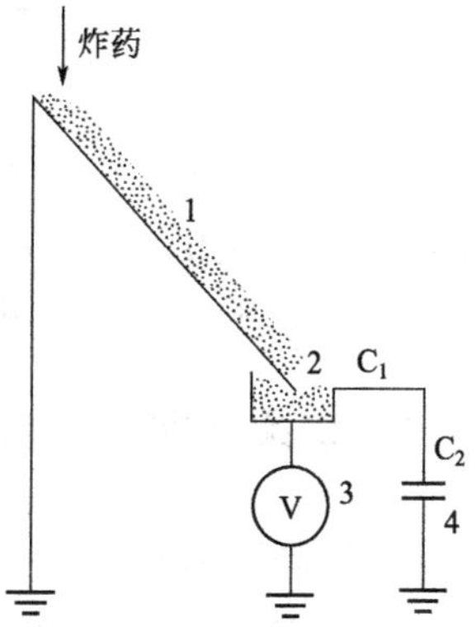

图 4-11　摩擦带电测定仪

1—金属滑板；2—金属容器；3—静电电位计；4—外接电容器

当炸药从金属板滑下，进入金属容器中时，产生的静电电压可以从静电电位计上读出。炸药和金属容器本身就存在一个电容 C_1，其静电量大小 $Q=C_1V_1$。我们用一个外加已知电容 C_2 和 C_1 并联，再次测其静电电压 V_2，得到：

外接电容 C_2 前：$Q_1=C_1V_1$

外接电容 C_2 后：$Q_2=(C_1+C_2)V_2$

因为，$Q_1=Q_2$

所以，$C_1V_1=(C_1+C_2)V_2$

整理得：$C_1=\dfrac{C_2V_2}{V_1-V_2}$

于是求出

$$Q=\left(\frac{C_2V_2}{V_1-V_2}+C_2\right)V_2 \tag{4-13}$$

把用绸子摩擦过的玻璃棒接触或靠近金属容器，就可以根据电位的变化来判断金属容器内的炸药所带电的极性：电位降低，说明炸药带负电；反之带正电。

(2) 炸药静电火花感度的测量

炸药静电火花感度测量的基本原理是利用关系式：

$$E=\frac{1}{2}CV^2 \tag{4-14}$$

试验仪器原理图如图 4-12 所示。

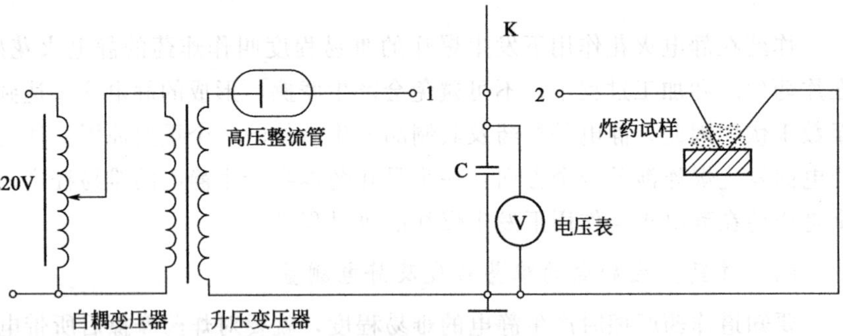

图 4-12　测量炸药静电火花感度示意图

试验程序是先将开关 K 接到 1 处，依靠高压电源使电容器 C 充电到所需的电压，然后再把 K 换到 2 处。电容器通过两个尖端电极放电，产生电火花，电火花作用在两个尖端电极间的试样上，观察爆炸与否。以爆炸百分数或 50%发火的临界能量 E_{50} 来表示其静电火花感度。

4.4.5 影响炸药感度因素

炸药的感度主要取决于炸药自身的理化性质及装药条件。

(1) 炸药的理化性质与感度的关系

炸药爆炸的根本原因是炸药结构中的原子间键的断裂，由原来的相对不稳定的结构变成相对稳定的结构。不稳定原子团的性质、所在位置及数量均对炸药的感度有影响。键能大的，结构比较稳定，感度就低；反之，感度就高。

通常情况下，硝酸酯类炸药的感度最高，硝胺类次之，硝基类最低，所以感度顺序为：PETN＞RDX＞TNT；开键结构的炸药比环链结构的炸药稳定性差；芳香族硝基衍生物的炸药感度随着取代基和硝基的数目增多而增高；生成热小的炸药感度高；爆热大的炸药感度高；活化能小的炸药感度高；热容小和热传导性小的炸药热感度高。

（2）炸药物理状态及装药条件对感度的影响

① 炸药状态的影响。炸药由固态变为熔态时，感度可能提高。

② 炸药晶型的影响。如氮化铅有两种不同晶型，即 α 型和 β 型，β 型结晶比 α 型结晶机械感度要高得多；又如奥克托今有 α、β、γ、δ 四种晶型，其稳定性顺序为 $\gamma<\alpha<\delta<\beta$。

③ 炸药颗粒度的影响。炸药的颗粒度主要影响其爆轰感度。颗粒越小，爆轰感度越大。

④ 装药密度和装药物理结构的影响。装药密度主要影响爆轰感度和火焰感度。一般情况下，密度升高，感度降低。装药的物理结构对爆轰感度的影响也很大，如相同密度下，压装 TNT 比铸装 TNT 感度大。

⑤ 温度和湿度的影响。随着炸药初始温度的升高，感度增高；湿度增加时，炸药感度降低。

⑥ 附加物或杂质的影响。

⑦ 液体炸药中的气泡、固体药柱中的裂缝等都将对炸药感度有较大影响。

复习思考题

1. 根据物质的化学结构，爆炸性物质可分为哪几类？

2. 炸药化学变化过程有哪三种基本形式？简述三者之间的关系及相互转化的条件。

3. 什么是炸药的安定性和相容性？炸药安定性和相容性测试方法有哪些？

4. 炸药常见感度有哪些？影响炸药感度的因素有什么？

5. 炸药生产过程中常见的外界刺激源有哪些？

第5章

起 爆 药

5.1 起爆药的特性

虽然起爆药和猛炸药具有某些相似的性质，但起爆药也具有一些独有的特点，如：爆燃快速转爆轰；高能量输出；对外界初始能敏感等。

5.1.1 爆燃快速转爆轰

起爆药受某种初始冲能引爆时的变化过程，可用爆炸变化速度表征。爆炸变化速度的增长或爆炸变化的加速度，可在一定时间后使起爆药的爆速达到最大值，即达到稳定爆炸速度。起爆药与猛炸药的爆炸变化加速过程有显著的差别：在一定条件下，起爆药由起始爆燃转变到爆轰，即达到 C-J 条件的爆轰，所需时间或药柱长度较猛炸药短很多。

5.1.2 起爆能力

起爆药的起爆能力是指起爆药爆轰后能引爆猛炸药达到稳定爆轰的能力。起爆药的起爆能力越强，炸药达到稳定爆轰所需爆速增长期越短，消耗在增长爆速的药量越少，因而可以更好地发挥炸药的爆炸效能。影响起爆药起爆能力的主要因素有：①爆炸加速度越大，起爆能力越大。例如，叠氮化铅的爆炸加速度大于其他常用起爆药，所以它的起爆能力也大。②起爆药的猛度越大，起爆能力越大。这是因为，起爆药起爆猛炸药，是由于起爆药爆炸产生的爆轰波向猛炸药冲击，而爆轰波的强弱与起爆药猛度的大小有关。③在一定条件下，起爆药的结晶密度和表观密度大，起爆能力也大。另外，起爆药的爆速、爆温、起爆药所装填的外壳、起爆药的颗粒形态等对起爆能力也有一定的影响。

用来衡量起爆药起爆能力最简单的指标是极限起爆药量，即指能起爆猛炸药的最小起爆药量，通常将起爆 0.5g 猛炸药装药达到稳定爆轰所需最小起爆药量作为极限起爆药量。起爆药的极限起爆药量见表 5-1。

表 5-1 起爆药的极限起爆药量

起爆药	极限起爆药量/g			
	特屈儿	梯恩梯	太安	黑索今
雷汞	0.29	0.36	0.17	0.19
叠氮化铅	0.025	0.09	0.01～0.02	0.05
二硝基重氮酚	0.075	0.163	0.08～0.1	0.16
三硝基间苯二酚铅	1g 药量仍不能起爆猛炸药			
四氮烯	1g 药量仍不能起爆猛炸药			

用于表征起爆能力的实验有凹痕实验、铅铸实验等。

5.1.3 起爆药敏感性与钝感化

起爆药敏感，用较小的初始冲能，如火焰、撞击、摩擦、针刺或电能等即能引起爆轰，不同起爆药对外界作用的敏感程度有很大的不同。引爆所需初始冲能越小，起爆药越敏感。起爆药在外界作用下，发生爆炸难易程度称为起爆药的感度。

起爆药对不同形式的初始冲能具有一定的选择性。例如，叠氮化铅比三硝基间苯二酚铅对机械作用敏感，而对热作用则钝感。可根据不同火工品的战术技术要求，选择不同的起爆药。

5.2 对起爆药的基本要求

适合军用和民用的起爆药，应满足如下基本要求。

① 有足够的起爆能力，以缩小火工品的体积，促进火工品的小型化，提高火工品在生产、使用、运输等过程中的安全性。

② 有适当的感度，既易于被较小的、简易的初始能所引爆，又能保证安全。

③ 有优异的安定性，受热、光、水分和空气中二氧化碳等外界环境因素的作用以及在装压过程中与金属壳体等接触后，不改变其原有的物理化学性质和爆炸性能。

④ 具有良好的流散性和压药性。因为起爆药均系压装于管壳中使用，

压装前要用容量法计量，而由于管壳中装填的药量不大，所以微小的装药误差，都会影响火工品作用的可靠性。

此外，起爆药原材料应广泛易得，生产工艺应简便易行，操作应安全可靠，“三废”应尽可能少或易于治理。

5.3 起爆药的分类

起爆药依其组分可分为单体起爆药和混合起爆药两大类。

5.3.1 单体起爆药

单体起爆药系指单一成分的起爆药，其分子中含有特征爆炸基团或敏感的含能基团。根据爆炸基团类别及化学结构，单体起爆药有如下几种。

① 叠氮化合物。如叠氮化铅［$Pb(N_3)_2$］、三叠氮三聚氰［$C_3N_3(N_3)_3$］、三硝基三叠氮苯［$C_6(NO_2)_3(N_3)_3$］等。

② 重氮化合物。如二硝基重氮酚，即 DDNP［$C_6H_2(NO_2)_2ON_2$］。

③ 长链或环状多氮化合物。代表性的化合物有四氮烯和硝基四唑：

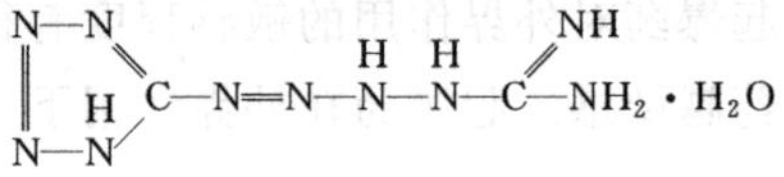

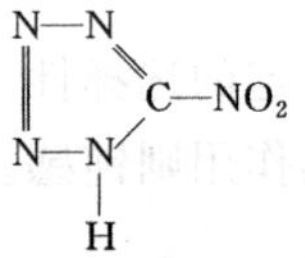

④ 雷酸的重金属盐。如雷汞［$Hg(ONC)_2$］、雷银（AgONC）等。

⑤ 硝基酚类的重金属盐。如苦味酸铅 $C_{12}H_4N_6O_{14}Pb$、三硝基间苯二酚铅［$C_6H(NO_2)_3O_2Pb \cdot H_2O$］等。

⑥ 乙炔的金属衍生物。如乙炔银（Ag_2C_2）、乙炔铜（Cu_2C_2）等。

⑦ 有机过氧化物。如过氧化丙酮、六亚甲基二胺过氧化物等。

⑧ 重金属氯酸盐或过氯酸盐及它们与肼络合的配合化合物。如 $MClO_3$、$MClO_4$、$Ni(ClO_3)_2 \cdot N_2H_4$、$Cu(ClO_4)_2 \cdot 4NH_3$ 等。

5.3.2 混合起爆药

混合起爆药是由几种成分通过干混、湿混、共沉淀等方法而制成的一大类起爆药，有的是由两种以上单体起爆药或单体起爆药与非爆炸性物质组成，有的则全由非爆炸性物质组成，可分为如下类型。

① 组成中含有一种或几种单体起爆药的混合炸药，通常都用作击发药、针刺药、拉火药等。

② 由非爆炸性物质组成的混合起爆药，通常是由还原剂、氧化剂和其他添加剂组成的引燃药、点火药、延期药等。

近代发展了一种共沉淀起爆药，是由两种或两种以上的单体起爆药通过共沉淀或络合的方法制成的，其特点是具有单体起爆药的综合性能。

配位化合物起爆药是一类含有配离子的化合物，例如高能钴配位化合物，它的通式为 $[Co(NH_3)_5XY](ClO_4)_n$（X 和 Y 表示配位体，n 的数值取决于 X 和 Y 的电荷数），其中最具实用价值的是高氯酸五氨［2-(5-氰基四唑)］络钴（Ⅲ），简写为 CP，被称为“钝感起爆药”。在未加约束的粉末状态下，它像猛炸药一样对机械撞击钝感，用明火、火花不能点燃；但压入管壳内时，能用桥丝、火焰起爆，并能迅速转化为爆轰，它可作为雷管的单一装药。

共沉淀起爆药和配位化合物类起爆药是近年发展起来的新型起爆药，它们中有的已经投入生产，有的仍在研究阶段。它们在安全、高能和钝感方面有着特殊的功能，能够满足多种不同的使用要求。

5.4 叠氮化铅

(1) 主要性能

叠氮化铅（简称氮化铅）分子式 $Pb(N_3)_2$，分子量 291.26。氮化铅爆轰成长期短，能迅速转变为爆轰，因而起爆能力大。氮化铅还具有良好的耐压性能及良好的安全性（50℃下可储存数年），水分含量增加时其起爆能力也无显著降低。和目前常用的其他几种起爆药相比，氮化铅是性能最优良的一种。但也存在一定的缺点，如火焰感度较低，在空气中，特别是在潮湿的空气中，氮化铅晶体表面上会生成一薄层对火焰不敏感的碱性碳酸盐。为了改善氮化铅的火焰感度，在装配火焰雷管时，常用对火焰敏感的三硝基间苯二酚铅压装在氮化铅的表面，用以点燃氮化铅，同时还可以避免空气中的水分和二氧化碳对氮化铅的作用。另外，氮化铅受日光照射后容易发生分解，生产过程中容易生成有自爆危险的针状晶体。

叠氮化铅是白色结晶体，可以形成四种晶型（α，β，γ 及 δ）。其中，α 型是常见的短柱状晶体，属斜方晶体，是稳定晶型。β 型是常见的针状晶体，属单斜晶体，在干燥的状态下是稳定晶型，但在晶体成长的母液中是不安定的，有自爆危险，在160℃的水中，β型可转变为α型。γ型属单斜晶体系，当pH＝3.5～7.0时，可以从纯的反应物中制得γ型氮化铅。γ型没有α型和β型那样稳定。δ型属三斜晶系，当pH＝3.5～5.0时，由纯反应物可制得δ型，它也属于不稳定晶型。工业上生产的是α-氮化铅。

氮化铅室温下不挥发，不溶于水、乙醇、乙醚及氨水，稍溶于沸水，溶于浓度为4mol/L的醋酸钠水溶液，易溶于乙胺。晶体密度4.83g/cm³（糊精），表现密度1.5g/cm³（糊精），爆发点340℃（5s，糊精），爆燃点320～360℃，爆热1.54MJ/kg，爆压9.3GPa，密度3.8g/cm³时爆速4.5km/s，爆容308L/kg，做功能力110cm³（铅铸扩孔值），撞击功2.5～4J（纯品）或3～6.5J（糊精），撞击感度（400g落锤）上限24cm，下限10.5cm，摩擦感度76%，火焰感度8cm（全发火最大高度），起爆1g梯恩梯或黑索今所需量分别为0.25g（糊精）或0.05g（糊精），100℃ 48h失重0.34%（糊精）。

短柱状晶体的糊精氮化铅或环形聚晶的羧甲基纤维素氮化铅用于装填雷管和底火，但氮化铅不能单独用作针刺雷管和火焰雷管装药。

（2）制造

① 羧甲基纤维素叠氮化铅。羧-氮化铅是以羧甲基纤维素钠盐（羧-钠）作晶型控制剂，以酒石酸钠或酒石酸氢钾为辅助控制剂，由三水乙酸铅与氮化钠的复分解反应制得。

制备羧-氮化铅是在28～32℃下，将三水乙酸铅水溶液和叠氮化钠水溶液同时加入强力搅拌下的羧甲基纤维素钠及酒石酸钠的水溶液中，析出结晶后继续搅拌10min，用倾析法移出母液，结晶用水和乙醇洗涤，烘干即得产品。

制备羧-氮化铅的反应式见式(5-1)～式(5-3)。

氮化钠与乙酸铅复分解反应生成氮化铅：

$$2NaN_3+Pb(CH_3COO)_2\cdot 3H_2O\longrightarrow Pb(N_3)_2+2CH_3COONa+3H_2O \tag{5-1}$$

羧甲基纤维素钠与乙酸铅反应，发生离子交换，生成羧甲基纤维素铅：

$$2RnOCH_2COONa+Pb(CH_3COO)_2\cdot 3H_2O\longrightarrow (RnOCH_2COO)_2Pb+2CH_3COONa+3H_2O \tag{5-2}$$

酒石酸钠与乙酸铅复分解反应生成酒石酸铅：

$$C_4H_4O_6Na_2\cdot 2H_2O+Pb(CH_3COO)_2\cdot 3H_2O\longrightarrow C_4H_4O_6Pb+2CH_3COONa+5H_2O \tag{5-3}$$

② 糊精氮化铅。糊精氮化铅是在糊精存在下，由硝酸铅或醋酸铅水溶液与氮化钠水溶液反应制得，见式(5-4)。

$$2NaN_3 + Pb(NO_3)_2 \xrightarrow{\text{糊精溶液}} Pb(N_3)_2 + 2NaNO_3 \quad (5\text{-}4)$$

制造糊精氮化铅的工艺过程包括原料配制、化合、洗涤脱水、干燥等工序。制造糊精氮化铅的关键工序是化合，其操作程序是：先将硝酸铅溶液及糊精溶液加入化合器内，升至所需温度，再均匀加入氮化钠溶液，加完后再搅拌几分钟即可出料。

化合工序的工艺条件如下：氮化钠溶液浓度 3%～10%；硝酸铅溶液浓度 6%～15%，pH 2～3；糊精溶液浓度 5%；反应液 pH 6～7；化合反应温度 55～65℃；搅拌转速 70～100r/min。

5.5 三硝基间苯二酚铅

2,4,6-三硝基间苯二酚铅是 2,4,6-三硝基间苯二酚的铅盐（简写为 LTNR），又称斯蒂酚酸铅。一般情况下，三硝基间苯二酚铅（正铅盐）含一分子结晶水，其分子式为 $C_6H(NO_2)_3O_2Pb \cdot H_2O$，分子量 468.29，结构式为

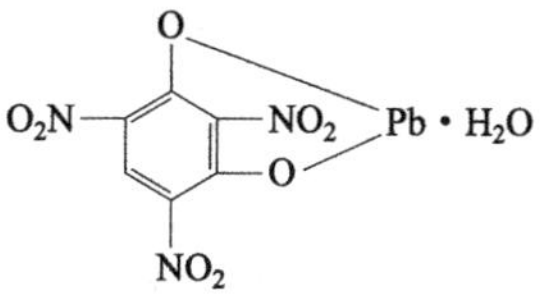

三硝基间苯二酚是含有两个羟基的二元酸，又由于分子中三个硝基的吸电子效应，它易于分两步解离出 H^+，见式(5-5)。

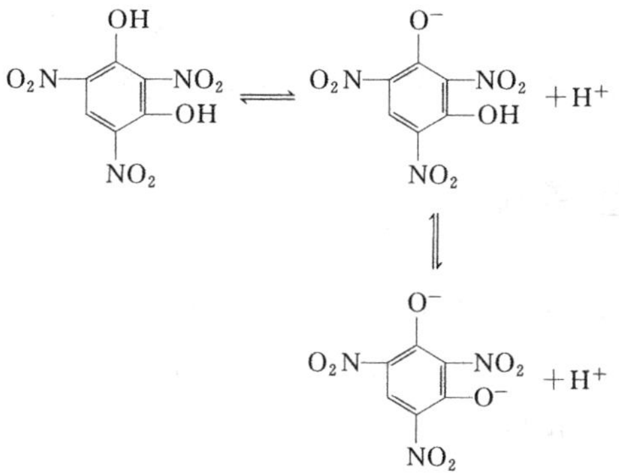

(5-5)

三硝基间苯二酚是一种相当强的二元酸，可生成分子组成和物理化学性质各异的三种盐，例如其铅盐就有中性铅盐（或正铅盐）、碱式铅盐和酸式铅盐。中性三硝基间苯二酚铅（N-LTNR）加热到 115℃经 16h 才能脱去结

晶水；若加热至135～145℃，脱水速度可加快。无水三硝基间苯二酚铅在潮湿大气中又能吸水重新形成水合物。

碱式三硝基间苯二酚铅（B-LTNR）分子式为$C_6H(NO_2)_3O_2Pb_2(OH)_2$，结构式可写成

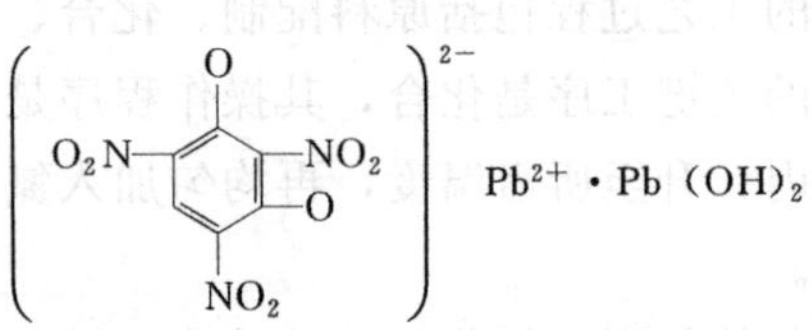

中性三硝基间苯二酚铅为橘黄色到浅红棕色晶体，热安定性好，80℃下经56d仍保持其爆炸性能。撞击感度比雷汞及氮化铅低，但火焰感度远高于两者，而静电火花感度则是起爆药中最高的。吸湿性0.02%（30℃，相对湿度90%），几乎不溶于四氯化碳、苯和其他非极性溶剂，微溶于丙酮、乙酸及甲醇，易溶于25%～30%的醋酸铵溶液，常温下在水中溶解度为0.04g/100g。晶体密度3.02g/cm^3，表观密度1.4～1.6g/cm^3，爆发点282℃（5s），熔点260～310℃（爆炸），爆燃点274～280℃，爆热1.5MJ/kg，密度2.6g/cm^{3}时爆速4.9km/s，爆容368L/kg，做功能力130cm^3（20g）（铅铸扩孔值），撞击功2.45～4.90J，撞击感度（400g落锤）上限36cm，下限11.5cm，摩擦感度70%，火焰感度54cm（全发火最大高度），起爆力较弱。100℃第一个48h失重0.38%，第二个48h失重0.73%，100h内不爆炸。

三硝基间苯二酚铅的主要缺点是静电感度大，容易产生静电积聚，造成静电火花放电而发生爆炸事故。特别是它与其他物质或晶粒之间相互摩擦时，都易产生静电积聚现象。为了降低其静电感度，曾采用石蜡将其钝化，但石蜡易软化，这种钝化产品不能用于较热地区；改用沥青钝化，提高了它的耐热性，但工艺复杂，且制造中存在一定的危险。

5.6 二硝基重氮酚

二硝基重氮酚系一种做功能力可与梯恩梯相比的单体炸药，学名4,6-二硝基-2-重氮基-1-氧化苯，简称DDNP，分子式$C_6H_2N_4O_5$，分子量210.11，环状重氮氧化物结构式可表示如下。

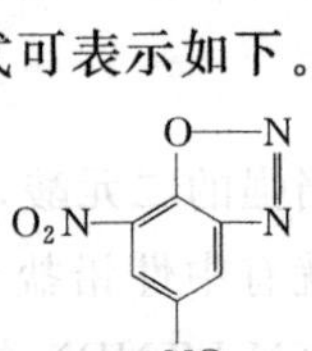

DDNP 纯品为黄色针状结晶，工业品为棕紫色球形聚晶。撞击和摩擦感度均低于雷汞及纯氮化铅而接近糊精氮化铅，火焰感度高于糊精氮化铅而与雷汞相近。起爆力为雷汞的两倍，但密度低，耐压性和流散性较差。吸湿性 0.04%（30℃，相对湿度 90%），50℃下放置 30 个月无挥发。微溶于四氯化碳及乙醚，25℃时在水中溶解度为 0.08%，可溶于丙酮、乙醇、甲醇、乙酸乙酯、吡啶、苯胺及乙酸。晶体密度 1.63g/cm^3，表观密度 0.27g/cm^3，熔点 157℃，爆发点 195℃（5s），爆燃点 180℃，爆热 3.43MJ/kg，密度 0.9g/cm^3 时爆速 4.4km/s，爆容 865L/kg，做功能力 326cm^3（10g）（铅铸扩孔值）或 9%（TNT 当量），撞击功 1.47J，撞击感度（400g 落锤）上限大于 40cm，下限 17.5cm，摩擦感度 25%，火焰感度 17cm（全发火最大高度）。100℃第一个 48h 及第二个 48h 失重分别为 2.10%及 2.20%，100h 内不爆炸。

5.7 雷汞

雷汞是雷酸的汞盐，学名雷酸汞，分子式 $Hg(ONC)_2$，分子量 284.65。为白色或灰白色八面体结晶（白雷汞或灰雷汞），属斜方晶系，机械撞击、摩擦和针刺感度均较高，起爆力和安定性均次于叠氮化铅。耐压性较差，压药压力增高，火焰感度下降，200MPa 时被“压死”，此时只能发火和燃烧而不能爆炸。易溶于乙醇、吡啶、氰化钾水溶液、氨水、乙醇胺及氨的丙酮溶液（饱和）。晶体密度 4.42g/cm^3，表观密度 1.55～1.75g/cm^3，爆发点 210℃（5s），爆燃点 165℃，爆热 1.4MJ/kg，密度 3.07g/cm^3 时爆速 3.93km/s，爆容 250～300L/kg，做功能力 25.6cm^3（2g）（铅铸扩孔值），撞击功 1～2J，摩擦感度 100%，火焰感度 20cm（全发火最大高度），起爆 1g 梯恩梯及黑索今所需量分别为 0.25g 及 0.19g，75℃ 48h 失重 0.18%，100℃ 16h 爆炸。

雷汞是由汞与硝酸反应生成硝酸汞后，再与乙醇作用而成的：

$$3Hg + 6C_2H_5OH + 20HNO_3 \longrightarrow 3Hg(ONC)_2 + 28H_2O + 8NO + 6NO_2 + 6CO_2 \quad (5\text{-}6)$$

5.8 四氮烯

四氮烯是一种氮含量很高的单体起爆药，又称特屈拉辛，含一分子水，分子式 $C_2H_6N_{10} \cdot H_2O$，分子量 188.16，结构式如下：

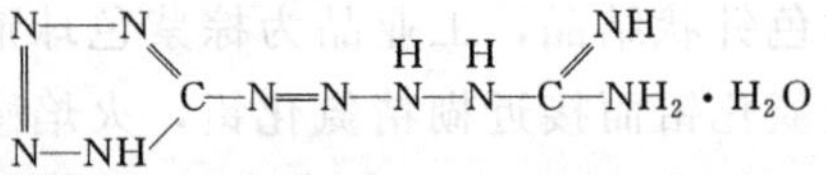

四氮烯为白色或淡黄色针状结晶，摩擦和火焰感度略低于雷汞，但撞击感度略高于雷汞。流散性和耐热性较差，猛度小，起爆能低，不能单独用作起爆药。吸湿性 0.77%（30℃，相对湿度 90%）。基本上不溶于冷水及一般有机溶剂（如丙酮、乙醇、乙醚、苯、甲苯、四氯化碳及二氯乙烷等），溶于稀硝酸。晶体密度 1.64g/cm³，表观密度 0.4～0.5g/cm³，熔点 140～160℃（爆炸），爆发点（5s）160℃，爆热 2.75MJ/kg，爆容 1190L/kg，做功能力 155cm³（铅铸扩孔值），撞击功 0.981J，撞击感度（400g 落锤）上限 6.0cm，下限 3.0cm，摩擦感度 70%，火焰感度 15cm（全发火最大高度）。高于 75℃ 时分解，75℃ 48h 失重 0.5%，100℃ 第一个 48h 失重 23.2%，第二个 48h 失重 3.4%，100h 内不爆炸。四氮烯用作击发药的组分，制造无雷汞或无腐蚀性击发药，或用于提高击发药的针刺感度和点火性能。

四氮烯系由氨基胍硝酸盐重氮化制得，见式(5-7)。

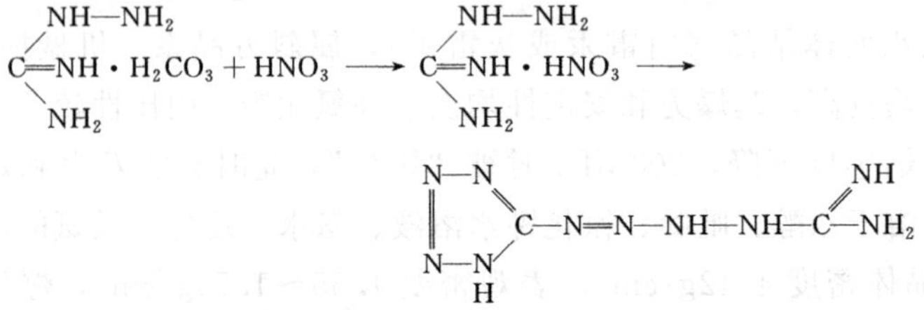

(5-7)

5.9 四唑类起爆药

四唑是由一个碳原子与四个氮原子组成的五元杂环化合物，是弱的一元酸。由铅、铜、汞等重金属离子形成的四唑衍生物都具有起爆性能，其起爆力近于叠氮化铅，火焰感度比斯蒂酚酸铅好，是一类很有发展前途的起爆药。

(1) 5,5'-重氮氨基四唑铅

5,5'-重氮氨基四唑铅的分子式为 $C_2HN_{11}Pb \cdot 4H_2O$，分子量 458.36，结构式如下：

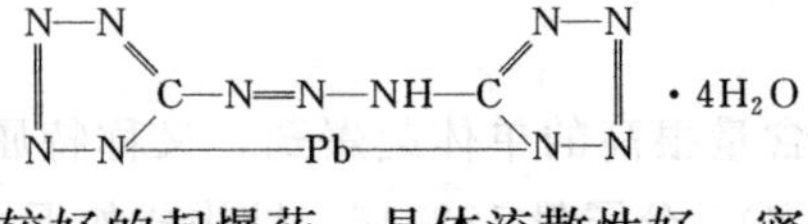

此四唑铅是一种较好的起爆药，晶体流散性好，密度 2.96g/cm³，表观

密度1.15g/cm^3。撞击感度：1kg落锤的发火下限为30cm；火焰感度：与火焰接触即爆炸。爆发点185～195℃。做功能力70cm^3（铅铸扩孔值），起爆力与叠氮化铅相近。往含有阿拉伯胶的5,5′-重氮氨基四唑钠溶液中滴加乙酸铅溶液制得5,5′-重氮氨基四唑铅。

（2）5-硝基四唑汞

5-硝基四唑汞的分子式为$C_2H_{10}O_4Hg$，分子量428.68，结构式如下：

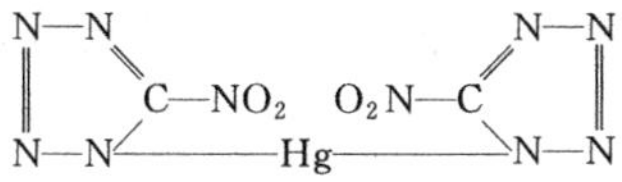

5-硝基四唑汞的密度为3.325g/cm^3，表观密度1.30～1.65g/cm^3，爆发点227℃。撞击感度：400g落锤50%发火的落高为6.5cm，上限13cm，下限2.5cm。摩擦感度：0.64MPa（表压）及50°摆角时的发火率为78%。针刺感度：上限13cm，下限2cm。起爆能力：对86mg太安的极限起爆药量为10mg（采用4.5mm镍铜雷管，压药压力18MPa）。爆速（装药密度2.96g/cm^3）6.33km/s。在75℃下加热48h无失重。5-硝基四唑汞的某些性能优于叠氮化铅，它可与2%的四氮烯混合制成针刺药，也可用作雷管的单一装药。在晶型控制剂作用下，以5-硝基四唑铜与硝酸汞反应可制得5-硝基四唑汞。

（3）四唑类双铅盐起爆药

以两种四唑衍生物（盐）或四唑衍生物（盐）和斯蒂酚酸（盐）与硝酸铅或醋酸铅反应，以共沉淀法可制得一系列双铅盐起爆药，它们既具有相当于叠氮化铅的起爆能力，又具有斯蒂酚酸铅的火焰感度。在双铅盐起爆药的分子结构中，大多保持各自组分的结构，但都被结合成铅盐。5-硝氨基四唑与斯蒂酚酸的双铅盐即是一例。此双铅盐分子式$C_7HN_9O_{10}Pb_2$，分子量785.52，结构式如下。

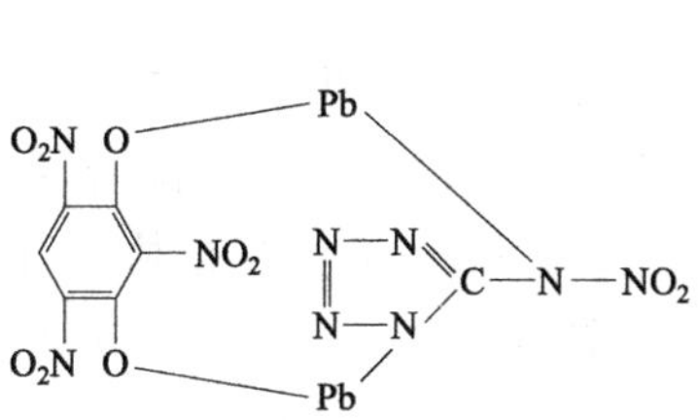

此起爆药为柠檬黄色，密度3.60g/cm^3，表观密度0.8～1.0g/cm^3，在水中溶解度0.32g/L（25℃）及1.75g/L（90℃），爆发点325℃（5s），摩擦感度与四氮烯相近，撞击感度比四氮烯低，针刺感度比四氮烯高，火焰感度比斯蒂酚酸铅及四氮烯均优，起爆力比斯蒂酚酸铅大，210℃下加热24h

失重0.15%，在65℃的水中储存几个月亦不分解，爆热1.78MJ/kg，爆速4.1km/s（密度2.7g/cm^3）。可单独使用，也可与其他起爆药混合使用。

5.10 共沉淀起爆药

(1) 概述

共沉淀起爆药是指两种或两种以上起爆药组分，在晶型控制剂作用下以共沉淀方法制得的起爆药，它们保持原有起爆药组分的价键关系、组成和性能，但与机械混合起爆药相比，具有组分均匀、性能稳定、制造安全、可简化雷管装配工艺等优点。在选用共沉淀起爆药组分时，应考虑起爆药的晶体表面、相容性及介质条件等诸多因素，并根据对共沉淀起爆药性能的要求，确定起爆药组分的配比。

(2) 制造

① D·S共沉淀起爆药。D·S共沉淀起爆药系令氮化铅与三硝基间苯二酚铅共沉淀制得：

$$2NaN_3+2Pb(NO_3)_2+C_6H(NO_2)_3(OH)_2+MgO \longrightarrow$$
$$Pb(N_3)_2\cdot C_6H(NO_2)_3O_2Pb+Mg(NO_3)_2+2NaNO_3+H_2O \quad (5\text{-}8)$$

② K·D共沉淀起爆药。K·D共沉淀起爆药系令氮化铅与碱式苦味酸铅共沉淀制得：

$$C_6H_2(NO_2)_3ONH_3+5NaN_3+NaOH+4Pb(NO_3)_2 \longrightarrow$$
$$C_6H_2(NO_2)_3OOPb(OH)\cdot Pb(OH)N_2\cdot 2Pb(N_3)_2+8NaNO_3 \quad (5\text{-}9)$$

5.11 配位化合物起爆药

随着火工药剂向高能、低感、可靠方向发展，配位化合物起爆药应运而生，其中最具代表性的是钴配位化合物起爆药，通式为[Co(Ⅲ)(NH$_3$)$_5$XY](ClO$_4$)$_n$（X、Y为配位体），而最为熟悉的是高氯酸五氨[2-(5-氰基四唑)]络钴（Ⅲ），简称CP，其结构式如下：

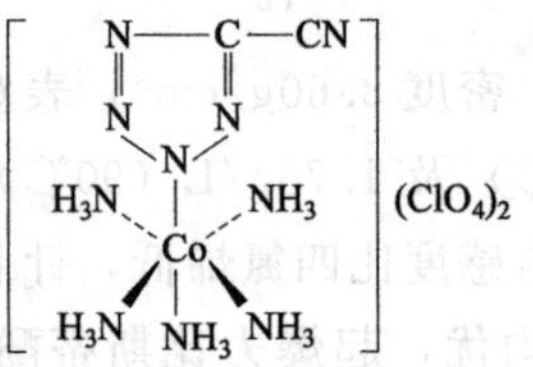

（1）性能

CP为黄色流散性晶体，结晶密度为1.965g/cm^3，吸湿率很低，100℃ 48h热分解放气量≤2.0mL/g，差示扫描量热法（DSC）（5℃/min，N_2）放热峰值284℃及290℃。CP与RDX、HMX及PETN的相容性良好，与铝、不锈钢、镍-铬以及钨也相容，但与黄铜及紫铜不相容。CP既具起爆药的特征，又可作猛炸药使用。用明火不易点燃CP，100～200目CP的摩擦感度（90°，2.0MPa）60%（相同条件下RDX为24%），撞击感度（5kg，25cm）32%（相同条件下RDX为50%），爆发点356℃（5s），静电火花感度也很低。其他比较成熟的配位化合物起爆药还有硝酸三肼合镍。

（2）合成

CP的合成是将高氯酸水合五氨络钴（Ⅲ）（APCP）和5-氰基四唑（CT）通过N—Co键相连而实现的。故CP合成包括APCP的合成、CT的合成以及由此两中间体合成CP。

① APCP的合成。往硝酸钴、氨水和碳酸铵的混合溶液中，长时间通入O_2，并保持物料pH=9～10，可将Co^{2+}氧化成Co^{3+}而生成硝酸碳酸五氨络钴（Ⅲ），后者再与$HClO_4$水溶液反应，此时CO_3^{2-}先转变为HCO_3^-，然后HCO_3^-又被H_2O取代，同时NO_3^-也被ClO_4^-取代，并放出CO_2，即得APCP。

$$Co(NO_3)_2 \cdot 6H_2O \xrightarrow[O_2]{NH_4OH,(NH_4)_2CO_3} [Co(NH_3)_5CO_3]NO_3 \xrightarrow{HClO_4/H_2O} [Co(NH_3)_5HCO_3](ClO_4)(NO_3) \xrightarrow{HClO_4/H_2O} [Co(NH_3)_5 \cdot H_2O](ClO_4)_3 \quad (5\text{-}10)$$

② CT的合成。CT系由$(CN)_2$和叠氮化钠环化制得，而$(CN)_2$则由氰化钾与Cu^{2+}反应生成。

$$KCN \xrightarrow[H_2O]{Cu^{2+}} (CN)_2\uparrow + CuCN$$

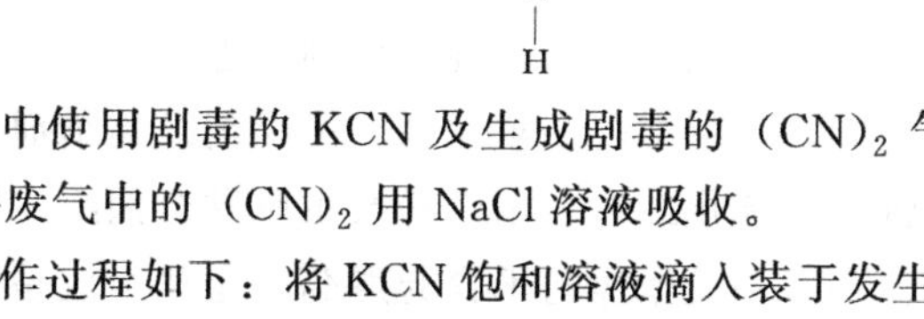

(5-11)

由于合成CT中使用剧毒的KCN及生成剧毒的$(CN)_2$气体，故应采用密闭装置，并将废气中的$(CN)_2$用NaCl溶液吸收。

合成CT的操作过程如下：将KCN饱和溶液滴入装于发生瓶内的Cu^{2+}水溶液中，在此产生的$(CN)_2$进入装于吸收瓶内的NaN_3-HCl水溶液中，并在此被吸收。过量的 $(CN)_2$ 可大部分返回吸收瓶被反复吸收，少量 $(CN)_2$ 则在废气吸收瓶内被分解后排放。

③ CP 的合成。将 APCP 水溶液与 CT 水溶液在 85～90℃下反应 3h，即可完成分子键接，再冷却结晶即制得 CP。

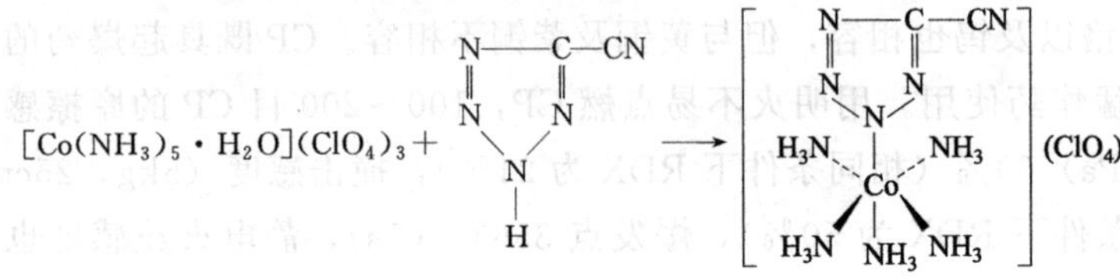

(5-12)

5.12 混合起爆药

（1）击发药

击发药是由机械撞击作用或气泡绝热压缩作用而引起起爆燃烧的混合药剂。受引发后，产生热点，起爆药分解，随后引起可燃剂与氧化剂的燃烧反应，形成的火焰用以点燃发射药、点火药、延期药或雷管。

（2）针刺药

针刺药是受针刺作用激发而发生爆燃的混合药剂。其主要组成为起爆药、可燃剂及氧化剂，有时还加有敏化剂或钝感剂。常用起爆药是氮化铅、斯蒂酚酸铅及 S·SD 共沉淀起爆药等；可燃剂为硫化锑、硫氰酸铅、硅粉、硅铁粉、铝粉、镁粉等；氧化剂为氯酸钾、硝酸钡、硝酸铅等；敏化剂常为四氮烯。按历史发展，针刺药可分为含雷汞和不含雷汞两大类，但前一类已不常用，后一类又分为含氮化铅和不含氮化铅两种。针刺药中的四氮烯，是为了增强针刺感度，而斯蒂酚酸铅的作用则是增强点火能力。针刺药应具有适当的针刺感度和猛度，足够的点火能力，良好的安全性和相容性。许多击发药可用作针刺药，但针刺药不一定能用作击发药。目前尚无单组分针刺药，针刺药用于装填针刺火工品。

（3）摩擦药

摩擦药是由摩擦引发而发火的混合药剂，也称拉火药。其主要组分与击发药及针刺药相同，为起爆药、氧化剂、可燃剂及黏结剂。常用摩擦药大多由雷汞、氯酸钾、三硫化二锑、木炭粉及虫胶黏合剂组成，也可不用雷汞而代以硫氰酸铅。还有一类摩擦药不含起爆药，主要组成是氯酸钾和三硫化二锑，有时还加少量硫、面粉及玻璃粉。摩擦药应具有适当的摩擦感度、足够的点火能力和良好的安定性，且制造和使用安全。摩擦药用于装填摩擦火帽和拉火管。

复习思考题

1. 什么是起爆药？起爆药的起爆能力是什么？
2. 起爆药种类有哪些？
3. 起爆药基本要求有哪些？
4. 叠氮化铅起爆药的优缺点是什么？
5. 查查资料，简述起爆药发展趋势。

第6章

猛　炸　药

6.1　主要的单体猛炸药

6.1.1　硝基化合物炸药

目前用作炸药的硝基化合物主要是芳香族多硝基化合物，又称为芳烃类炸药。芳香类炸药是炸药中用量最大、用途最广的一类。其中，TNT是最常用的炸药，苦味酸在第二次世界大战前大量使用过，三硝基苯、三硝基二甲苯、梯恩梯等均作为混合炸药组分使用过，其他的如三氨基三硝基苯、二氨基三硝基苯、六硝基芪等则为性能良好的耐热炸药。

6.1.1.1　梯恩梯

梯恩梯代号为TNT，化学名称为2,4,6-三硝基甲苯。1863年由J.威尔勃兰德发明。TNT是一种威力很强又相当安全的炸药，它在20世纪初开始广泛应用于装填各种弹药进行爆炸，逐渐取代了苦味酸。在第二次世界大战结束前，梯恩梯一直是综合性能最好的炸药，被称为“炸药之王”。

(1) 物理性质

TNT为无色针状结晶，工业品（军品）梯恩梯为淡黄色鳞片状。分子式为$C_7H_5N_3O_6$，分子量为227.13，结构式为：

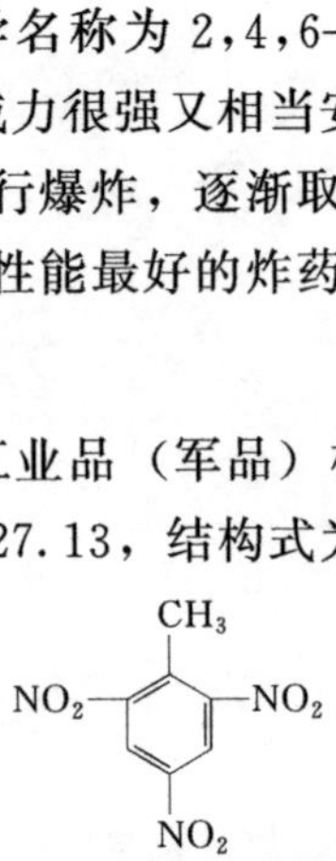

① 晶型及密度。TNT有两种晶型，分别属于单斜晶系和长方晶系。晶体密度为1.654g/cm^3，表观密度为0.9g/cm^3。

② 溶解度。梯恩梯在水中的溶解度很小，易溶于苯、甲苯、丙酮、乙醇、硝酸、硫酸等，其溶解度随温度的升高而增大。

③ 热安定性。将梯恩梯在130℃加热100h不发生任何分解，在150℃加热4h基本上也不发生分解，160℃加热时开始有明显的气体产物放出。

④ 爆轰性能。梯恩梯的爆轰性能数据见表6-1。

表6-1 TNT的爆轰性能

爆速	装药密度/(g/cm^3)	1.34	1.45	1.50	1.60
	爆速/(km/s)	5.94	6.40	6.59	6.68
爆压	密度/(g/cm^3)	1.63			
	爆压/GPa	19.1			
爆热	密度/(g/cm^3)	爆热(气态水)/(kcal/kg)①			
	1.50	1010			
	0.85	810			
做功能力	铅铸实验				
	285cm^3(铅铸扩孔值)				
猛度	16mm(铅柱压缩值)				
爆发点	5s爆发点475℃				
爆温	密度为1.6g/cm^3时爆温约为3010K				
爆容	密度为1.50g/cm^3时全爆容为750L				
撞击感度	4%～8%(试样0.05g,落锤10kg,落高25cm)				
枪击感度	100%(5次实验)				
摩擦感度	4%～6%[摆角(90±1)°,压强为(3.92±0.07)MPa]				

① 1cal=4.18J。

(2) 化学性质

梯恩梯化学性质比较活泼，可以和酸、碱、金属以及还原剂反应，在光辐射作用下也会发生变化。

(3) 梯恩梯的制备工艺

生产梯恩梯的主要原料为甲苯、硝酸、硫酸和亚硫酸钠。其反应分为三段，即逐步向甲苯中引入三个硝基。反应式为：

$$C_6H_5CH_3 + HNO_3 \xrightarrow{H_2SO_4} C_6H_4CH_3NO_2 + H_2O$$

$$C_6H_4CH_3NO_2 + HNO_3 \xrightarrow{H_2SO_4} C_6H_3CH_3(NO_2)_2 + H_2O$$

$$C_6H_3CH_3(NO_2)_2 + HNO_3 \xrightarrow{H_2SO_4} C_6H_2CH_3(NO_2)_3 + H_2O$$

制备过程包括三部分：硝化，梯恩梯的精制，干燥、制片和包装。

① 硝化。梯恩梯生产一般利用连续硝化，使用多台（10～12 台）硝化机，被硝化物与硝酸混酸逆向流动，硝化强度逐渐提高。硫酸浓度：一段硝化为 70%～76%，二段硝化为 80%～89%，三段硝化为 89%～95%。硝化温度一段不大于 55℃，二段不大于 85℃，三段不大于 115℃。

② 梯恩梯的精制。甲苯经硝化后所得产品为粗制梯恩梯，其中含有杂质（如不对称三硝基甲苯、二硝基甲苯及梯恩梯氧化产物），凝固点较低，需通过精制除去杂质，目前广泛采用亚硫酸钠精制方法。

③ 干燥、制片和包装。精制后的梯恩梯以熔融状态流入干燥器内，以热风搅拌除去残余的水分，然后再连续流入制片机，冷凝于制片机的辊子上，用刮刀刮下，成为鳞片状的产品。最后进行称量和包装。

④ 制备梯恩梯需要注意的事项

a. 梯恩梯生产中的硝化过程是放热反应，同时伴有氧化和水合作用，总的热效应很大。为了保证硝化反应的正常进行，必须控制一定的温度，把多余的热量通过强烈的机械搅拌和冷却蛇管中的冷却剂导走。

b. 梯恩梯与碱作用能生成敏感的红色或棕色梯恩梯金属衍生物，这种物质在 80～160℃的范围内就会发火，受冲击极易爆炸，受热或日光照射容易发生分解。因此，应避免与碱接触，成品也不允许带有碱性。

c. 液态梯恩梯的干燥，主要是通过蒸汽列管或夹套间接加热，将其中含有的少量水分蒸发。根据工艺和安全要求，干燥温度应尽量控制在较低范围，其危险温度为 135℃；同时，为保证干燥器内温度均匀，不致产生局部过热和分解，应进行强烈搅拌。但不允许采用机械搅拌，必须采用空气搅拌，并可将空气预热至 80～90℃，以提高干燥效果。

制片机的刮刀在刮下辊子表面上冷却凝固的梯恩梯薄层时，刮刀与药片、药片与药片的摩擦都会产生静电，导致火灾或爆炸，因此工房内全部设备和管线特别是制片机、刮刀上及下方接收药片处都要有良好的导除静电的接地装置，接地电阻应小于 4Ω。同时，工房内空气湿度要保持在 75%以上。

6.1.1.2 三氨基三硝基苯

三氨基三硝基苯代号为 TATB，化学名称为 1,3,5-三氨基-2,4,6-三硝基苯，也称为三硝基间苯三胺。TATB 是美国能源部目前批准的唯一单体钝感炸药，它对枪击、撞击、摩擦等意外刺激非常钝感，同时，TATB 也是一种优良的耐热炸药。

① TATB的性质。TATB是黄色粉末状结晶，密度为1.938g/cm³，在太阳光或者紫外线照射下变成绿色。分子式为$C_6H_6N_6O_6$，分子量为258.15，结构式为：

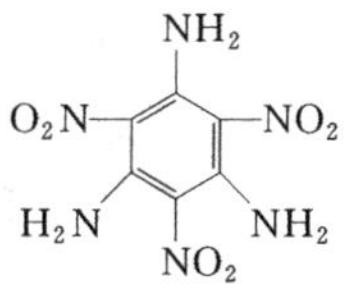

a. 溶解度。TATB溶于浓硝酸，微溶于二甲基亚砜、二甲基甲酰胺，不溶于丙酮、苯、甲苯、氯仿、四氯化碳、水等。

b. 安定性。200℃下经48h放出气体0.5mL/g；在220℃下经48h放出气体2.3mL/g；250℃下2h失重0.8%，100℃第一个及第二个48h均不失重，经100h不发生爆炸；TATB开始放热的温度为330℃。

此外，爆轰波感度也很低，在苏珊试验、滑道试验、高温（285℃）缓慢加热、子弹射击及燃料火焰等形成的能量作用下，TATB均不发生爆炸。因此TATB是非常安定、非常钝感的炸药。

c. 爆炸性能。爆发点大于340℃（5s），爆热为3470.9kJ/kg。当密度为1.89g/cm³时，爆压为29.1GPa。当密度为1.857g/cm³时，爆速为7.60km/s，做功能力为89.5%（TNT当量），撞击感度及摩擦感度均为0。

d. 化学性质。TATB化学性质非常稳定，与铝、铬、铅、铜、锌、铁等金属均不发生反应。

② TATB的制备。TATB的合成主要有三种方法：含氯TATB的合成、无氯TATB的合成、TATB的VNS（vicarious nucleophitic substitution of hydrogen）法合成。

6.1.1.3 六硝基芪

六硝基芪（hexanitrostibene，HNS）化学名称为六硝基二苯基乙烯，又称六硝基联苄，1964年由瑞典人希普（K. C. Shipp）首先制成。它的熔点高达317℃，是一种耐热炸药，在温度−193～225℃范围内均能可靠地起爆，它具有良好的物理、化学稳定性，机械感度低，对静电火花不敏感，抗辐射性能强，被广泛用于宇航、TNT熔铸炸药改性添加剂和各种军民用耐热爆破器材中。

① 性质。六硝基芪的分子式为$C_{14}H_6N_6O_{12}$，分子量为450.23，结构式如下：

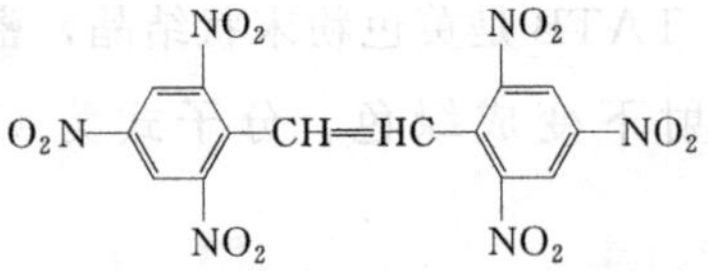

a. 晶型和密度。六硝基芪为黄色晶体，具有两种晶型：HNS-Ⅰ和HNS-Ⅱ。HNS-Ⅰ为黄色晶体，堆积密度0.32～0.458g/cm^3，熔点为313～314℃；HNS-Ⅱ为苍黄色针状晶体，颗粒堆积密度为0.45～1.0g/cm^3，具有较好的流散性，适用于各种耐热火工品的装药，熔点为316～817℃。

b. 溶解度。六硝基芪溶于二甲基甲酰胺、二甲基亚砜、硝基甲烷、二噁烷、甲基苯及浓硝酸，微溶于热丙酮和冰醋酸，不溶于水、氯仿、四氢呋喃及异丙醇。

c. 热安定性。260℃真空热安定性试验第一个20min放气量为1.8cm^3/(g·h)（Ⅰ型）及0.3cm^3/(g·h)（Ⅱ型），DTA（差热分析）曲线起始的放热峰温度为315℃（Ⅰ型）及325℃（Ⅱ型），300℃的半分解期为172min（Ⅱ型）。

d. 爆炸性能。六硝基芪的爆轰性能数据见表6-2。

表6-2 六硝基芪的爆轰性能

性能	指标	性能	指标
爆速	ρ=1.70g/cm^3,D=7.10km/s	爆发点	5s爆发点大于350℃
爆压	ρ=1.70g/cm^3,p=26.2GPa	爆容	590L/kg
爆热	5.2MJ/kg	撞击感度	40%
做功能力	铅铸试验301cm^3(铅铸扩孔值)	摩擦感度	36%

② 制备。目前通过TNT制备HNS，主要有Shipp法和两步法。

6.1.2 硝胺炸药

硝胺炸药是分子中含有氮—硝基或氮—亚硝基的炸药，是第二次世界大战后迅速发展起来的一类炸药。硝胺类炸药的机械感度和化学安定性介于硝基化合物炸药和硝酸酯类炸药之间，能量较高。其中，黑索今炸药已得到广泛应用；奥克托今炸药是目前已使用的炸药中能量较高、综合性能较全面的炸药。它们除用作炸药外，还可用作发射药和固体推进剂的组分，以提高其能量。

6.1.2.1 黑索今

黑索今代号为RDX，化学名称为1,3,5-三硝基-1,3,5-三氮杂环己烷。

1899年，英国药物学家G.F.亨宁用福尔马林和氨水作用，制得了一种弱碱性的白色固体，命名为乌洛托品。当用硝酸处理时，得到了一种白色的粉状晶体，为黑索今。黑索今是最重要的炸药之一，它的爆炸能量高于其他常用单体炸药，仅次于奥克托今，被称为“旋风炸药”，在第二次世界大战以后，取代了梯恩梯“炸药之王”的宝座。

(1) 物理性质

黑索今为白色结晶。分子式为$C_3H_6N_6O_6$，分子量222.1，氧平衡-22%。结构式为：

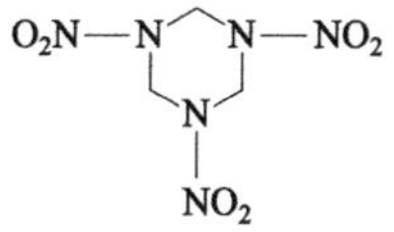

① 晶型及密度。黑索今属于斜方晶系，其晶体密度为1.82g/cm^3，工业品的自由堆积密度为0.8～0.9g/cm^3。在不同压强下其压药密度分别为：1.52g/cm^3 (35MPa)、1.60g/cm^3 (70MPa)、1.68g/cm^3 (140MPa)、1.70g/cm^3 (200MPa)。

② 溶解度。RDX易溶于丙酮、二甲基甲酰胺、二甲基亚砜、丁内酯、乙腈、浓硝酸，微溶于苯、甲苯、氯仿、乙醇、吡啶，不溶于水。在水中溶解度为0.01% (20℃)，0.15% (100℃)。

③ 热安定性。纯黑索今的热安定性要好于特屈儿和太安，在50℃下可以长期贮存而不分解，在65～85℃贮存1年未发现变化，100℃加热100h不爆炸，因此它的热安定性非常好。

④ 爆轰性能。黑索今的爆轰性能数据见表6-3。

表6-3 RDX的爆轰性能

爆速	密度/(g/cm^3)	爆速/(m/s)
	1.77	8700
	1.767	8640
	1.796	8741
爆压	密度/(g/cm^3)	爆压/GPa
	1.767	33.79
爆热	密度/(g/cm^3)	爆热(气态水)/(kcal/kg)
	1.5	1290
	0.95	1270

续表

做功能力	铅铸实验
	475cm³(铅铸扩孔值)
猛度	24.99mm(铅铸压缩值)
爆发点	5s 爆发点 260℃
爆温	密度为 1.80g/cm³ 时爆温约为 3700K
爆容	密度为 1.50g/cm³ 时全爆容为 891L/kg
撞击感度	70%～80%(试样 0.05g,落锤 10kg,落高 25cm)
枪击感度	100%(5 次试验)
摩擦感度	(76±8)%

(2) 化学性质

黑索今可以和酸反应，也能在碱性条件下发生水解，在紫外线下可发生分解。同时，黑索今与金属（如铁）氧化物混合时，形成不稳定的易于分解的化合物，甚至在温度达到100℃时，就能因分解而着火。

(3) 黑索今的制备

制备 RDX 的方法很多，包括直接硝解法、硝酸-硝酸铵法、甲醛-硝酸铵法、醋酸酐法、硝酸镁法等几种，但实现工业化生产的主要是醋酸酐法和直接硝解法，这两种方法已基本成熟。

① 直接硝解法。直接硝解法是用浓硝酸硝解乌洛托品制造 RDX 的方法，然后将硝化液升温氧化进行废酸处理，并稀释反应液，使黑索今结晶析出。这是最早采用的且现在仍广泛应用的制备 RDX 的重要生产工艺，其反应式为：

$$(CH_2)_6N_4 + 4HNO_3 \longrightarrow (CH_2NNO_2)_3 + 3CH_2O + NH_4NO_3$$

这种方法原料利用率低，硝解剂被反应中产生的水所稀释，硝解能力下降。同时生成的甲醛被硝酸氧化变成气体跑掉，造成了有用组分的损失，为了维持一定的硝酸浓度，需要加入过量浓硝酸，这样硝酸的用量加大，使废酸处理成本提高。

② 醋酸酐法。由于此方法使用的醋酸酐量减少得多，从而取代了甲醛-硝酸铵法，是目前世界各国应用最多的一种方法。此方法是将直接硝解法和甲醛-硝酸铵法结合而发展起来的，反应式为：

$$(CH_2)_6N_4 + 4HNO_3 + 2NH_4NO_3 + 6(CH_3CO)_2O \longrightarrow 2(CH_2NNO_2)_3 + 12CH_3COOH$$

与其他方法相比，此方法有以下优点：

a. 计算的产率可以达到80%，是亚甲基利用率最高的方法。

b. 反应平稳，生产安全。

c. 有效地回收了废酸，可以很大程度上减少酸酐、醋酸等较贵原料的费用，从而降低生产成本。

6.1.2.2 奥克托今

奥克托今代号为HMX，化学名称为环四亚甲基四硝胺。HMX是一种多晶型的物质。具有α、β、γ、δ四种晶型，各种晶型具有各自的物理性质，晶型之间可以互相转化，由于在115℃以下β-HMX最稳定，因此一般列出的HMX的性能数据均指β型。HMX化学性质比较稳定，并且与大多数物质相容，而且在贮存过程中不易发生变化，同时它的毒性小于RDX和TNT，因此它是一种性能优良的单体炸药。

（1）物理性质

HMX是几种常用单体炸药（TNT、RDX、HMX、太安等）中熔点最高的炸药，它的熔点是278℃，是一种热安定性优良的单体炸药。

HMX是白色晶体，分子量为296.2，分子式为$C_4H_8N_8O_8$；元素组成：C 16.3%，H 2.7%，O 43.2%，N 37.8%。分子结构为：

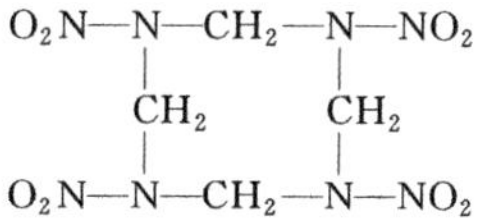

① 晶型。四种晶型（α、β、γ、δ）其物理常数各异。其中，α-HMX是不明显的针状结晶或斜方晶系的棱柱状晶体，常温下亚稳定，115～136℃间稳定；γ-HMX是单晶系闪光的大晶体，常温下亚稳定，只有在156℃左右极窄的温度范围内才是稳定的；δ-HMX是六方晶系的细针状结晶，常温下不稳定，在156～279℃间稳定。在常温下只有β-HMX是稳定的，其机械感度比其他晶型小，是工业上唯一符合使用要求的晶型，它们的外观见图6-1。这四种晶型在一定温度下可相互转化（α→δ，193～201℃；β→δ，167～183℃；γ→δ，175～182℃；α→β，116℃）。

② 溶解度。HMX几乎不溶于大多数有机溶剂，如甲醇、乙醇、异丁醇、苯、甲苯、二甲苯、乙醚等，微溶于二氯乙烷、苯胺、硝基苯、二氧六环等。HMX在水中的溶解度：15～20℃时约为0.003%，100℃时约为0.02%。

③ 热安定性。HMX是一种很有发展前途的耐热高能炸药，它比同系物RDX的热安定性高。

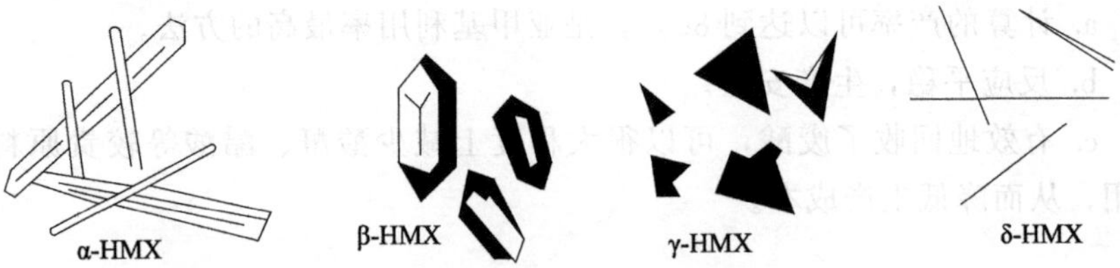

图 6-1 四种晶型奥克托今晶体外观图

④ 爆轰性能。HMX 是迄今为止实际应用的炸药中爆轰性能最好的单体炸药。其有关爆轰性能数据见表 6-4。

表 6-4 HMX 的爆轰性能

爆速	密度/(g/cm^3)		爆速/(m/s)		
	1.85		8917		
	1.84		9124		
	1.89		9110		
爆压	密度/(g/cm^3)		爆压/GPa		
	1.900		39.5		
爆发点	在敞口情况下				
	爆发点/℃	306	327	380	
	延滞期/s	10	5	0.1	
威力(弹道臼炮实验)	150%TNT				
猛度(粉碎砂)	54.4～60.4(TNT 为 48g)				
摩擦感度	100%(TNT 7%～8%,RDX 76%)				
火花感度	电极	铅箔厚度/mm	样品量/mg	能量/J	爆炸概率/%
	黄铜	0.0762	66.9	0.20	50
	黄铜	0.254	66.9	1.03	50
	钢	0.0254	75.0	0.12	50
	钢	0.254	75.0	0.87	50
机械感度	晶型	颗粒(直径)/mm	锤重(kg)/落高(cm)	撞击能/(kg·m)	
	β	0.5～0.125	5/15	0.75	
	α	0.01	1/20	0.2	
	γ	0.01	1/20	0.2	
	δ	0.02～0.06	1/10	0.1	

(2) 化学性质

HMX 化学稳定性较好，反应性较低，在光照条件下几乎不发生反应，只有在特殊条件下才可以发生反应。

6.1.2.3 硝基胍

硝基胍代号为NQ，硝基胍有两性，但酸性和碱性都极弱，其酸性与苯酚接近，碱性与尿素相当。通常硝基胍被作为推进剂和炸药装药组分，它也是三基发射药的重要组分。

（1）物理性质

NQ为白色结晶，不吸湿，在室温下不挥发，分子式为$CH_4N_4O_2$，分子量为104.07，其结构式有两种：（Ⅰ）为硝胺，（Ⅱ）为硝亚胺，一般认为固体状态下的稳定结构为（Ⅱ）型。

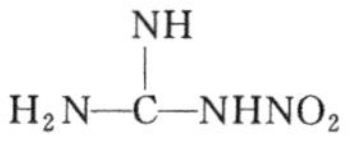

（Ⅰ）

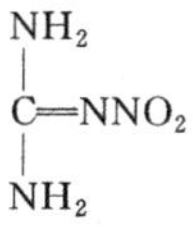

（Ⅱ）

① 晶型及密度。硝基胍有α和β两种晶型。工业上生产的粗制NQ为细小长针、中空的α晶型，假密度很低，在$0.15g/cm^3$左右，一团一团地黏结在一起，流散性很差。β晶型的NQ为棱柱状，假密度大约$0.8g/cm^3$，颗粒度较大，具有良好的流散性。在205.6MPa压力下，α晶型的硝基胍压药密度为$1.57g/cm^3$，而β晶型的硝基胍压药密度为$1.64g/cm^3$。

② 溶解度。硝基胍微溶于水，溶解度为4.4g/L（20℃）或83.5g/L（100℃）。溶于碱液、硫酸及硝酸，例如25℃时，在15%稀硫酸中溶解度为5g/L，在45%稀硫酸中溶解度为109g/L，在1mol/L氢氧化钠水溶液中的溶解度为12g/L。

在一般有机溶剂中溶解度不大，微溶于甲醇、乙醇、丙酮、乙酸乙酯、苯、甲苯、氯仿、四氯化碳及二硫化碳，溶于吡啶、二甲基亚砜和二甲基甲酰胺。

③ 爆轰性能。硝基胍的爆轰性能数据见表6-5。

表6-5 硝基胍的爆轰性能

爆速	密度/(g/cm^3)	1.55
	爆速/(km/s)	7.65
爆热	密度/(g/cm^3)	爆热(气态水)/(MJ/kg)
	1.58	3.40

续表

做功能力	铅铸试验 $305cm^3$(铅铸扩孔值)或 104%(TNT 当量)		
猛度	爆发点	爆温	爆容
23.7mm (铅铸压缩值)	275℃ (5s 爆发点)	约为 2400K	900L/kg (全爆容)
撞击感度	0(试样 0.05g,落锤 10kg,落高 25cm)		
摩擦感度	0(3.923MPa,摆角 90°)		

(2) 化学性质

硝基胍可以在硫酸溶液的作用下分解，也可以发生还原反应。

6.1.3 硝酸酯类炸药

硝酸酯类炸药的做功能力较大，但安定性差，机械感度高，硝酸酯类炸药可用硝酸或硝硫混酸直接酯化、卤代烷与硝酸银反应、环氧烷烃与硝酸加成、烯烃与四氧化二氮加成等方法制得。硝酸酯类炸药主要有硝化甘油、太安、硝化纤维素等。除了可以作为炸药应用外，大多数用作枪炮发射药和固体推进剂的组分。

6.1.3.1 硝化甘油

硝化甘油代号为 NG，又称硝酸甘油酯、甘油三硝酸酯。它广泛用于发射药、推进剂和胶质炸药，它可与硝化纤维素制成双基发射药，与硝化纤维素和硝基胍混合制成三基火药。

(1) 物理性质

硝化甘油是无色或淡黄色、有着甜味的油状液体，熔点 13℃，沸点 256℃。常压下加热到 50～60℃开始分解，100℃以上大量挥发并冒出亚硝酸黄烟，加热到沸点时发生爆炸。硝化甘油的分子式为 $C_3H_5N_3O_9$，分子量为 272.10，结构式为：

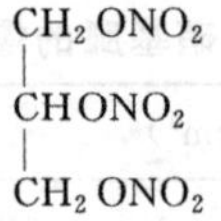

① 晶型与密度。15℃时密度为 $1.60g/cm^3$；25℃时密度为 $1.59g/cm^3$，固体密度为 $1.735g/cm^3$。硝化甘油由液态转变为固态时，可形成两种晶型（Ⅰ和Ⅱ），Ⅰ为不稳定晶型，属斜方晶系；Ⅱ为稳定晶型，属三斜晶系。晶

体的晶型属于单向转变同素异型现象，即只能由不稳定型转变为稳定型（Ⅰ→Ⅱ）而不能反转变。

② 溶解度。硝化甘油可以与下列有机物以任何比例互溶：甲醇、丙酮、乙醚、乙酸乙酯、甲苯、苯、冰醋酸、酚、吡啶、氯仿、氯乙烯、溴乙烯、硝基苯、硝基甲苯、二氯乙烯、二硝化甘油、二硝基氯醇、四硝基二甘油、乙酰基二硝基甘油、液态二硝基甲苯等。

硝化甘油难溶于二硫化碳。此外在冷的氢氧化钠、氢氧化钾、氨气等水溶液中，硝化甘油几乎不溶，但加热后会逐渐溶解。

③ 安定性。纯的硝化甘油在常温下可以存放几十年仍保持良好的性能。但如果硝化甘油中含有了杂质（特别是酸、水），则会导致硝化甘油的不安定。少量氮氧化物能促进硝化甘油分解加速，水分的影响更大。

纯的硝化甘油在100℃加热40h开始出现自催化现象，当水质量分数为0.01%，自催化分解诱导时间缩短到30h；水质量分数为1.5%，诱导时间为2h。

④ 爆轰性能。硝化甘油的爆轰性能见表6-6。

表6-6 硝化甘油的爆轰性能

爆热	爆热(液态水)	6.77MJ/kg
	爆热(气态水)	6.31MJ/kg
做功能力(铅铸试验)	520cm³(铅铸扩孔值)或140%(TNT当量)	
猛度	13.0mm(铜柱压缩值)	
爆发点	220℃(5s爆发点)	
爆容	715L/kg	
摩擦感度	100%	

（2）硝化甘油的制备

① 实验室制法。向500mL或1000mL锥形瓶中加入45mL浓硝酸和55mL浓硫酸，在冰水中振摇，使温度在15℃以下。取20～25mL甘油，以较慢速度滴入正在冰水中振摇的锥形瓶中，3～5min内加完（绝不可加快，以免反应过快，温度升高引发事故），加完后继续振摇1min，再在冰水中静置冷却10min，这时反应基本完成，硝化甘油在上层。

② 工业制法。工业制备硝化甘油的基本工艺流程包括硝化、分离、洗涤（安定处理）和接料（贮存）等。

a. 硝化。这是硝化甘油生产的主要工艺过程。以甘油作为原料，以硝硫混酸作为硝化剂，在硝化器中进行酯化反应（俗称硝化）。反应式为：

$$C_3H_5(OH)_3 + 3HNO_3 \longrightarrow C_3H_5(ONO_2)_3 + 3H_2O$$

在硝化反应的同时，还伴有磺化、氧化、水解等副反应，这些副反应直接影响到生产的安全。尤其是能加速酸性硝化甘油的分解，直至造成爆炸事故。副反应倾向的大小，主要取决于废酸的组成。在实际生产中，常通过控制合理的混酸成分和硝化系数来减少副反应并避免事故的发生。

另外，硝化过程是放热过程，反应速度快，放热也快。因此必须采取有效的传热方式，迅速散发反应放出的热，并通过剧烈搅拌反应物，使热量均匀分散，避免由于局部过热而导致硝化甘油分解、爆炸。

b. 分离。硝化反应完成后，硝化甘油与废酸处于乳化状态，应使两相迅速分离，才能及时将酸性硝化甘油进行安定处理。

c. 洗涤。从废酸中分离出来的硝化甘油含有10%左右的酸类杂质，通过预洗（冷水洗涤）、温水洗涤和碱洗3个过程，除去硝化甘油中的酸类杂质，并使硝化甘油呈微碱性，以达到安定要求。因此洗涤也称安定处理。

d. 接料。接收洗涤排出的硝化甘油，并贮存于接料槽中，等待分析结果。分析合格后，按生产需要，输送到使用工房。

输送硝化甘油在各个工艺过程中都存在。硝化甘油在输送过程中是较危险的。采用水喷射器使硝化甘油和水形成乳化液后再输送，则比较安全。乳化完全时，具有不易起爆和传爆的特点。

经分离后排出的废酸中仍会有少量硝化甘油及甘油二硝酸酯等低级硝酸酯。后者可以继续反应生成少量硝化甘油。在后分离过程中，这些硝化甘油被分离出来漂浮在废酸上面。为了回收这部分硝化甘油并提高废酸的安定性，一般应设置废酸后分离工序。

6.1.3.2 太安

太安最常用的英文代号是PETN，化学名称为季戊四醇四硝酸酯，系统命名为2,2-双硝酰氧基甲基-1,3-丙二醇二硝酸酯。

(1) 物理性质

太安为白色晶体。分子量为316.15，分子式为$C_5H_8N_4O_{12}$。结构式为：

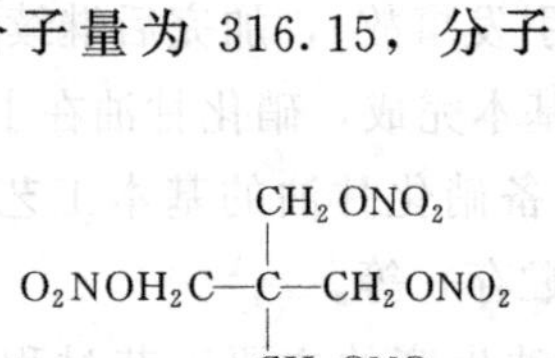

① 晶型。太安有两种晶型，即Ⅰ(α)和Ⅱ(β)型（PETN Ⅰ和PETN

Ⅱ)。PETN Ⅰ为正方晶系，PETN Ⅱ为斜方晶系。PETN Ⅰ为稳定晶型。这两种晶型是可以相互转化的，在130℃时，PETN Ⅰ转变为PETN Ⅱ。

② 溶解度。太安几乎不溶于水，在100g水中，50℃及100℃时，其溶解度分别为0.01g和0.035g。太安也不易溶于乙醇、乙醚、苯等，但易溶于丙酮、乙酸乙酯、二甲基甲酰胺等。

③ 热安定性。太安的热安定性甚佳，在对太安进行真空安定性试验时发现，在100℃加热4h的放气量为0.2～0.5mL/g。

④ 相容性。

a. 干燥状态。在干燥状态下，铜、黄铜、青铜、铝、镁、不锈钢、软钢（涂有耐酸涂料的软钢及镀有铜、镉、镍和锌的软钢）均与太安相容。

b. 潮湿状态。在潮湿状态下，不锈钢与太安不发生作用，铜、黄铜、镁、软钢（涂有耐酸涂料的软钢及镀有铜、镉、镍和锌的软钢）等在潮湿状态下也与太安相容。

⑤ 爆轰性能。太安的爆轰性能数据见表6-7。

表6-7 太安的爆轰性能

<table>
<tr><td rowspan="4">爆速</td><td colspan="3">装药密度/(g/cm³)</td><td colspan="3">爆速/(m/s)</td></tr>
<tr><td colspan="3">1.70</td><td colspan="3">8030</td></tr>
<tr><td colspan="3">1.60</td><td colspan="3">7740</td></tr>
<tr><td colspan="3">1.53</td><td colspan="3">7510</td></tr>
<tr><td rowspan="4">爆压</td><td colspan="2">装药密度/(g/cm³)</td><td colspan="2">药柱尺寸(长×直径)/cm</td><td colspan="2">爆压/GPa</td></tr>
<tr><td colspan="2">1.764</td><td colspan="2">5.1×1.3</td><td colspan="2">33.8</td></tr>
<tr><td colspan="2">1.70</td><td colspan="2">2.5×2.5</td><td colspan="2">30.6</td></tr>
<tr><td colspan="2">1.60</td><td colspan="2">2.5×2.5</td><td colspan="2">26.6</td></tr>
<tr><td rowspan="3">做功能力</td><td>钝感剂</td><td colspan="2">石蜡</td><td colspan="3">二硝基甲苯</td></tr>
<tr><td>钝感剂含量(质量分数)/%</td><td>2</td><td>10</td><td>5</td><td>10</td><td>20</td></tr>
<tr><td>做功能力/cm³</td><td>415</td><td>340</td><td>430</td><td>425</td><td>355</td></tr>
<tr><td>猛度</td><td colspan="6">装药密度为1.5g/cm³时，太安的猛度为梯恩梯的129%</td></tr>
<tr><td rowspan="2">爆发点</td><td colspan="2">1s延滞期爆发点/℃</td><td colspan="2">5s延滞期爆发点/℃</td><td colspan="2">测定的最低爆发点/℃</td></tr>
<tr><td colspan="2">255</td><td colspan="2">222</td><td colspan="2">215</td></tr>
<tr><td rowspan="3">冲击波感度</td><td colspan="2">实验方法</td><td>装药密度/(g/cm³)</td><td>比表面积/(m²/g)</td><td colspan="2">冲击压力范围/GPa</td></tr>
<tr><td colspan="2" rowspan="2">平面波实验</td><td>1.59</td><td>3350</td><td colspan="2">0.91</td></tr>
<tr><td>1.72</td><td>约3000</td><td colspan="2">≥1.40</td></tr>
</table>

续表

冲击波感度	未约束的隔板实验	1.60	约 3000	≥0.70
		1.55	3350	0.67
	约束的隔板实验	1.60	—	0.75
		1.72	—	1.20
		1.55	—	0.65
摩擦感度	92%			

(2) 化学性质

从分子结构可以看出，太安分子的 4 个—CH_2ONO_2 均匀地分布在中心碳原子的周围从而使得其具有对称结构，故其化学性质比其他硝酸酯较不活泼，和很多化学试剂都不反应，比如不与菲林（Fehling）试剂作用，也不与芳香硝基化合物发生加成反应，太安是硝酸酯类中最稳定和反应活性最低的炸药。

6.2 混合炸药

混合炸药是由两种或两种以上物质组成的能发生爆炸变化的混合物，也称为爆炸混合物，由单体炸药和添加剂或由氧化剂、可燃剂和添加剂按适当比例混制而成。采用混合炸药可以增加炸药品种，扩大炸药原料来源及应用范围，且通过配方设计可实现炸药各项性能的合理平衡，制得具有较佳综合性能且能适应各种使用要求和成型工艺的炸药。绝大多数实际应用的炸药都是混合炸药，品种极多。

6.2.1 熔铸炸药

熔铸炸药指能以熔融状态进行铸装的混合炸药，它们能适应各种形状药室的装药，综合性能较好。熔铸炸药的组分至少应有一个是易熔炸药，炸药的蒸气应无毒或毒性较低，且在稍高于易熔炸药熔点下能保持较长时间而无明显分解。此类炸药通常含有下述组分：①易熔炸药；②在易熔炸药熔点下仍为固态或大部分是固态的炸药或其他组分，用以提高爆炸能量；③钝感剂，用以降低机械感度；④附加剂，用以改善流动性、均匀性及化学安定性等。大多数熔铸炸药是梯恩梯与其他猛炸药（或硝酸铵）的混合物，最典型的代表是梯恩梯与黑索今的混合物，在中国简称为黑梯炸药，美国、英国等国则称为 B 炸药和赛克洛托儿（cyclotol），俄罗斯称之为 TГ 炸药。其他熔铸炸药还有梯恩梯与硝酸铵的混合物（阿马托，amatol），梯恩梯与奥克托今组成的奥梯炸药（奥克托儿，octol），梯恩梯与特屈儿组成的特梯炸药（特屈托儿，tetrytol），梯恩梯与太安组成的太梯炸药（膨托莱特，pentolite），梯恩梯与黑喜儿的混合物，梯恩梯、黑索今与太安组成的三元混合物，梯恩梯与二硝基甲苯、二硝基萘或三硝基二甲苯组成的熔铸炸药，三硝基苯甲醚与黑索今的混合物等。

6.2.1.1 黑梯炸药

由黑索今和梯恩梯组成的熔铸混合炸药，分为B炸药和赛克洛托儿两种类型，B炸药又有B、B-2、B-3、B-4及改性B炸药数种，它们的组成如下：B为59.5/39.5/1的黑索今/梯恩梯/钝感剂，B-3为60/40的黑索今/梯恩梯，B-4为60/39.5/0.5的黑索今/梯恩梯/硅酸钙。赛克洛托儿根据黑索今与梯恩梯的配比有25/75、29/71、50/50、65/35、70/30、75/25、77/23、80/20等品种。黑梯炸药既保持了黑索今高能量的特点，又保持有梯恩梯可用蒸气熔化浇铸的良好成型性，是常规武器最重要的炸药装药。其缺点是药柱脆性大，易缩孔、裂纹和渗油，同时产生不可逆膨胀，黑梯炸药的爆炸能量随黑索今含量的增大而提高，但此时梯恩梯-黑索今悬浮体的黏度也急剧上升。黑索今含量高于80%时，悬浮体丧失流动性，用常规方法难以浇铸成型。黑索今含量低于70%的B炸药，同时具有较好的浇铸成型性和爆炸性能。黑索今的颗粒形状、粒径及粒度分布对B炸药的黏度有明显的影响，加入表面活性剂（如硬脂酸、卤蜡、山梨糖醇三油酸酯）、弹塑性材料、六硝基芪、一硝基甲苯、硅酸钙和二硝基甘脲等可改善体系黏度，增高药柱的机械强度，降低脆性，防止裂纹和改善不可逆膨胀。黑梯炸药熔铸装药过程系将梯恩梯熔化后再加入黑索今熔混，然后将其注入弹体冷凝成药柱。黑梯炸药用于装填杀伤弹、爆破弹、破甲弹、地雷、导弹战斗部、航空炸药和水中兵器。

6.2.1.2 阿马托

由硝酸铵和梯恩梯组成的军用铵梯炸药，有90/10、80/20、40/60和20/80（硝酸铵与梯恩梯的质量比）等品种，根据组分配比，它可以压装、螺旋装或铸装。阿马托制造和成型工艺简便，原料丰富，成本低廉，安全性好，但易吸湿结块，抗水性差。阿马托可用于装填迫击炮弹、航空炸弹、手榴弹，也可用于制造高威力含铝炸药；但它主要是用作战时代用炸药。阿马托也是一种广泛应用的民用混合炸药。

6.2.1.3 奥梯炸药

由奥克托今与梯恩梯组成的熔铸混合炸药，也称为奥克托儿，其主要品种组成为奥克托今/梯恩梯 60/40、70/30、75/25、78/22、80/20。奥梯炸药的密度、能量水平和热安定性均优于黑梯炸药。为改善某些性能，奥梯炸药中还可加入钝感剂和其他添加剂；为提高爆炸能量，还可加入铝粉，形成奥梯铝炸药，如 HTA-3，其组成为奥克托今/梯恩梯/铝 49/29/22。奥梯炸药以熔化梯恩梯为载体，再混入奥克托今制得。此类炸药用于装填破甲弹、导弹战斗部及核武器战斗部。

6.2.1.4 1,3,3-三硝基氮杂环丁烷熔铸炸药

1,3,3-三硝基氮杂环丁烷（TNAZ）的能量水平高于 RDX，熔点仅 101℃，熔态时热安定性好，适用于作为熔铸炸药，单独使用或作为混合炸药组分均可。以 TNAZ 代替 B 炸药中的 TNT，所得熔铸炸药的爆速和爆压可比 B 炸药提高 30%～40%。HMX/TNAZ（60/40）熔铸炸药的爆速可达 9.0km/s，密度达 1.85g/cm^3。

6.2.2 高聚物黏结炸药

高聚物黏结炸药（PBX）是以高聚物为黏结剂的混合炸药，也称塑料黏结炸药。以粉状高能单体炸药为主体，加入黏结剂、增塑剂及钝感剂等组成。常用的单体炸药是硝胺（黑索今和奥克托今）、硝酸酯（太安）、芳香族硝基化合物（六硝基芪、三氨基三硝基苯）及硝仿系炸药等；黏结剂有天然高聚物和合成高聚物，如聚酯、醇醛缩合物、聚酰胺、含氟高聚物、聚氨酯、聚异丁烯、有机硅高聚物、端羧和端羟聚丁二烯、天然橡胶等；增塑剂有硝酸酯、低熔点芳香族硝基化合物、脂肪族硝基化合物、酯类、烃类、醇类等；钝感剂有蜡类、酯类、烃类、脂肪酸类及无机钝感剂等。PBX 具有较高的能量密度，较低的机械感度，良好的安定性、力学性能和成型性能，处理安全可靠，并能按使用要求制成具有特种功能的炸药。PBX 种类繁杂，按装药工艺可分压装、铸装、塑态捣装等；按物理状态可分为造型粉压装炸药、塑性炸药、浇铸高聚物黏结炸药、挠性炸药、泡沫炸药等。

6.2.2.1 造型粉压装炸药

造型粉是以黏结剂和钝感剂均匀包覆炸药（多为黑索今及奥克托今）颗粒形成的光滑、坚实的球状物。造型粉所用黏结剂大多是高聚物，如聚丙烯

酸酯、聚乙烯醇、聚醚、聚酰胺、聚氨酯、有机硅及含氟高分子化合物等，钝感剂一般为蜡类和胶体石黑。造型粉与原炸药相比，成型性能较佳，机械感度、静电感度和火焰感度降低，流散性增高，压装药柱的密度、强度、力学性能和爆炸性能均有所改善。

6.2.2.2 塑性炸药

由单体猛炸药（多为黑索今、奥克托今及太安）及增塑剂和黏结剂组成，所用黏结剂是油类和高聚物（使用最广泛的是聚异丁烯），增塑剂是酯类（应用最多的是癸二酸二辛酯）、润滑油和马达油。塑性炸药呈面团状，在−50～70℃间具有塑性和柔软性，易捏成所需形状，也能装填复杂弹形的弹体，且机械感度较低，使用较安全，爆炸性能良好，便于携带和伪装，故适用范围很广。美国的C炸药、中国的塑黑炸药和塑奥炸药均属于军用塑性炸药。

6.2.2.3 浇铸高聚物黏结炸药

该炸药亦称高强度炸药或热固性炸药，是以热固性高聚物黏结的混合炸药，由主炸药（多为黑索今、奥克托今及太安）、黏结剂、固化剂（或交联剂）、催化剂、引发剂等组成。常用的黏结剂是不饱和聚酯、聚氨酯、环氧树脂、丙烯酸酯、端羧或端羟聚丁二烯等，其他附加剂则根据黏结剂和工艺要求选用。此类炸药适于浇铸大型药柱，采用浇铸或压缩浇铸后加热固化成型。其机械强度远高于一般熔铸混合炸药，且具有优异的高、低温性能。此类炸药装填于弹体后，与弹壁结合牢固，不与弹壳分离，因而可提高弹药的发射安全性。

6.2.2.4 挠性炸药

该炸药也称橡皮炸药，主要由单体猛炸药（如黑索今、奥克托今、太安、三氨基三硝基苯、六硝基芪、塔柯特）及高弹态高聚物（天然橡胶、合成橡胶、合成树脂及热塑性弹性体）组成，有些配方还加有增塑剂（酯类、缩醛类）及其他助剂（如硫化剂、防老剂、软化剂等）。这类炸药具有一定的弹性、韧性和挠性，良好的高、低温力学性能和爆炸性能，可以弯曲和折叠，易于加工成索、板、片、带、管和棒等多种形状。

6.2.3 含铝炸药

含铝炸药系由炸药与铝粉组成的混合炸药，也称铝化炸药，主要成分为猛炸药及铝粉，有的也含少量其他添加剂（钝感剂和黏结剂等）。铝粉能与爆炸产物（二氧化碳、水）产生二次反应生成三氧化二铝，放出大量的热，使爆热和做功能力大幅度提高，爆炸作用时间延长，爆炸作用范围扩大，破片温度提高，并有利于水中气泡的扩张和增压。但铝粉使炸药的爆速、爆压和猛度降低，机械感度增高，所以炸药中铝粉含量以10%～35%为宜。

6.2.4 燃料空气炸药

燃料空气炸药（FAE）系由固态、液态、气态或混合态燃料（可燃剂）与空气（氧化剂）组成的爆炸性混合物。所用燃料的点火能量应低，与空气相混合时易达到爆炸浓度，可爆炸的浓度范围宽，热值高。目前主要采用液态燃料，它们有环氧乙烷、环氧丙烷、硝基甲烷、硝酸丙酯、硝酸肼、二甲肼等；固态燃料有固体可燃剂及固态单体炸药；气态燃料有甲烷、丙烷、乙烯、乙炔，但常压缩成液态使用。FAE可充分利用大气中的氧，大大提高了单位质量装药的能量。如环氧乙烷-氧爆轰时所放出的能量比等质量的梯恩梯高4～5倍。使用FAE时，将燃料装入弹中，送至目标上空引爆，燃料被抛散至空气中形成汽化云雾，经二次点火使云雾发生区域爆轰，产生高温（2500℃左右）火球和超压爆轰波，同时在炸药作用范围内形成一缺氧区（空气中氧含量减少8%～12%），可使较大面积内的设施及建筑物遭受破坏，人员伤亡。

6.2.5 液体炸药

液体炸药是在规定环境温度下呈液态的炸药，可分为单体及混合两大类，单体的有硝化甘油、硝化乙二醇、硝化二乙二醇、1,2,4-丁三醇三硝酸酯等，三硝基甲烷和四硝基甲烷也可认为是较弱的液态单体炸药（二者的凝固点分别为25℃及14℃）。液态硝酸酯类的机械感度都很高，如其中含有空气泡时尤甚，故不能单独使用。常用硝化棉将其胶化成凝胶体，这可使落锤试验中引起爆炸所需最小撞击能提高近10倍。液体混合炸药是接近零氧平衡的液态氧化剂及可燃剂（或可溶性固体）的混合物。可用的氧化剂有发烟硝酸、硝酸酯、四氧化二氮、过氧化氢、四硝基甲烷等，可燃剂有苯、甲苯、汽油、肼、碳硼烷、硝基苯、二硝基氯苯、硝基甲烷等。由75%四硝基甲烷与25%硝基苯组成的液态混合炸药，爆速7.51km/s（密度1.47g/cm^3，20mm玻璃管），爆热7.04MJ/kg，做功能力154%（TNT当量），猛度163%（TNT当量），撞击感度8%～16%，能用8号雷管起爆。

尽管许多液态混合炸药的爆炸能量很高，临界直径小，装填工艺简单，但感度大，安定性差，只宜在使用现场即时混合，同时某些组分具有严重的腐蚀性，很难处理，故使用受到限制。液体炸药可直接注入弹体、塑料筒和炮眼内，用于扫雷、开道、挖掘掩体和战壕，也可用于装填航弹及反坦克地雷。

复习思考题

1. 炸药合成制造过程中有哪些危险环节？试举例说明。
2. 为什么武器系统中使用的炸药绝大部分是混合炸药？
3. 炸药发展趋势是什么？
4. 硝胺类炸药合成过程中危险源有哪些？试举例说明。
5. 梯恩梯合成工艺有几步？

第7章 火工品

7.1 概述

7.1.1 火工品特性与军事应用

7.1.1.1 火工品特性

火工品是在接收发火指令后，以较小能量激发其内装敏感药剂产生燃烧或爆炸，以其燃烧火焰、爆炸冲击波、高压燃气，实现点火、起爆、做功等预定功能的一次性使用的元器件、装置和系统的总称。所以，火工品本质上是一种特殊能源，具有能量质量比高、作用时间短、起爆及输出能量可控、体积小及长期贮存好等特点。由于很少有其他能源同时具备上述五种功能，所以，火工品遍布武器各个位置，广泛应用于各类武器系统。

在火工品定义中，“较小”的含义表示了火工品的初始启动特点，而“预定”的含义则表示火工品的作用目的。火工品的另一特性是极端敏感性和使用一次性。这主要表现在其内部装有敏感的爆炸材料，在遇到意外环境刺激时，可能提前作用；在发射前，不能完成功能检测等。随着航天工程的实施及武器系统的复杂化，火工品内涵已经从最初的一个简单产品或元件发展到一种装置和作用分系统。在航天技术中，火工装置是指通过内装火工元件和装药的燃烧或爆炸作用，来推动一定的机构，完成释放抛放、切割破碎、驱动开关等机械功能的系列复杂装置的总称。在航天设计中，除火工装置外，还大量使用由多个火工元件及火工装置连成一体的、能同时完成多个功能的火工系统，即非电传爆系统。所以，广义地讲，火工元件、火工装置和火工系统都称为火工品，它们是火工品应用中的三个重要层次。

7.1.1.2 火工品在武器系统中的地位与作用

军用火工品是指用于通用弹药、战略战术导弹、核武器及航空航天器等武器系统的火工品。其基本要求是：第一，安全性，即保证武器系统在贮存、装卸、运输及发射或布设时的安全；第二，可靠性，即在实际使用中使武器系统可靠作用，完成预定功能。上述基本要求是火工品适配武器系统的保证。从武器发射、飞行姿态调整到目标毁伤都离不开火工品的作用。具体来说，火工品在武器系统中的功能主要有以下几点。

① 用于武器系统的点火、传火、延期及其控制系统，使武器的发射、运载等系统安全且可靠运行。

② 用于武器系统的起爆、传爆及其控制系统，以控制战斗部的作用，实现对敌目标的毁伤。

③ 用于武器系统的推、拉、切割、分离、抛撒和姿态控制等做功序列及其控制系统，使武器系统实现自身调整或状态转换与安全控制。

作为各级控制系统与火力和动力系统之间的转换器及放大器，火工品能将控制信息转换为发射与推进系统的点火，武器毁伤系统的起爆及各种飞行器内部的做功功能等，随着武器系统越来越复杂，使用的火工品数量也越来越多。

7.1.2 火工品发展历程与新技术使命

7.1.2.1 火工品发展历程

火工品性能主要由药剂和发火件的发火机理决定，所以，应以最终性能发展或变化进行分代划分。

第一代火工品是以雷汞为起爆药或含雷汞的药剂而制成的机械火工品和火焰类火工品，如最初的火帽、雷管、底火等，其安全性能不可控，不能适应武器的发展和使用，且雷汞有毒，这类火工品目前已完全淘汰。

第二代火工品是采用氮化铅、三硝基间苯二酚铅等常规起爆药而制成的各类敏感型火工品，如电桥丝火工品、机械火工品和火焰类火工品，有一定的安全性，但其可靠性和安全性通常是一对矛盾体。就应用范围和数量而言，这类火工品在目前仍占有重要的地位。

第三代为钝感电火工品，其电安全性能可满足 1A/1W 5min 不发火要求，而发火电流不大于 5A。其主要产品有桥带式火工品、半导体桥火工品及部分桥丝类火工品。所用药剂仍采用氮化铅、三硝基间苯二酚铅等常规起爆药或其他钝感发火药，可靠性和安全性具有独立设计特性。这些火工品的应用范围和数量均逐渐增大。

第四代火工品是高安全性火工品，如采用直列式传爆序列或点火序列许用钝感药剂的爆炸箔起爆器及激光类火工品，这些火工品已开始应用，但由于尺寸、发火能量及成本等限制，应用范围和数量均不大。

第五代火工品是具有精确控制能量的集成产品或阵列，包括 MEMS 火工品、SMART 火工品、数字化火工品等，以微装药、微输入/输出能为标志，所用药剂为小临界直径药剂、光聚合药剂、内嵌化合物（多孔硅、多孔金属）和可反应复合膜材料，这一代火工品仍在发展和成熟过程中。

7.1.2.2 军用火工品新的技术使命

武器从发射到毁伤的整个作用过程均是从火工品首发作用开始，几乎所有的弹药都要配备一种或多种火工品。除常规的点火、起爆作用外，随着作战需求的强力牵引和火工品技术发展的大力推动，火工品的作用又有了新的拓展。这些作战能力将火工品从“起爆”“点火”等基本作用拓展到实现“定向起爆”“可控起爆”等更高要求的作用，使火工品的技术使命不仅仅是体现在初始点火起爆这一个环节上，而是全面地体现在表征武器体系对抗的战场生存、初始点火起爆、运载过程修正、毁伤等多个环节中，使火工品开始成为推动弹药、引信乃至武器系统发展的动力，使火工品成为弹药以及武器系统作战效能的“量级”倍增器。

（1）战场生存能力

战场生存能力（安全性要求）不仅包括部队人员和装备的生存能力，而且包括弹药飞抵目标前的生存能力。提高部队人员和装备生存能力的重要措施之一是提高火工品的安全性。提高火工品的抗干扰能力是提高弹药飞抵目标前生存能力的一个重要措施。如新型冲击片雷管和正在发展中的激光飞片雷管都具有防静电、防射频和耐冲击性能，这将使武器系统更“安全”和更“钝感”。同时，低易损型爆炸序列也在积极研究中，这些都将使弹药钝感化。

（2）准确作用能力

准确作用能力（可靠性要求）既体现在命中目标时的可靠作用，又体现在飞行中实现精确命中过程的准确作用。精确命中是实现精确打击的前提。通过火工品实现精确命中的途径是通过阵列脉冲推冲器逻辑点火技术对弹药实施弹道或姿态控制，通过二维（距离、空间）修正，可获得对固定目标较高的命中精度。

(3) 高效摧毁能力

高效摧毁能力（起爆可选择性）所追求的是“命中即摧毁”。在火工品环节上实现高效摧毁的途径：一是根据引信对目标的识别，火工系统对弹药战斗部的起爆位置具有可选择性，如空空导弹、地空导弹、航空炸弹采用爆炸逻辑网络达到起爆点精确控制，实施定向起爆，改变了现役战斗部破片沿战斗部径向分散的局面，使战斗部的杀伤破片向目标方向集中，从而大幅度提高毁伤概率，使弹药具有“高效毁伤”能力，成为防空反导中的一项重要技术；二是在终点弹道环境中的火工品的抗冲击能力，如硬目标侵彻弹药中，火工品能否抗高过载与弹药的侵彻效果直接相关。

(4) 连续持久作战的综合保障能力

随着未来战场上前后方界限的模糊化和部队分布的离散化，连续持久作战的综合保障能力的重要性日趋重要，特别是战时大量消耗的火工品，实现通用化和系列化设计，简化品种，降低成本，简化战时弹药用火工品的管理与供应。所以，今后发展的火工品均将按照通用化、系列化、组合化的“三化”原则进行研制。

7.1.3 火工品及其药剂分类

7.1.3.1 火工品分类

军用火工品分为火工元件、火工装置、火工系统三类。

(1) 火工元件

在火工品类别中，火工元件通用性最广，往往一种产品可以用于几十种武器，同时也是火工装置、火工系统、热电池的内装元件，所以，火工元件适合以输出特性和用途划分其类别。主要有火帽、点火头、点火器（含点火管）、点火具、传火具（含药盒、药包）、底火、延期件、索类（含导火索、延期索、导爆索、切制索）、雷管、起爆器、传爆管（含导爆管）、曳光管、作动器（含拔销器、推销器）、电爆管（含药筒）等。以火工元件输入特性划分型别，型别名称用汉字表示，主要有针刺、撞击（含拉拔）、火焰、电、冲击波、惯性、两用（含火-电、电-撞、针-电等）、激光等，其中以电、针刺类最多。

(2) 火工装置

火工装置是由火工元件及装药组成且只完成一种功能的装置，其功能既可以是机械功能或爆燃功能，也可以是电流输出（如热电池），或烟光效应输出（如发烟装置）。与火工元件相比，火工装置通常尺寸较大。火工装置在航天器中具有很大的通用性，适合以输出特性和用途来划分其类别。主要有爆炸螺栓（含分离螺栓、螺帽、火工锁）、弹射装置、小型固体发动机（含火药启动器）、切制装置、自毁装置、传爆装置、点火装置、气体发生器（含燃气发生器）、阀门（含常闭阀门、常开阀门）、发烟装置（含发烟罐）、热电池等。

（3）火工系统

在航天工程中，火工系统是指由数个火工元件或数个火工装置组成，同时完成两个以上（含两个）功能的组合体，主要有非电传爆系统、非电点火系统、非电分离系统等。火工系统一般与武器型号相连，通用性较差。其类别区分主要以武器型号为主，且不分型别。在通用弹药和引信中，火工系统主要指爆炸序列，它通常是由一系列激发感度由高到低而输出能量由低到高的火工元件组成的有序排列，其功能是把一个相当小的初始冲能有控制地放大到适当的能量，以起爆弹药主装药或引燃发射装药。所以，爆炸序列一般又细分为传爆序列和传火序列两种。

7.1.3.2 火工药剂分类

火工药剂一般分为火工品药剂和特殊效应药剂两类，前者主要应用于产生爆炸、燃烧和做功的火工元件、装置和系统中，后者主要应用于产生光电烟火效应类火工装置中。

7.1.4 武器系统用火工品设计

7.1.4.1 设计原则

火工品设计和其他工程设计一样，应贯彻先进可行与经济合理的通用设计原则。

（1）安全性原则

火工品是武器系统中的最敏感部件，其意外作用将可能引起整个武器弹药的作用而带来重大损失，设计时要必须满足各类火工品的安全性要求。安全性涉及使用、运输、贮存和生产等多个方面，在这些情况下，火工品都不应发生任何意外的点火、爆炸等事故。

（2）可靠性原则

火工品是武器系统中的激发系统，若其作用失效将会造成整个武器弹药的失效，所以，作用可靠性要求较高。航天系统使用火工品时，往往通过冗余设计来提高系统的作用可靠性。单个火工品的可靠性是通过产品的输入感度和输出威力来考核，但可靠性不仅指单个火工品元件的高可靠性，更为重要的是组成传爆序列后火工品之间的匹配和界面能量传递的高可靠性。另外，可靠性设计应考虑人因工程，从设计上有效降低人员生产和装配过程出现差错的概率。

（3）最佳效费比原则

火工品的经济性要从设计制造的经济性和其产生的军事效果来衡量。首先，由于大多数火工品的订货属小批量，设计成本成为影响产品经济性的重要部分，所以，设计时应贯彻多采用成熟技术（如标准化的制式发火件）与少数新技术相结合的低成本原则；其次，采用来源广泛的国产原材料降低制造成本；最后，其经济性要与它产生的军事效果相结合，例如，导弹用雷管的价格远高于炮弹用雷管价格，这既是它军事效果的体现，也是它承担风险责任的要求。

（4）协调性原则

火工品在武器弹药中常以爆炸序列构成激发系统，设计时除要考虑单个火工品的性能外，还要考虑爆炸序列内在联系、序列和相关系统的关系，包括能量、结构、时间、尺寸和功能等参数的合理匹配。

（5）继承和创新融合性原则

火工品的类型和品种很多，已有许多成熟的制式产品。新产品设计时应采用多种成熟技术巧妙地有机组合，或多数成熟技术和少数新技术的组合。

（6）标准化原则

在满足使用要求前提下，尽可能结构简单，符合通用化、系列化、组合化。如火工品设计时尽可能采用制式药剂，爆炸序列设计时尽可能采用制式火工品等。

7.1.4.2 设计要求

尽管火工品的种类很多，技术指标也各不相同，但火工品作为一种装有爆炸材料的危险品，设计时有如下共性要求。

（1）合适的感度

火工品对外界输入能量响应的敏感程度称为火工品的感度。要求合适的感度是为了保证使用安全和可靠。如果火工品感度过高，就难以保证火工品在制造、运输、贮存及勤务处理过程中的安全；如果火工品感度过低，则难以保证在武器弹药中的可靠作用。

(2) 适当的威力

火工品输出能量的大小称为火工品的威力。火工品的威力是根据使用要求提出的，威力过大或过小都不利于使用。威力过大会对使用系统造成安全性下降；威力过小则会降低使用系统的作用可靠性。

(3) 环境适应性

火工品的环境适应性包括短期耐环境能力和长期耐环境能力两类。短期环境主要包括使用过程中的自然环境、电磁环境、机械环境等，火工品的短期耐环境能力主要与火工品的设计有关；长期环境主要指长期储存过程中的自然环境，火工品的长期耐环境能力主要与药剂安定性、与其他接触物的相容性及生产过程中温、湿度控制等有关。

(4) 尺寸小型化

火工品是功能相对独立的元器件，但又是武器系统的配套件，其尺寸的小型化将会给使用系统留出更大的设计空间，也是武器系统大量使用火工品这一特殊能源的最大优势所在。所以，火工品结构的尺寸设计应始终贯彻小型化原则。

(5) 长贮安定性

火工品在一定条件下长期贮存，不发生变化与失效的功能称为火工品的长贮安定性。安定性取决于火工品中火工药剂各成分及相互之间，以及药剂与其他金属、非金属之间，在一定温度和湿度影响下是否发生化学和物理变化。一般军用火工品规定贮存期 15 年。

7.2 火帽

火帽通常是点火或起爆序列中的首发元件。在点火序列中，火帽由枪机（或炮闩）上的撞针撞击而发火，产生的火焰点燃发射药或经点火药放大后点燃发射药。在起爆序列中，火帽由击针刺入而发火，产生的火焰点燃雷管或延期药。因此，火帽是受机械能作用而发出火焰，也就是说火帽的作用是把机械能转换为热能——火焰，发出火焰是火帽的共性。

火帽按用途分类，可分为药筒火帽（底火火帽）、引信火帽和用于切断销子、启动开关和激发热电池等动作所用的火帽。按激发方式分类，可分为针刺火帽、撞击火帽、摩擦火帽、碰炸火帽、电火帽、绝热压缩空气火帽等。

7.2.1　针刺火帽

以击针刺击发火的火帽称为针刺火帽。针刺火帽主要用于引信的传火序列和传爆序列中，因此，有时也将针刺火帽称为引信火帽。

引信中通常根据不同的需要，将多种不同作用的火工品，按其感度递减、能量递增的次序组合成一定序列。序列可以分为两大类：序列最后元件完成起爆作用的称为传爆序列；完成点火作用的称为传火序列。

引信中典型的序列有四种：

① 击针→火帽→延期药→扩焰药→火焰雷管→导引传爆药→传爆药→爆炸装药。

② 击针火帽→时间药盘→扩焰药→传火药→抛射装药。

③ 击针→火帽→保险药。

④ 击针→火帽→延期药→自炸药盘→爆炸装药。

由此可见，火帽可用于引信中的点火序列、起爆序列以及保险机构和自炸机构中。其用途有如下几个方面。

① 作为引信主要传爆序列中的元件，完成引爆弹丸的作用。炮弹中的引信按其作用方式可分为两大类：触发引信和空炸引信。触发引信在弹丸碰击目标时才起作用，而空炸引信则在弹丸尚未触及目标前的某弹道点上爆炸。相应的用于此类引信中的火帽分为触发引信火帽和空炸引信火帽。触发引信火帽只在弹丸碰击目标后才因击针的刺击而起作用。空炸引信火帽在弹丸触及目标前就起作用。应用于不同引信中的火帽应具有不同的特性。

② 用于引信的某些侧火道的保险机构中，完成引信的炮口保险或隔离保险的作用。这类火帽在弹丸发射时，在膛内受惯性作用而发火。

③ 用于引信的自炸或空炸机构中，使未击中目标的弹丸自行销毁。这类火帽也是在膛内受惯性作用而发火的。

7.2.1.1　针刺火帽应满足的战术技术要求

对针刺火帽的要求主要是根据其用途和使用条件而提出的。火帽在引信中以其火焰来完成点火作用，去点燃时间药剂、延期药及火焰雷管。火帽多数是受击针刺击而发火，同时因为是和炮弹连在一起的，因此要求能承受发射时膛内的冲击震动，保证射击过程中的膛内安全。具体要求有以下几个方面：

(1) 有足够的点火能力

针刺火帽主要解决引信中延期药、时间药剂、火焰雷管等的点火问题，因此对针刺火帽的第一个要求是有足够的点火能力。所谓点火能力是指火帽在受到击发后，其输出的火焰能可靠地引燃爆炸序列中下段的延期药或时间药剂，或可靠地引爆下段的火焰雷管的能力。这是对引信火帽共同性的要求。

(2) 合适的感度

火帽虽然应具有足够的点火能力，但是首先要解决在使用条件下如何体现点火能力的问题，因此对火帽来说还要有个合适的感度。

这里指的是针刺感度。火帽的针刺感度在落锤仪上测定，以一定质量的落锤从一定高度落下打击在击针上，击针刺入火帽，观察火帽的发火情况。火帽感度用一定落高下的发火百分数或感度曲线表示。针刺火帽所需发火能量一般为 800～1200g·cm，即 $8\times10^{-3}\sim12\times10^{-3}$J。针刺火帽的感度应适当，太小不能保证作用确实，太大又不能保证安全。

(3) 对发射震动的安全性

发射时膛内压力很高，尤其是小口径火炮，它的直线过载系数达 70000g，因此引信内各零件均受到很大的应力。如果火帽不能满足耐震动的要求，将可能引起引信早炸；如果是延期引信，则会在距炮口不远处爆炸(炮口炸)；如果是瞬发引信，则可能会在膛内发生爆炸（膛炸），即使是保险型引信避免了膛炸，这发炮弹也报废了，打出去也不起作用，影响实战的火力。

(4) 具有一些对火工品共同的要求

它应经得起运输、勤务处理时的震动，在运输过程中，弹药常要经受汽车、火车等的颠簸，这时火帽的性能不应变化，更不允许发火。

此外，火帽还应长期贮存性能安定，相容性好，不允许药剂各成分发生物理、化学变化或与火帽壳起变化，也不允许火帽壳有破裂、生锈等变化。一般要求 15 年性能不变。同时还应考虑成本低，原料来源广泛，无毒。

7.2.1.2 针刺火帽结构

针刺火帽主要由管壳、药剂和盖片（或加强帽）组成。几种典型针刺火帽见图 7-1。火帽的尺寸与结构取决于引信中火帽的用途和位置。火帽的直径一般为 3～6mm，高度约为 2～5mm。

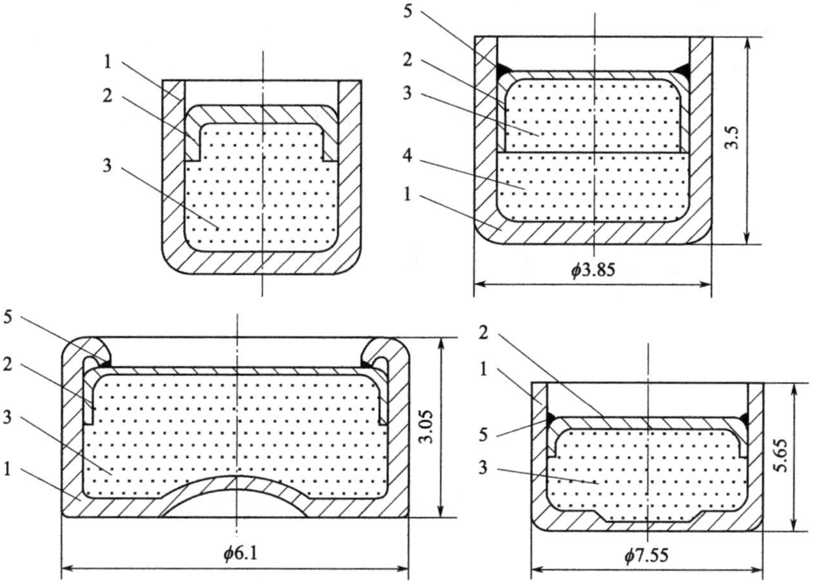

图 7-1 典型针刺火帽结构示意图

1—火帽壳；2—加强帽；3—击发药；4—加强药；5—虫胶漆

火帽的外壳为盂形，多数是平底，也有的是凹底的，火帽壳使火帽具有一定的形状。外壳一般是用紫铜片冲压成壳体后，表面镀镍而制成。火帽的盖片多数也是盂形的，有的为小圆片，也是用紫铜片冲成的，材料较薄。针刺火帽中的药剂常称为击发药（剂），它用来产生一定强度的火焰，以有效地点燃被点火对象。它是针刺火帽的核心，火帽的性能主要由它决定。击发药一般由氧化剂、可燃物及起爆药组成。针刺火帽一般只装一种击发药，有时为了提高输出威力而装两种药剂，即击发药和点火药。

7.2.1.3 针刺火帽的发火机理

引信中的火帽绝大部分是针刺火帽，即当击针刺入火帽时，先通过盖片，再进入压紧的药剂。针刺起爆是由针尖端刺入压紧的药剂中引起的，这一过程可以看成是冲击与摩擦的联合作用过程。经典针刺起爆模型包括摩擦和撞击两种作用方式。

在击针刺入药剂时，药剂为腾出击针刺入的空间而受挤压，药粒之间发生摩擦；击针和药剂的接触面上也有摩擦，见图 7-2；如果击针端部有个平面，则此平面对药剂有撞击作用。在击针的表面及药剂中有棱角的地方，便形成应力集中现象并产生“热点”。“热点”很小（直径为 10^{-5}～10^{-3}cm），但是温度很高，当“热点”温度足够高，并维持一定时间（10^{-5}～10^{-3}s）时，火帽就被起爆。计算结果表明，当刺入深度达到0.4mm左右时，即达到稳态温升。实验证明，击针进入药剂约深1～1.5mm，火帽就发火。在爆炸变化时首先是感度大的起爆药被击发分解，然后是氧化剂与可燃物的反应。

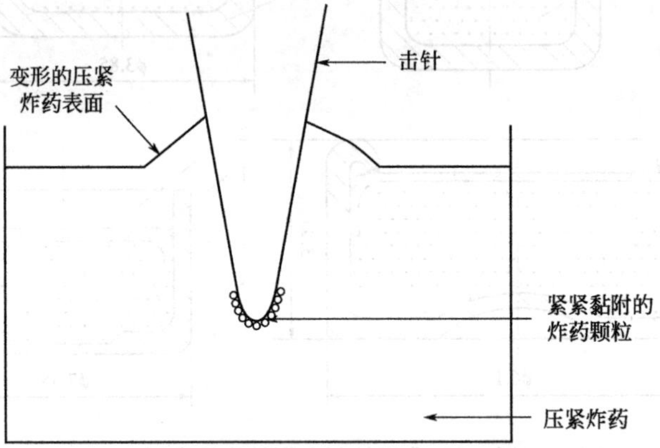

图7-2 击针刺入与药剂摩擦过程

因此，针刺火帽的发火机理可归纳为：击针刺击→帽壳变形→应力集中→产生“热点”→击针刺入药剂一定深度，“热点”达到一定温度，并维持一定时间→感度较大的药剂分解→整个药剂激起爆炸变化。

从上述机理来看，要使针刺火帽发生爆炸变化必须有外界和内在的因素。外界因素是击针刺入的条件：击针的硬度、刺入药剂的速度和深度；内在因素是药剂的性质：药剂的感度。外界因素为药剂的爆炸变化提供了条件。击针硬度大，刺入速度快，产生“热点”的可能性就大，有利于起爆。而内在因素是变化的依据，使针刺火帽具有爆炸变化的可能性。

7.2.1.4 影响火帽感度的因素

影响火帽感度的因素有药剂、加强帽或盖片及发火条件等，下面分别叙述。

(1) 药剂方面

火帽中所用药剂通常是由氧化剂、可燃物和起爆药组成的混合药剂。因此，药剂的影响主要有以下几个方面。

① 起爆药的感度。起爆药是击发药中保证感度的主要成分，击发药应选用机械感度适当高的起爆药。

② 击发药的成分配比。起爆药是保证击发药感度的主要成分，因此起爆药的含量不能过少，过少平均感度较低而且精度不好。因为击发药的起爆主要靠起爆药，所以当起爆药含量过少时，所产生的热点过少，爆炸不容易扩张，起爆概率也较小。

药剂中其他成分对感度的影响可以看成杂质对起爆药感度的影响，杂质的硬度大，起爆药的感度大。例如硫化锑，由于它的熔点高（560℃）及硬度大，有提高感度的作用。而氯酸钾则相反，它的熔点低（360℃）及硬度低，使感度有所下降。另外，有些药剂中为了提高感度而加入少量的玻璃粉或金刚砂。为了造粒而加入的虫胶漆、糊精、沥青等都使药剂的感度降低。

③ 药剂中各成分的粒度。粒度大有利于能量在较少的热点上集中，热点温度将比较高，起爆感度大。但是在使用中不采取增加粒度的办法来提高感度，因为粒度大则感度精度不好。击发药是混合药剂，其均匀性与药粒大小有关，粒度相差很大时混合不容易均匀，为了保证性能的均一，火帽药剂都采用很细的粒径。

硫化锑是较硬的物质，适当地加大硫化锑的粒度，可以提高感度。起爆药晶体粒径大，感度大。因为大晶体在晶面及内部有许多缺陷，受外力作用时，这些有缺陷的地方就折裂，晶面之间就发生摩擦而产生“热点”。另外，晶形最好是接近球形的，比较容易混合均匀。

④ 装药密度。针刺感度开始随装药密度增加而增大，在一定密度后基本不变。这是因为密度小，当击针刺入后，药剂会产生运动而消耗部分能量，导致感度降低。装药密度增加，药粒之间的紧密程度增加，药粒之间活动性受到限制，热点比较容易生成，所以增加密度可以增加感度。但是随着密度进一步增大时，爆炸变化扩张困难，不利于起爆，感度反而下降。

⑤ 装药量。一般药量对感度无影响，但是药量过少，以至小于0.5mm药厚时，则感度下降。在针刺火帽中要求药层的厚度达到1～1.5mm以上。

(2) 加强帽或盖片

针刺火帽由击针刺入发火，有一部分能量消耗在盖片（或加强帽）上。因此盖片厚度越大，硬度越大，在盖片上消耗的能量越多，火帽的感度随之下降。

(3) 使用条件

火帽使用的条件对火帽发火的概率有很大的影响，包括装配条件、击针性质、输入能量等。

① 装配条件。火帽在火帽座中装配的紧密性不仅对感度有影响，还关系到安全性。松动装配的火帽感度低而且安全性差。因为火帽松动，在击针

（或撞针）刺入时会产生位移消耗一部分能量，所以在引信中火帽和火帽装配室要配合得紧密。同时松动的火帽在勤务处理时容易撒药，撒出浮药是很不安全的。

② 击针性质。击针的硬度和针尖的角度对发火有影响。击针的硬度大则感度大，例如钢击针比硬铝击针的感度大，试验用的击针一般还要淬火保证 RC58 的硬度。击针的角度在使用中是 25°～30°。因为角度大会使感度下降，而过尖的击针又保证不了针尖的强度。标准试验击针的端面过去用过 90°，如图 7-3(b) 所示。现在均采用平头，如图 7-3(a) 所示。美国规定平头的直径为 0.375mm，我国规定为 0.25mm。平头面积和炸药的机械感度有关，各种炸药都有所需发火能量最小的直径 ϕ_{min}。炸药感度越低，ϕ_{min} 之值越大。表 7-1 是击针头部形状对火帽感度的影响。

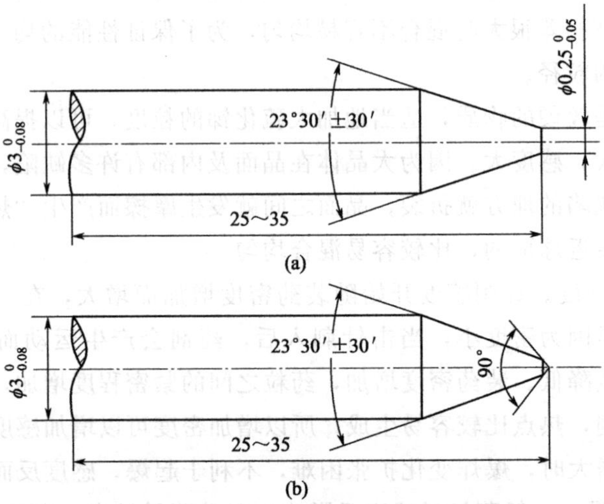

图 7-3 引信火帽击针形状

表 7-1 击针头部形状对火帽感度的影响

落高/cm	0.5	1.0	1.5	2.0	2.5	3.0	3.5	4.0	4.5
90°击针发火率/%	0	11.3	48.6	75.3	86.6	98.0	98.0	98.6	99.3
ϕ0.25mm 平头击针发火率/%	0	9.3	48.0	82.6	98.6	99.3	99.3	100	100

③ 输入能量。火帽发火所需能量的大小表示感度，所需能量小则感度大。输入能量中总有一部分被损失掉而没有作用到产品上，因此损失的部分多，则输入能量作用到产品上就少，产品表现为钝感。因为能量损失随时间的增加而增加，所以，输入能量的速度慢则损失大，速度快则损失小，在输

入功率很大时，损失的部分甚至可以忽略掉。例如，在落锤仪上测感度时，如果同样的冲击能量（即落锤质量和落高的乘积相同），则小落锤大落高将比大落锤小落高的发火率高些，这是因为前者的末速高，能量输入速度快。

7.2.1.5 影响火帽点火能力的因素

点火能力的强弱体现在以下几个方面：火焰的成分（火焰中固体、液体及气体生成物成分）、火焰温度、火焰强度（包括火焰的长度及燃烧生成物的压力）和火焰持续的时间。

良好的点火能力，希望生成物中有固体成分和气体成分。因为固体有较大的密度和热容，起到贮热体的作用，固体质点能增大点火能力；而气体生成物能任意包围药粒，扩大点火面积。反应温度高，火焰长度长，意味着点火能力强。

击发药是火帽的能源，点火能力归根结底是药剂燃烧反应所产生的能量的体现，所以分析点火能力应从燃烧反应的能量关系上去找。影响点火能力的因素有：

(1) 击发药的组成

击发药中有氧化剂、可燃物及起爆药。点火能力既然主要靠氧化剂和可燃物间的反应，那么要使它们点火能力强，就得使它们在反应时放出最大能量。要使它们放出能量最大，首先要选择含氧量多的氧化剂及燃烧热大的可燃物来组成击发药。其次，击发药中应有足够的氧化剂，使氧化剂和可燃物进行完全反应，这就是说它们在药剂中的比例要大，而且配比要恰当。含有氯酸钾与硫化锑成分的零氧平衡药剂反应方程为

$$3KClO_3 + Sb_2S_3 \longrightarrow Sb_2O_3 + 3SO_2 + 3KCl$$

因此零氧平衡中，氯酸钾与硫化锑组分的质量比应为

$$w(KClO_3) : w(Sb_2S_3) = 52 : 48 \approx 1 : 0.9 \approx 1 : 1$$

当然这样的计算并不能反映真实情况，因为实际的反应远较此复杂，而且可能随击发条件而不同。

良好的点火能力要求有一定的固体、液体生成物，为此应考虑生成物的熔点及沸点。氯酸钾与硫化锑反应时生成氧化锑及氯化钾，可以保证火帽爆炸生成物中含有固体成分。

点火能力强还要有一定的持续时间，而起爆药的爆炸反应太快，因此，单一的起爆药不能作为火帽的击发药。在药剂中加入起爆药是为了保证感度的要求，而不是点火能力的需要，在保证感度的前提下应尽量少加起爆药。

早期击发药用得较多的是由氯酸钾、硫化锑和雷汞组成的混合物，称为

含汞击发药。

雷汞击发药沿用多年，但是因为它的腐蚀性、毒性与污染以及安定性差等缺点，已经被淘汰。目前，用四氮烯和三硝基间苯二酚铅的正盐（或碱性盐）两种起爆药代替雷汞。其中，四氮烯保证击发药的感度，但是四氮烯发热量小，不足以分解氧化剂，故添加三硝基间苯二酚铅来提高能量。

氯酸钾燃烧反应后生成 KCl。在高温条件下，KCl 是液体，冷却后易于附在金属表面上，在空气中有吸潮而水解现象，生成氯离子，对枪膛有强烈的腐蚀作用。现在大多数击发药中用硝酸钡来代替氯酸钾。硝酸钡的分解温度比较高（560℃），放氧速度比较慢，故击发药中三硝基间苯二酚铅的含量比较高，有时还用 PbO_2 来加强硝酸钡的作用。作为氧化剂，它的加入可以提高火帽感度。

Sb_2S_3 的优点较多，所以至今还没有完全被取代的趋势，但是由于各种火帽的技术要求不同，也可以用其他可燃剂取代部分或全部。这些可燃剂有：Zr、Al 及硫氰酸铅等，也可以附加少量的猛炸药，如 TNT、PETN 等。

总之，火帽击发药的选择必须首先确定其中的氧化剂及可燃物，并采取合适的比例。加入起爆药保证击发药的感度。表 7-2 和表 7-3 是分别以氯酸钾和硝酸钡为氧化剂的击发药的组成。

表 7-2 以氯酸钾为氧化剂的击发药组分（质量分数） 单位：%

序号	四氮烯	三硝基间苯二酚铅	$KClO_3$	Sb_2S_3	PbO_2	Al	木炭	$Pb(CNS)_2$	TNT
1	5		38	45	10	2			
2			50	25	20				
3			40	25			20	15	
4			53	17				25	5
5	5	20	37.5	37.5					
6	5	22	33	40					

表 7-3 以硝酸钡为氧化剂的击发药组分（质量分数） 单位：%

序号	四氮烯	三硝基间苯二酚铅	$Ba(NO_3)_2$	Sb_2S_3	PbO_2	PbN_6	Zr	PETN	Al	代号
1	5	27	18	41	9					
2	5	40	20	15		20				NoL130
3	3	38	49	5	5			5		
4	12	36	22	7	9		9	5		FA989
5	5	53	22	10				10		PA101

(2) 击发药的物理状态

点火能力主要取决于氧化剂与可燃物间的反应。击发药是非均相反应，因此反应与药粒大小有关。反应速度主要取决于击发药中不活泼成分，而氯酸钾属于活泼的氧化剂，因此主要取决于硫化锑的粒度。粒度大，反应持续时间长，一般来说点火能力大；另外，粒度大，感度均一性就差。为了解决这一矛盾可用细粒的硫化锑，经过造粒来增大粒度，从而既保证了点火能力又不影响感度。

(3) 药剂的密度和量

药量增大使火焰持续时间增长，点火能力增强。引信火帽击发药的量一般为0.13～0.22g，也有少到0.032g的。密度大，一般来说点火能力就大。因为密度大，燃速小，燃烧持续时间就长，同时燃烧时药粒不易喷射，但是密度增大到一定程度后它的影响就不大了。

(4) 环境条件

被点燃对象放置的距离（如果是通道的话，则通道的长度、宽度、曲折表面光洁度等情况，以及通道中有无小孔等）和环境的温度、气体压力等都对点燃的难易程度有影响。其原因是显而易见的，例如通道长、曲折多、通道截面半径小、内壁不光滑等都对火帽点火能力提出更高的要求。

环境主要指温度和气压。总的来说，气压低不容易点燃（密封的无影响），温度低点燃也较难。

7.2.2 撞击火帽

以撞击激发的火帽称为撞击火帽。撞击火帽主要用于枪弹药筒和各种炮弹的撞击底火、迫击炮的尾管及特种弹的药筒中，用来引燃底火与传火管中的传火药，因此也称为底火火帽。

在枪弹和小口径炮弹中，常见的传火序列为：

击针撞击药筒中的火帽→火帽发出火焰→点燃发射用火药装药。

在大中口径弹药中，通常组成包括撞击火帽与底火的传火序列：

击针撞击底火→底火变形→使药筒火帽变形→火台阻止击发药前冲→击发药发火→点燃底火中的点火药→点燃火药装药。

在上述传火序列中，撞击火帽和底火是基本的火工元件。一般情况下，它们是受击针撞击而发火的，它们产生火焰形式能量以点燃火药。火药产生一定膛压，因而赋予弹丸一定的初速。火药燃烧的规律与其最初的点火情况密切有关。

7.2.2.1 撞击火帽的作用和一般要求

用于弹药中的撞击火帽必须满足一定的要求。从用途来看，它是用来点燃火药的，它所产生的火焰应足以点燃发射装药或其点火药。发射装药的燃烧与火帽的性能有关，例如，若火帽的点火能力不够，则在击针撞击火帽后火药不是立即发火，而是经过一定的延迟时间后才发火。这样就会影响射击速度，而且容易发生危险，因为这时如果射手误认为瞎火，而过早地打开炮闩或枪栓就可能发生危险。

从用途出发还要求撞击火帽具有作用的一致性。若正常条件下同一批号的火帽点燃火药时产生的膛压不一样，则弹丸的初速就不一样，在这种情况下就会影响武器的弹道性能。

从使用条件分析，撞击火帽受到武器击针的撞击作用时应确实发火，它发火后又去点燃火药，火药燃烧时具有较高的膛压，这意味着火帽在作用前后均需承受较大的力，因此必须考虑其感度和强度问题。

综上所述，对撞击火帽的要求有以下几点。

① 具有点燃火药的可靠性和作用一致性。包括点火时间的一致，点火效果的一致，从而保证火药装药弹道性能的一致。

② 有适当的撞击感度。撞击火帽在适当的能量作用下必须发火确实。

③ 壳体有一定的强度。

④ 撞击火帽爆炸反应的生成物不应对武器产生有害影响。

7.2.2.2 撞击火帽的结构

撞击火帽主要由火帽壳、盖片、击发药、火台等组成。典型撞击火帽如图 7-4 所示。

火台可以装在底火中、枪弹壳上或和火帽结合在一起。火帽多采用黄铜冲压而成，通常采用涂虫胶漆或采用镀镍的方法，提高火帽壳与药剂的相容性。

火帽壳的作用是装击发药、固定药剂、密封防潮和调节感度。为了保证使用的安全性，要求火帽壳具有一定的机械强度。另外，火帽壳底厚、壁厚以及底到壁的过渡半径均应配合适当。曾经发生过火帽装配好存放一定时间后，火帽壳发生自裂的现象，主要原因就是底到壁的过渡半径不适当。

击发药的作用是保证火帽有合适的感度和足够的点火能力。

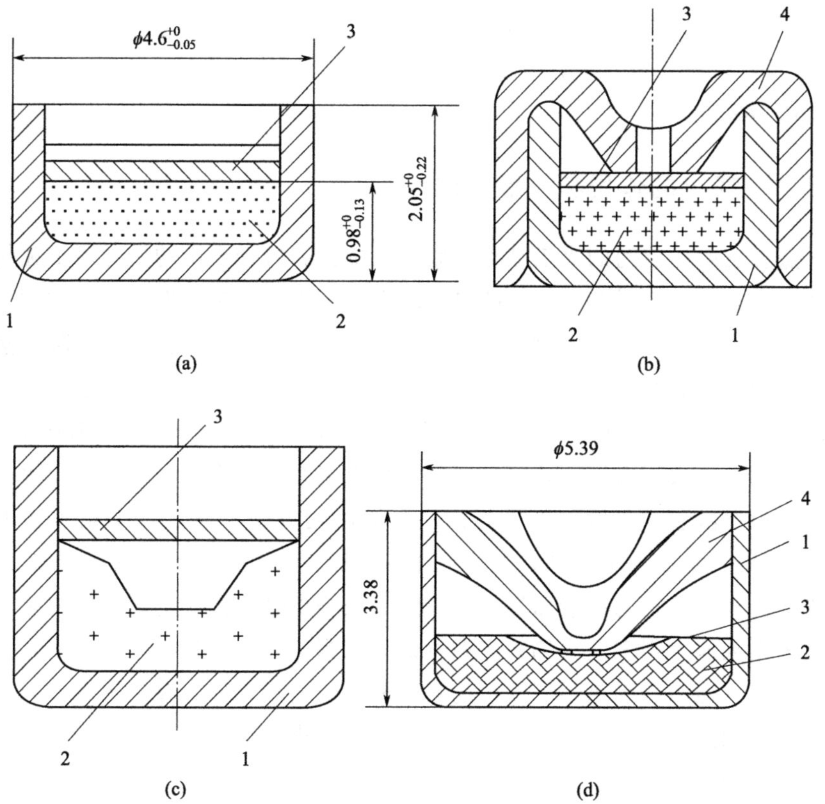

图 7-4 典型撞击火帽的结构示意图

1—火帽壳；2—击发药；3—盖片；4—火台

盖片通常由金属箔或涂虫胶漆后的羊皮纸冲压而成，起密封药剂、防潮等作用。

7.2.2.3 撞击火帽的发火机理

撞击火帽的发火过程一般是这样的：撞针作用于火帽上时，火帽的底部变形向内凹入，因为火台是紧压在火帽盖片上并且固定在药筒或底火体中(插入式火帽自带火台)，所以，火帽中的药剂受到火台和底火底部变形引起的挤压而发火。当药剂受到挤压时，其中的起爆药受到撞击、压碎、摩擦等形式的力的作用，药粒之间相互移动。在起爆药的棱角或棱边上产生热点，这些热点很快扩散，使整个装药发火。产生的火焰点燃发射药或底火中的黑火药。因此，撞击起爆也属于热点起爆机理。要使热点温度高，就要求撞针的能量集中于部分药剂上，所以，火台的尖端面积、撞击的半径、火帽壳底部的硬度和厚度等都影响火帽的感度。

7.3 底火

7.3.1 底火的作用和一般要求

点燃发射药装药的火工品称为底火。枪弹和口径很小的炮弹可单独使用一个火帽来引燃发射药。当弹的口径增大时，由于所装的发射药量增加，单靠火帽的火焰就难以使发射药正常燃烧，以致造成初速和膛压的下降，甚至发生缓发射，火炮后座不到位，影响连续射击的进行，也会造成近弹和射击精度（散布面积）下降等毛病。所以当口径大于 25mm（包括 25mm）时，通常用增加黑火药或点火药的方法来加强点火系统的火焰，增加的黑火药或点火药可以散装，也可以压成药柱。为了使用方便，通常将火帽和黑火药（点火药）结合成一个组件，这一组件就叫底火。在射击时，底火中的火帽首先接受火炮撞针的冲能而发火，产生的火焰点燃底火中的装药，由装药产生比火帽火焰大得多的火焰来点燃发射药。当炮弹口径进一步增大时，仅靠底火的点火能力也满足不了发射药正常燃烧的要求，此时在底火和发射药之间还要增加点火药包，点火药包通常由小粒黑火药制成，其药量随弹的口径不同而不同，口径越大，点火药量越多。

底火的种类很多，常用两种分类方法：一种是按火炮输入底火能量形式分，可分为撞击底火和电底火，还有撞击和电两用底火；另一种按火炮的口径分，可分为小口径炮弹底火（口径在 37mm 以下）和大中口径炮弹底火（口径在 57mm 以上）。

从底火在全弹上的作用来看，它应具备以下的战术技术要求。

① 足够的感度。底火不允许瞎火，这是底火最基本的性能。

② 足够的点火能力。这是保证弹丸的内、外弹道稳定的重要因素之一。

③ 足够的机械强度。这里的强度包括两方面的含义，即底火底部不被击针打穿的强度和底部抗张变形的强度。

一般要求在膛压高的强装药条件下产品不允许瞎火，底火不允许有裂缝、烧蚀炮闩镜面和漏烟面积超过药筒底面 1/3 的现象。

底火底部不被击针打穿的强度是在一定的外界击发条件下提出的，这个条件主要是击发能量的大小和击针的形状。如“海-25”“航-30”等炮虽打击力很大，但是击针头是圆的，因而不易打穿底火底部。相反，“高-37”炮虽然打击力最小，但其击针是平头的，打击时容易产生剪切而打穿底火底部。

底火底部抗张变形的强度，不仅与击发条件有关，还与击发机构有关。“海-25”“航-30”“航-37”等炮在击发瞬间，击针是不动的，因而能顶住底火底部，使其不向外鼓起。另外，由于这些炮的闩体是前后移动的，即使在出现底火底部鼓起时，也不会妨碍闩体运动。而“高-37”炮在射击瞬间，由于击针簧的抗力较小，顶不住底火底部，因而底火底部受膛压作用时会向外鼓起，以致能鼓入闩体的击针孔内，而“高-37”炮的闩体又是上下滑动的，因而底部的鼓起将妨碍闩体的运动。

④ 上膛安全，使用安全。这一要求是为了保证炮弹上膛时，不会因受惯性振动早发火而提出的。现在评定此性能的方法，是通过同重的假弹，在底火各自使用的火炮和击发条件下，进行规定次数的反复上膛来鉴别，因此它与弹重、上膛次数以及弹簧的抗力大小有关。

⑤ 底火的密封性好。要求底火浸水实验后发火正常。通常是在100～120mm深水中浸泡24h，然后分析底火中黑火药的含水量或进行发火试验。

除上述要求外，底火的其他要求与一般火工品相同。

7.3.2 撞击底火

7.3.2.1 小口径炮弹底火

小口径炮弹通常指25mm、30mm、37mm三种口径的弹，在1966年前，这三种弹分别采用三种底火。“纳氏”传火管用于“海-25”炮，“底-2”底火用于37mm高射机关炮，“底-16”底火用于“航-30”炮。但是，这三种火炮的性能比较接近，初速都在800～900m/s之间，膛压在280～305MPa之间，强装药膛压范围在310～330MPa之间，底火的感度也较相近，用2kg锤在落高4cm时发火率为零，在10cm时即可达到100%发火，底火的密封性和安全性要求是一致的。“底-2”底火和“底-16”底火都是螺纹结构，而且零件较多，生产效率低，装配工艺复杂，严重影响弹药生产的发展，从生产上也要求改进小口径弹通用底火。因此在这三种底火的基础上研制了“底-14”底火，并经改进成为性能更好的“底-14甲”底火。下面分别简单介绍。

（1）“纳氏”传火管

“纳氏”传火管由5个零件组成，见图7-5，即底火体（黄铜镀锡）、“HJ-3”火帽、铅垫圈、黑火药和纸垫。传火管高$24.5^{0}_{-0.54}$mm，直径

$13.3^{0}_{-0.12}$ mm。

“纳氏”传火管的优点是加工工艺简单，尤其是底火体是冲压件。缺点是铅垫易漏装，在射击过程中铅垫容易熔化导致漏烟。

(2)“底-2”底火

“底-2”底火的结构见图 7-6。它由底火体（钢制磷化处理）、火帽压螺（黄铜）、火台（黄铜）、闭气锥体、散装黑火药、黑火药饼、羊皮纸垫及黄铜盖片等组成。底火体高为 $14.6^{0}_{-0.43}$ mm，直径为 $16^{0}_{-0.2}$ mm。

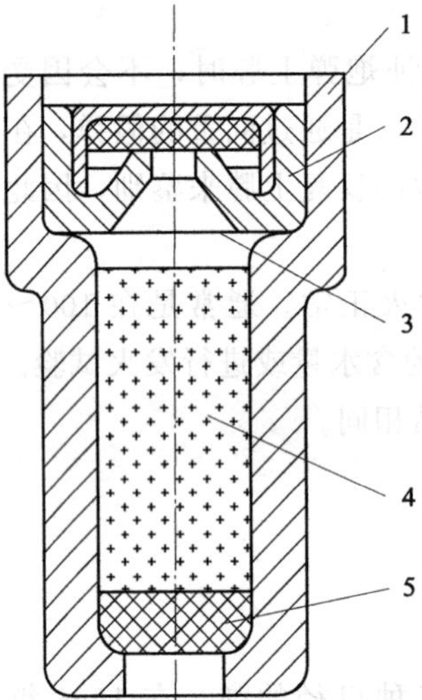

图 7-5 “纳氏”传火管的构造

1—底火体；2—“HJ-3”火帽；3—铅垫圈；4—黑火药；5—纸垫

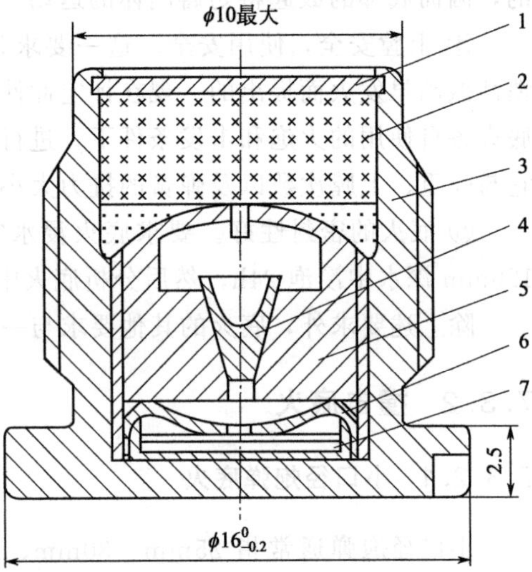

图 7-6 “底-2”底火的构造

1—黄铜盖片；2—散装黑火药；3—底火体；4—闭气锥体；5—火帽压螺；6—火台；7—火帽

“底-2”底火在应用中的缺点为：射击时外螺纹漏烟严重。结构上的缺点为：“HJ-1”火帽的盖片为羊皮纸，受潮时会变软，从而使火帽的感度下降。从工艺上看，底火体为螺纹，难于提高工效，但应用中便于更换。

(3)“底-16”底火

“底-16”底火的结构见图 7-7，由底火体（45 号钢镀锡）、外壳（黄铜）、垫片（黄铜镀锡）、压盖（黄铜）、火帽、传火管壳（黄铜）、加强盖（紫铜）、点火药等组成。底火体高 $14.6^{0}_{-0.43}$ mm，直径为 $16^{0}_{-0.2}$ mm。

其结构特点是壁薄，可以多装药，在装药上用点火药代替黑火药，内部零件为冲压件。其缺点为容易多装垫片造成瞎火，若收口不好，射击时传火管将向前移动造成瞎火。

(4)“底-14”底火

“底-14”底火由底火体（黄铜镀锡）、“HJ-3”火帽、外壳（覆铜钢镀锡）、火帽座（紫铜）、点火药、黑火药和纸垫组成。底火体高 $24.5^{0}_{-0.84}$mm，直径为 $13.33^{0}_{-0.12}$mm，如图 7-8 所示。

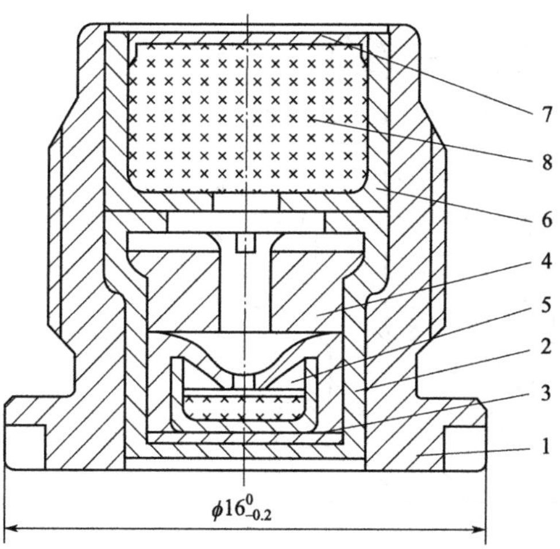

图 7-7 “底-16”底火的结构

1—底火体；2—外壳；3—垫片；4—压盖；5—火帽；6—传火管壳；7—加强盖；8—点火药

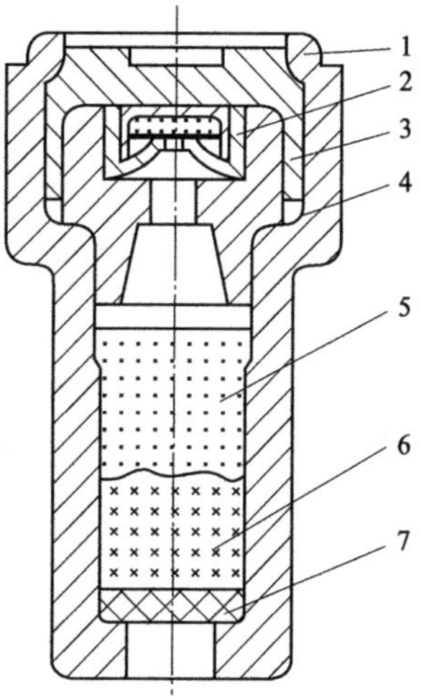

图 7-8 “底-14”底火的结构

1—底火体；2—“HJ-3”火帽；3—外壳；4—火帽座；5—点火药；6—黑火药；7—纸垫

“底-14”底火是设想用于三种小口径火炮上（“海-25”、“航-30”和“高-37”），且将“海-25”及“高-37”炮弹中点火药包取消。试验结果发现，该底火结构上有缺陷：第一，底火底部凹窝太深，“航-30”有10%瞎火（尺寸配合临界条件下）；第二，火帽同火帽座间为松动配合，装配时易于装反，严重影响产品质量；第三，火炮撞针击偏1.2～1.3mm时，一次击发瞎火达20%；第四，底火底部收口质量不易于稳定，底火漏烟严重；第五，“高-37”炮上取消点火药包进行射击，弹丸精度明显下降，不合格率达50%。

7.3.2.2 中、大口径炮弹底火

中、大口径弹通常指57～152mm口径的各种炮弹，这些炮弹多采用以

下底火。

（1）“底-4”底火

“底-4”底火结构见图 7-9，配用于 57mm 反坦克弹，85mm 加农炮弹，高射炮弹，122mm、152mm 榴弹炮弹，这种炮弹的膛压一般在 280MPa 以下。“底-4”底火的内部结构和“底-2”底火完全一样，只是放大了底火体，增加了黑火药量，口部垫片采用赛璐珞片。

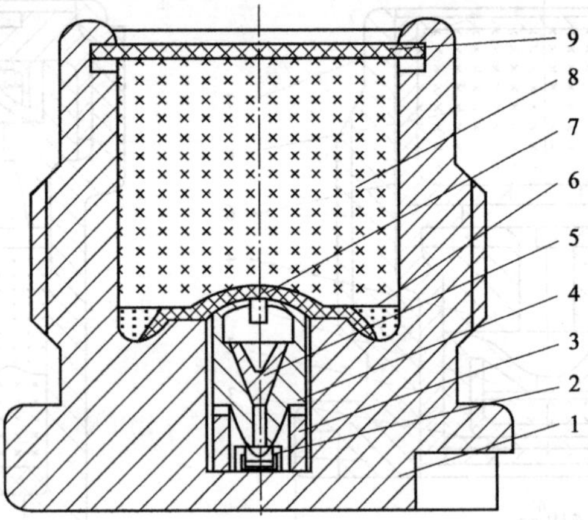

图 7-9 “底-4”底火的结构示意图

1—底火体；2—“HJ-1”火帽；3—压螺；4—火台；5—闭气塞；6—松装黑火药；7—纸盖片；8—黑药饼；9—纱布纸垫片

（2）“底-13”底火

“底-13”底火的结构如图 7-10 所示。配用于口径 100mm 的各种弹（滑膛炮弹、高射炮弹、加农炮弹、舰炮弹等），膛压一般在 300MPa 左右。结构与“底-4”底火差不多，也是用闭气塞的，它的装药量小，底火体壁强度较大，能够承受较高膛压。

（3）“底-5”底火

“底-5”底火配用于 57mm 高射炮弹，122mm、130mm、150mm 加农炮弹，膛压都在 300MPa 以上，有的达到 360MPa，如图 7-11 所示。其结构特点是装药量小，底火体很坚实，强度大，从使用情况看可以承受 400MPa 的膛压。

（4）“底-9”底火

上述三种底火在使用中各有优缺点，但是它们有许多共同之处。例如底

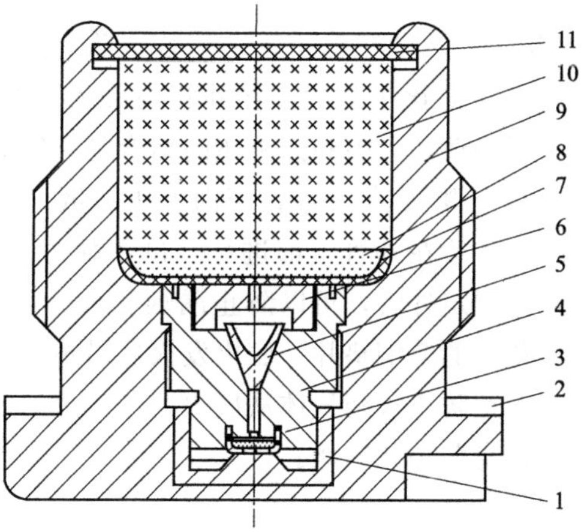

图 7-10 “底-13”底火的结构示意图

1—盖片；2—黑火药饼；3—底火体；4—压螺；5—闭气锥体；6—火台；
7—密封圈；8—底座；9—散装黑火药；10—黑火药饼；11—盖片

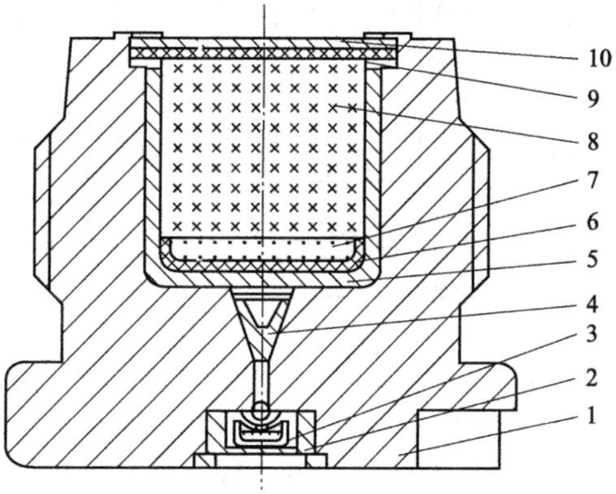

图 7-11 “底-5”底火的结构示意图

1—底火体；2—火帽座；3—火帽；4—闭气锥体；5—衬盂；6—纸垫；
7—散装黑火药；8—黑火药柱；9—闭气盖；10—密封圈

火所配用的药筒底火室的尺寸基本相同，它们都要密封高温高压的火药气体，其撞击感度、强度、安定性要求也是一致的。而且它们结构相似以及使用时药筒内都需要装点火药包（黑火药），底火的点火能力可以通过调整点火药包的药量来实现，因此就给研制通用底火提供了可能性。另外，由于这些底火结构上都较复杂，也要求研制结构更为简单的底火。通过大量的试验，并吸取了小口径弹通用底火改进过程的经验，最终研制成功了“底-9”

底火。

"底-9"底火结构如图 7-12 所示。"底-9"底火除底火体外，其余零件均为冲压件，没有闭气塞，简化了结构。在外管内装入一个"HJ-3"火帽和火帽座，为了防止火帽松动，火帽和火帽座的结合是点铆的，火帽座上装内管，其中装点火药 0.3g，黑火药 0.7g，药面上压一纸垫，口部涂硝基胶密封，将组合件压入底火体后在外管口部进行扩口和翻边，一方面固定内管，不使其松动，另一方面固定外管，可以防止漏烟和外管脱落（射击后）。口部装一个中间冲有梅花槽的紫铜垫片，底火发火后沿梅花槽冲破，紧贴在药筒传火孔壁上，能有效地防止火药气体从底火与药筒之间漏出。底火底部进行环铆可以解决底火本身漏烟的问题。

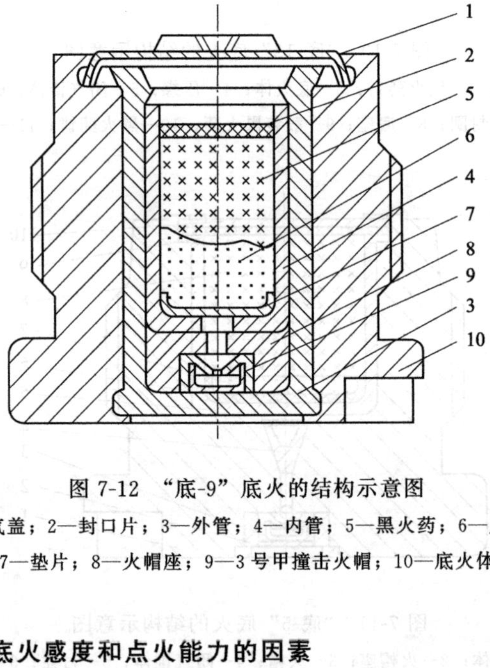

图 7-12 "底-9"底火的结构示意图

1—闭气盖；2—封口片；3—外管；4—内管；5—黑火药；6—点火药；7—垫片；8—火帽座；9—3 号甲撞击火帽；10—底火体

7.3.2.3 影响底火感度和点火能力的因素

底火的点火能力主要取决于底火中的点火药的成分和药量。黑火药传火较快，点火效果较好，广泛地用作底火中的点火药。有时也用高能点火药作为底火的点火药，这种药剂点火猛度高，适用于低温、高装药密度下的点火。

底火感度取决于其中所用的撞击火帽的发火感度。撞击发火和针刺发火都属于机械发火范畴，除了击针因素外，凡是影响针刺火帽感度的因素都将影响撞击底火的感度。此外，影响底火感度的因素还有火台的形状和撞针的突出量及形状。

火台尖，尖端面积小，火台材料的硬度高，火台与底火结合紧密，底火的感度就增大。

撞针突出量大，打击到底火后，火帽底部凹入量就大，撞击剧烈，感度增大。当撞针直径较小时，在同样撞击条件下，凹入深度更大，感度就更高。撞针直径一般在4～6mm。撞击时的偏心程度也影响感度的大小，一般规定同心性偏离不超过0.5mm。

7.3.3 电底火

7.3.3.1 对电底火的要求

随着战车、飞机、舰艇等运动目标速度的提高，要求武器具有高的射速，因而相应要求提高底火作用的迅速性（瞬发度）。一般撞击底火不能满足上述要求，因此就出现了用电能作为能源的电底火。对电底火的要求主要有以下几点。

（1）作用时间短

如“105-Ⅱ航-30”机关炮射速为1400发/min，“291-2海双-30”机关炮射速为1000发/min，平均每发炮弹射击所占时间只为0.02s，而从击发机击发底火到底火发火并点燃火药装药的时间应远小于这个数值，因此要求底火的作用时间很短。

（2）耐高膛压

由于这类武器弹药具有较大的初速，因此武器发射时膛压较高。如“105-Ⅱ航-30”机关炮弹丸的初速为（920±1）m/s，正常装药发射时的膛压约为307.6MPa，而“291-2海双-30”机关炮弹丸的初速为1650m/s，正常装药的膛压约为350MPa。由于膛压高，底火的强度、击穿漏烟等问题就更应该引起重视。

（3）能承受上膛时的震动

上述两门炮均为气压上膛，因此电底火的各零件应能承受此震动而不影响底火性能。

电底火可以有两种类型：灼热桥丝式与导电药式。这里主要讨论灼热桥丝式电底火的结构和性能。

7.3.3.2 灼热桥丝式电底火

图7-13为“海双-30”电底火。它由黄铜外壳、环电极、芯电极、绝缘

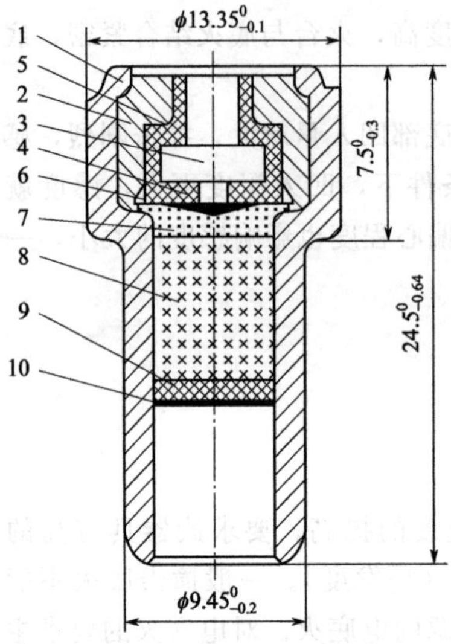

图 7-13 “海双-30”电底火

1—黄铜外壳；2—环电极；3—芯电极；4—绝缘垫片；5—绝缘塑料；6—桥丝；7—斯蒂酚酸铅；8—传火药；9—纸垫；10—漆

垫片、桥丝、点火药、绝缘塑料和纸垫等组成。桥丝是直径为 0.03mm 的镍铬丝。点火药为斯蒂酚酸铅，药量为 0.035～0.04g。传火药为过氯酸钾、亚铁氰化铅和松香混合物，药量为 0.5～0.55g。绝缘垫片是高强度塑料酚醛层压板，用来衬托桥丝及药剂并防止火药气体直接作用于绝缘塑料。绝缘塑料位于环电极与芯电极间，是一种加玻璃纤维的热固性塑料。

此底火的主要性能指标：产品电阻为 1.5～3.5Ω，10min 不发火的安全电流为 200mA，100%发火的最小电流为 800mA。

发火过程为：当击针撞击底火底部时，击针同底火芯电极接触，构成通电回路。这时的电路为兵器电源→击针→底火芯电极→双灼热电桥→环电极→底火壳→兵器电源。通电后桥丝升温，点燃点火药，进而点燃传火药。当其生成物压力达到一定值时，火焰冲破纸垫点燃火药装药。此时电底火要承受高压高温火药气体的冲击，而不出现底火的击穿、漏烟和芯电极突出等现象。

7.4 延期药和延期元件

在弹药中，常常需要通过时间机构来控制弹药的爆炸时机，以期有效地利用爆炸效果。在弹药中完成定时作用有多种手段，如钟表机构、电子线路、化学腐蚀和延期燃烧等。几种方法各有优缺点，一般说机械的和电子的延期时间精度比较高，但是结构复杂，价格较高。延期燃烧是指用黑火药或烟火剂的燃烧时间来控制的，它的优点是结构简单，价格便宜，但是目前延期精度还不如机械式的和电子式的，在短延期时间采用较多。化学腐蚀法已不多见。

在弹药传爆序列中，延期药是控制时间的元件。它一般由火帽火焰点燃，经过稳定燃烧来控制作用的时间，以引燃或引爆序列中的下一个火工元件。除了在弹药引信中使用外，延期药也在民用工业中发挥作用，例如在爆破工程中使用的各种时间的延期雷管。

延期药和延期元件除了应满足火工品的共同性要求外，还应满足以下要求：

① 延期时间要精确。延期元件的作用时间通常根据引信的性能来决定，延期时间的保证由延期药来控制，因此，应选择合适的延期药，并采用合适的尺寸和压药密度。

② 应有较好的火焰感度。延期元件一般由火帽的火焰点火，由于延期药的密度较大，不容易点火，因此，通常在延期药柱的点火端压装密度较小而又容易点燃的引燃药，保证延期元件可靠地被火帽点燃。

③ 作用可靠。在引信的传爆序列中，延期元件的火焰输出要能保证引燃或引爆序列的下一个火工元件。为此，常在延期药柱的输出端压入一定量的起扩焰作用的接力药。

④ 足够的机械强度。这是为了保证制造、运输、使用时的安全和能承受发射时的震动而结构不被破坏，药剂不碎裂，确保延时精度。

延期元件中所装的延期药，按它们燃烧后的产物状态分为有气体和无（微）气体的两种。所谓有气体延期药指的是黑火药，而无（微）气体延期药通常是指金属类的可燃剂和氧化剂混合成的烟火剂，对应的延期元件分为通气式和密封式。

7.4.1 有气体延期药——黑火药

由于黑火药具有良好的点燃性能，并且点火能力较强，至今仍被世界各国广泛地应用于弹药及民用烟火。

7.4.1.1 成分及主要性能

（1）成分

黑火药一般是由硝酸钾、木炭和硫三元混合而成。硝酸钾是氧化剂，木炭是可燃物，硫作可燃物，使药剂易于点火，同时也作黏合剂以增大药粒的强度。

黑火药中各成分的比例，应根据用途及燃烧性质的要求，通过实验而确定。用途不同，其成分的比例也不同，见表7-4。

表 7-4 几种黑火药的配比（质量分数） 单位：%

种类	$w/(KNO_3)$	w(C)	w(S)
军用一般黑火药	75	15	10
导火索芯药	78	12	10
普通引信用黑火药	73～75	17.5～14.5	9.5～10.5

因黑火药的用途不同，故制成的药粒大小也不同。一般分为下列几种：大粒黑火药（按颗粒大小依次分为大粒 1、2、3 号）、小粒黑火药（按颗粒大小依次分为小粒 1、2、3、4 号）和普通粒状导火索药，它们的尺寸在相应的手册中可查到。

(2) 主要性能

外观：药粒经滚光后其颜色为灰黑色至黑色，有光泽；不含肉眼可见杂质；不许有手指拨动与挤压而散不开的结块药粒，或药粒散开后失去原来光泽；药粒表面不允许有结晶出来的硝酸钾白霜和硫黄斑点。

感度：黑火药的火焰感度很高，易点燃。爆发点：290～310℃。机械感度也较大，受到强烈的冲击和摩擦即可发火或爆炸。50%爆炸的冲击感度为 84kg·cm；摩擦感度较大，将它放在两个木板间摩擦就可能发火。

爆温：约为 2100℃。

黑火药的燃烧：黑火药易点燃，反应热大，点火能力强，传火及燃烧速度快。密度大时，有均匀的逐层燃烧。如按 $w(KNO_3):w(C):w(S)=75:15:10$ 作为零氧平衡计算，则黑火药化学反应方程式为

$$2KNO_3+S+3C \longrightarrow K_2S+3CO_2+N_2+73.2kJ/g$$

7.4.1.2 黑火药的用途

黑火药的粒度大小不同，用途不同。用作点火药和延期药的是小粒黑火药，用于炮弹发射药的是大粒黑火药。粉状黑火药是三元混合物，未经过热压处理，一般用于制造导火索。本节主要讨论用作引信中延期药的黑火药。

7.4.1.3 影响黑火药燃速的因素

(1) 原料的影响

三组分原料中对燃速影响最大的是木炭。木炭根据点火性质和含碳量主要可分为三类：碳质量分数为 80%～85%的黑炭，碳质量分数为 70%～75%的褐炭和碳质量分数为 50%～55%的栗炭。此外，还有许多介于这些炭化度之间的木炭，如黑褐炭、褐栗炭。不同含碳量的木炭有不同的发火点。其

中，中级炭化的木炭（碳质量分数为 70%～80%）具有好的点燃性，而栗炭及剧烈炭化的木炭点火相当困难，且燃速低。此外，炭的物理结构也影响燃速，用硬木烧成的炭结构致密，燃速较小，而松软木烧成的炭燃速较大。同一种树采伐的季节不同对燃速亦有影响。

（2）成分配比的影响

目前采用的成分配比，可以在 1%～1.5%之间变动。当固定硫的成分不变，而增加硝酸钾和减少木炭的配比时，黑火药的燃速显著下降，见表 7-5。

表 7-5　硝酸钾和木炭对黑火药燃速的影响

黑火药成分配比			在药盘内燃烧时间/s
$w(KNO_3)/\%$	$w(S)/\%$	$w(C)/\%$	
75	10	15	12.4
78	10	12	16.9
80	10	10	24.2
81	10	9	25.8
84	10	6	49.7
87	10	3	不燃

这是因为在黑火药燃烧时，木炭被氧化为二氧化碳，同时放出大量的热，随着木炭含量的减少，黑火药燃烧时放出的热量减少，反应速度降低，以致熄灭。

如果硝酸钾不变，改变碳和硫的配比其燃速变化见表 7-6。从表 7-6 可以看出，当硫和木炭质量分数占总量的 25%时，随硫质量分数的增大和木炭质量分数的减小，燃烧时间逐渐增加。这是因为硫增加时，降低了黑火药的爆热（1g 硫燃烧放出 2.72kJ 热，1g 碳燃烧放出 11.62kJ 热），因此硫增多不利于连续燃烧。

表 7-6　硫和木炭对黑火药燃速的影响

黑火药成分配比			在药盘内燃烧时间/s
$w(KNO_3)/\%$	$w(S)/\%$	$w(C)/\%$	
75	1	24	10.9
75	4	21	11.2
75	7	18	11.8
75	10	15	12.4
75	13	12	13.2
75	20	5	28.8

（3）水分的影响

黑火药中的惰性杂质和水分都会直接影响火焰感度和时间精度，特别是水分的影响更大。由于黑火药容易吸潮，因而在贮存时黑火药中的水分可能增加。黑火药中的水分有两种作用：一是水分在燃烧时汽化吸热，使燃速降低；二是水分参加化学物理反应使燃速增加。水分质量分数约为1%时，黑火药有最大的燃速；水分质量分数增至2%～4%时，黑火药点火困难，燃速减慢；当水分质量分数超过4%时，由于KNO_3溶解于水中，干后脱硝使成分均匀性变坏，因而点火更困难，燃速更慢；当水分质量分数超过15%后，就不能点燃，失去燃烧性能。水分使燃速的变化会导致设计和应用之间发生偏差，所以规定军用黑火药水分质量分数在0.7%～1.0%之间。

（4）装填条件对延期药燃烧速度的影响

黑火药药粒的真密度一般为1.6～1.95g/cm^3，密度小时易点火且燃速大，在此密度范围内，燃速可相差10～20倍。药柱压装密度≤1.7g/cm^{3}时，不能按平行层燃烧，所以药柱密度控制在1.7～1.9g/cm^{3}之间。

延期药管和药盘的材料及尺寸影响着燃烧时热量的散失，因而影响燃速。一般来说管径小，材料的传热系数大，会使燃速降低。

（5）外界条件对延期药燃速的影响

温度对黑火药燃烧速度的影响较大，常用经验公式(7-1)计算

$$\Delta u/u=0.0005\Delta t \tag{7-1}$$

式中 u——温度t时的燃速；

Δu——速度增量；

Δt——温度增量。

环境压力对黑火药燃速的影响表现为压力增大燃速增大，压力减小燃速就减小。实验证明，压力在40kPa以下时，黑火药就不能燃烧而熄灭，这就给高空情况下使用黑火药带来困难。

黑火药作为延期药的优点在于：它对火焰敏感，在一个大气压下能很好地按平行层燃烧，因此在这种条件下易于控制时间；它在燃烧时温度较高，生成物中有一半以上是固体，能将反应热在药粒或药柱中层层传递，因此在一般条件下易于持续燃烧。但是它的燃速较快，要求长时间延期时不适用。同时，由于它燃烧时生成大量气体，因此燃烧时受外界影响较大。此外，易吸湿，影响延期时间的精度。

7.4.2 微气体延期药

为了减少周围大气压力对燃速的影响而发展了微气体延期药，它是由金属和金属氧化物组成的。这类药剂在燃烧时只产生少量的气体，甚至不产生气体。

7.4.2.1 延期药的原材料选择

从成分上看它是一类氧化剂与可燃物的混合物。为了易于压制成形，常加入少量的黏合剂，有时为了调整燃速还加入其他附加物。微气体延期药的性质与其成分有着密切关系，以下分别讨论选择延期药各成分的依据。

（1）氧化剂的选择

微气体延期药的主反应是氧化剂的分解，然后与可燃剂进行反应。为此，氧化剂的熔点、氧化剂的含氧量、氧化剂的分解热、分解生成物的熔点和沸点，都是选择氧化剂的参考要素。

氧化剂的熔点和它的分解温度有着密切的关系。大多数氧化剂在其熔点或稍高于熔点的温度下，能急剧地进行分解。因此，根据所用氧化剂熔点的高低，大致可判断延期药被点燃难易和燃烧反应进行快慢。在选用或设计时，要求燃烧速度大的药剂，应选择熔点低的氧化剂，反之则选择熔点高的。

氧化剂的含氧量，并不是指氧化剂中总共有多少氧，而是指其中能直接用于氧化可燃物的那部分氧，通常称之为有效氧量。有效氧量是评定氧化剂氧化能力的重要指标之一。一般选择有效氧量多的氧化剂。

氧化剂在分解时要吸收或放出热量。氧化剂放出氧的难易程度和它在分解时放热或吸热多少有关。例如氯酸盐分解时放热，而过氯酸盐分解时吸热，所以氯酸盐放氧比过氯酸盐容易，并且用它和可燃物配成的延期药在燃烧时，其燃烧速度也比过氯酸盐的大。因此要使药剂在燃烧时放出的热量大，可选择在分解时需要热量少或放热的氧化剂（对同一可燃物而言）。需要指出的是，这种药剂其机械感度比较大。

根据氧化剂分解生成物的熔点和沸点可以预估药剂在燃烧时有无气体、液体或固体生成。为了避免燃速受外界条件变化的影响，要求分解生成物是难挥发的物质。

氧化剂的吸湿性是选择氧化剂时必须注意的问题。吸湿性大的氧化剂不能用。为了保证延期药有良好的化学安定性，在选用金属盐类作为氧化剂时，除了要满足不吸湿的要求外，还要求其中金属元素的电动势顺序应比金属可燃物的高。否则延期药中含有少量的水分就会发生化学反应，影响其安定性。

氧化剂的吸湿性以吸湿点来衡量。吸湿点值越大，其吸湿性就越小；反之，吸湿点值越小，吸湿性越大。同种盐的吸湿点一般随温度升高而降低。在没有某种氧化剂吸湿性的实验数据时，一般可根据该氧化剂在水中的溶解度来判断它的吸湿性，即氧化剂的溶解度越大，它的吸湿性也越大。

综合上述要求，常用的氧化剂有以下几种。

氯酸盐和过氯酸盐：$KClO_3$、$KClO_4$ 等；

铬酸盐和重铬酸盐：$BaCrO_4$、$PbCrO_4$、$KCrO_4$、$BaCr_2O_7$ 等；

高锰酸盐：$KMnO_4$；

氧化物和过氧化物：BaO_2、MnO_2、PbO_2、PbO_4、Fe_2O_3、CaO 等；

硝酸盐：KNO_3、$Ba(NO_3)_2$ 等。

(2) 可燃物的选择

在选择延期药中的可燃物时，其化学活性、燃烧热、燃烧生成物和可燃物的粉碎程度都是应该注意的。

燃烧是一种激烈的氧化作用，在其他条件相同时，燃烧速度在很大程度上取决于其所含金属可燃物的化学活性。例如对含同一种氧化剂来说，含锰粉的药剂比含锑粉的药剂燃速要快些。因此在选用金属可燃物时，可根据药剂所要求的燃速来选择不同化学活性的金属。但是，对于活性大的金属可燃物往往先将其钝化后再使用，以免其表面被氧化。

可燃物的燃烧热和药剂的燃烧性能有着密切的关系。一般燃速大的延期药宜选用燃烧热大的可燃物；燃速小的则选用燃烧热小的可燃物。目前延期药采用中等燃烧热的可燃物居多，如 Sb、Fe-Si、Zr、Mn 等。采用燃烧热小的可燃物时往往会发生燃烧中途熄灭的现象，尤其是压装在金属管内，外界条件变化（如温度下降）时最易产生这种现象。

药剂中可燃物燃烧时生成物的物理状态，与外界条件（压力）对药剂燃烧性能的影响有很大关系。为了避免这种影响，要求可燃物燃烧的生成物在燃烧温度下为凝聚状态。

由于延期药是一种机械混合物，因此它能否均匀燃烧与其原料的粉碎度及混合均匀程度有关。延期药在燃烧时，可燃物的氧化首先从表面开始，然后逐渐向里进行。粒子越小，比表面积越大，燃烧反应速度就越快，而且时间精度越高。因此，药剂（特别是可燃物）必须满足一定的粒度要求。如果粒度的大小达到 5μm，则时间精度可达 5%。但是粒度太细带来了加工困难。此外，某些活性大的可燃物，如果被粉碎得很细，就会产生自燃，易着火。

常用的可燃物有以下几种。

金属可燃物：Mg、Al、Mn、Zr、Sb、Zn 等；

非金属可燃物：Si、S、Se、B、Te 等；

硫化物：Sb_2S_3、Sb_2S_5 等；

合金：Fe-Si、Zr-Ni、Ca-Si、Ce-Mg 等。

（3）黏合剂及其他附加物的选择

为了便于延期药的造粒成形及改善药柱的机械强度，延期药中常加入少量的黏合剂。黏合剂同时还起着钝化剂的作用，它能降低燃速，降低药剂的机械感度，并且在药剂表面形成一层薄膜，改善药剂的物理化学安定性。其用量控制在药剂质量的5%以下。如果用量过多，则反应生成气体量就多，从而影响药剂的燃烧性质。此外，为了调整延期药的燃烧时间，有时在药剂中加入一些燃速调整剂，如石墨、铜、硅藻土和氟化钙等。

7.4.2.2　延期药的组成

（1）成分

延期药的成分及配比主要根据燃速来选择，同时还应考虑其他的技术要求，例如不密封的延期元件不能采用吸湿性高的材料，有解除保险的滑动零件时，不能有大量固体燃烧产物，否则容易卡住滑块。

（2）配比

各成分的配比是由实验来确定的，一般先通过理论计算得到一个配比，然后围绕此配比进行大量的实验。通过测定不同配比时药剂的燃速，得到配比和燃速的曲线。在使用时常选用曲线的最大点，即曲线斜率最小处作为延期药的配方。

理论计算的基础是氧平衡。以锆-铅丹药剂为例介绍配比的确定方法。

锆-铅丹药剂的反应方程式可以有很多种可能，这里按最大的氧化程度计算，则反应方程式为

$$2Zr + Pb_3O_4 \longrightarrow 2ZrO_2 + 3Pb$$

如果是按此反应式进行计算，令 X 为锆分子量（=92.1），Y 为 Pb_3O_4 分子量（=686），则锆质量分数为

$$W(Zr) = \frac{2X}{2X+Y} \times 100\% = \frac{2\times 91.2}{2\times 91.2+686} \times 100\% = 21\%$$

则 Pb_3O_4 的质量分数为 79%。

以上结果说明按上述反应式进行反应的零氧平衡配比为 Pb_3O_4 ∶Zr＝79∶21，而根据实验确定的实际使用的配比为 72∶28。表面看来这一配比是负氧平衡，但是，因为锆粉中有一部分是 ZrO_2，其不参与反应，因此锆粉中活性锆质量分数小于 28%。

一般原料锆中活性锆的质量分数为 69%～81%，这样 28%锆中活性锆的质量分数为 28×69%＝18.32%，28×81%＝22.68%，即锆的质量分数为 18.32%～22.68%。

前面计算得出零氧平衡时锆的质量分数为 21%，处于 18.32%～22.68%之间，所以这个配方基本上在零氧平衡附近。

7.4.2.3 微气体延期药燃烧机理及影响燃速的因素

(1) 延期药的燃烧机理

用现代手段研究得知，有许多微气体延期药在氧化剂分解放出氧之前，可燃物已开始氧化反应，称为预点火反应（PIR）。此种反应为固-固相的反应，反应时氧从固体氧化剂扩散到可燃物中，或从可燃物扩散到氧化剂中。这样就不需要氧化剂分解出来的氧再和可燃物反应。

为了说明此反应的存在，Maclain 曾做过这样的实验，在 U 形管的两边，一边加 Fe 粉，一边加 BaO_2，放在 335℃炉内加热 4h，取出后分析，结果没有发现 BaO_2 的分解现象，也没有发现 Fe 粉的氧化现象。可是，如果把 Fe 粉和 BaO_2 混合，只要加热到 100℃就有反应发生，而且，即使将此混合物放在真空下加热，在 100℃也出现反应。这一结果证明了在主反应之前，就有固-固相间的预反应。这种预反应也是放热的，显然它也促进反应的自持进行。

固-固相间的预反应可以举出许多例子，但是主反应是否是固相反应不能一概而论。因为延期药在进行主反应时温度一般很高，如果高于氧化剂的分解温度，氧化剂的氧就会分解出来，这种速度显然比固相氧化剂那种以扩散方式进行的速度要快得多。此外，对于比较复杂的氧化剂，如 $BaCrO_4$、$PbCrO_4$ 等，氧是难以从氧化剂固体中扩散出来的。因此，可以认为主反应大多数是在氧和可燃物的气-固相间进行的。

(2) 延期药燃烧速度

假设延期药燃烧反应从氧化剂分解放出氧开始，然后氧和可燃剂反应，进入稳定燃烧，即等速燃烧。

在稳定燃烧时可将燃烧药柱的温度绘成图，如图 7-14 所示。图中Ⅰ是药柱的未燃区；Ⅱ是反应区；Ⅲ是已燃区；AB 是燃烧面；T_r 是室温；T_i 是药柱的发火点；T_b 是燃烧后的温度。

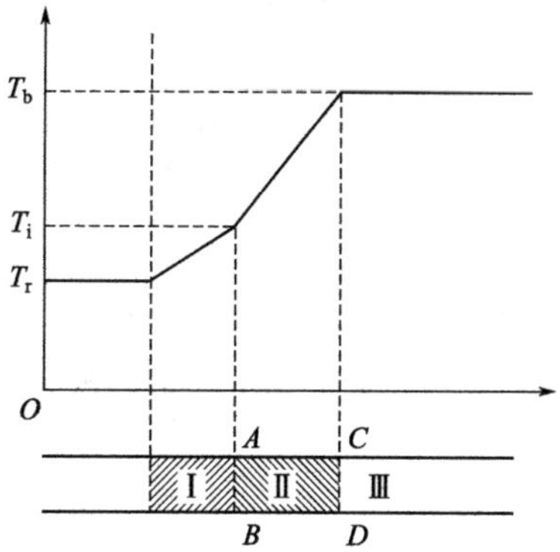

图 7-14　燃烧时药柱的温度分布图

这条温度分布曲线构成了燃烧波，可以把药柱的燃烧看成是燃烧波在药柱中的传播。为方便起见，也可以把燃烧波看成是不动的，而药柱以相反的方向对着燃烧波推进。

因为是等速燃烧，所以，药柱以等速向燃烧区推进，而燃烧波不动。并设药柱截面为 1 单位。

根据传热学定律，热量由高温向低温流动，则从反应区向预热区流动的热量为：

$$dQ_1=\lambda \frac{dT}{dL}dt=\lambda \frac{T_b-T_i}{L}dt \tag{7-2}$$

式中　dQ_1——从反应区向预热区流动的热量；

λ——热导率（因为不考虑气体，所以热量只以传导方式流动）；

dt——时间；

L——反应区长度。

从反应区流出的热量用于将药剂从 T_r 加热到 T_i，设 dQ_2 为此加热所需的热量

$$dQ_2=C(T_i-T_r)ds\cdot\rho \tag{7-3}$$

式中　C——药剂的平均热容；

ds——距离；

ρ——药剂密度。

在稳定燃烧时，$dQ_1=dQ_2$。则

$$\lambda \frac{T_b-T_i}{L}dt=C(T_i-T_r)ds\cdot\rho$$

所以

$$\frac{ds}{dt}=v=\frac{\lambda(T_b-T_i)}{LC\rho(T_i-T_r)} \tag{7-4}$$

式中　v——燃速。

由式(7-4) 可以看到，v 和热导率 λ、温差（T_b-T_i）成正比，和反应区长度 L、药剂平均热容 C、药剂密度 ρ 以及温差（T_i-T_r）成反比，但

此式在使用时仍有困难，因为 L 为未知数，因此需从式中消去。

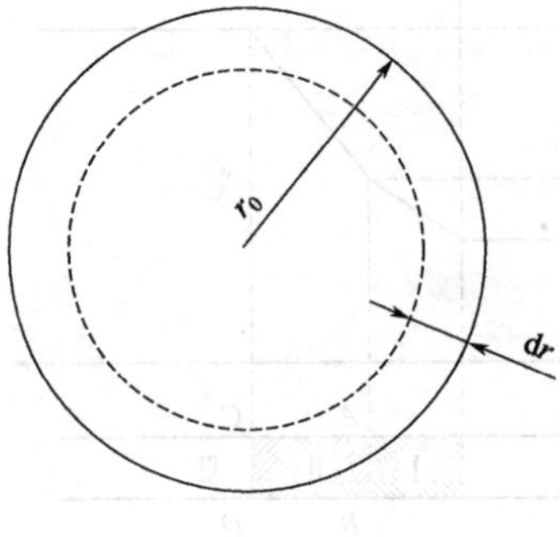

图 7-15　药柱扩散燃烧模型

令药剂从 AB 燃烧到 CD 面（即 L）所需时间为 τ。如一粒可燃剂在 AB 界面上时表面上开始向内氧化，当它到达 CD 面时，正好中心氧化完毕。因为是固相反应，所生成的氧化物仍附于可燃物的表面上。这层氧化物成了氧化的障碍，氧必须扩散过这层氧化物后方可使可燃物氧化。因为扩散是比较缓慢的过程，因此氧的扩散速度控制反应的进行。药柱的扩散燃烧模型如图 7-15 所示。

根据扩散方程，扩散速度

$$\frac{\mathrm{d}r}{\mathrm{d}t}=D\frac{1}{r}，即\ r\mathrm{d}r=D\mathrm{d}t \tag{7-5}$$

式中 $\frac{\mathrm{d}r}{\mathrm{d}t}$——扩散速度；

D——扩散系数；

r——氧化层厚度。

边界条件：反应前 $t=0$，$r=0$。

反应后：$t=\tau$，$r=r_0$（药粒半径）。

所以
$$\int_0^{r_0} r\mathrm{d}r=\int_0^{\tau} D\mathrm{d}t, r_0^2=2D\tau \tag{7-6}$$

所以
$$\tau=\frac{r_0^2}{2D} \tag{7-7}$$

所以
$$L=v\tau=v\frac{r_0^2}{2D} \tag{7-8}$$

代入燃烧方程可得

$$v^2=\frac{\lambda(T_b-T_i)2D}{r_0^2C\rho(T_i-T_r)} \tag{7-9}$$

即
$$v=\sqrt{\frac{\lambda(T_b-T_i)2D}{r_0^2C\rho(T_i-T_r)}} \tag{7-10}$$

式(7-10) 说明了燃速 v 和各种因素的关系，如果能测得延期药稳定燃烧的温度 T_b，其他的参数已知，就可以计算延期药的燃烧速度。

(3) 影响燃烧速度的因素

① 原料。由 Mg、B、Ti 等作可燃物的药剂，其燃烧速度（燃速）较

大；而用 Sb、Zn、Te 等作可燃物的药剂燃速则较小。

在其他条件相同下，分解温度低的氧化剂如 $KClO_3$、$KClO_4$ 有较大的燃速，分解温度较高的氧化剂如 $BaCrO_4$、$PbCrO_4$ 等燃速较小。

杂质及水分对燃速也有影响，尤其是水分。不仅是由于水分在分解反应时消耗热量，降低燃速，重要的是它能促使药剂各组分间发生化学反应，最后导致延期药的延期时间精度变差。因此，一般水质量分数控制在 0.1%～0.15%以下。

有时为了提高燃速的精度，可在药剂中加入 CaF_2。这可能是由于 CaF_2 在燃烧时变成液体，减少了药剂的孔隙，但是这时燃速也将下降。

② 原料粒度。实验证明，原料细度增加，特别是可燃物的细度增加，能提高燃速。与此同时，燃速的精度也大大提高。因为细度增加，使两者混合均匀性增加。若时间精度要求高，则药剂的粒子越细越好。但是，对于某些易氧化的可燃物，如果粒子过细，就可能发生自然氧化，即贮存一段时间后，燃速会降低。因此，原料粒度的大小要根据产品的时间精度和药剂性能而定。

③ 装药直径。延期药柱的直径减小时，径向热量散失相对增加，燃速因此下降。当直径减小到某一值时，燃烧过程中就会出现熄火。

④ 管壳材料及厚度。管壳对延期药燃速的影响在于热损失。管壳材料热导率和壳体厚度增加都会使热损失增加，而使燃速下降。

⑤ 装药密度。随密度减小，药剂的空隙度增大，燃烧时较热的气体向未反应区扩散，起到了预热药剂的作用，因而加快了反应速度。空隙的影响随密度的增大而减小，在密度增大到一定范围以后，药粒之间更靠近了，因而加快了药粒间的热传导作用，使燃速增加，延期时间变短。所以，改变延期药的压力，亦可调整延期时间。

⑥ 环境条件。微气体延期药在燃烧过程中仍有少量气体产生，对燃速存在一定的影响。例如锆-铅丹延期药用硝化棉胶造粒，压成产品后，如果密封条件好，随着系统压力增加，燃速有所增加。

7.4.2.4　常见延期药简介

国外延期药常按可燃物的种类来分类，有硅系、硼系、镁系、钨系、铬系、钼系、锆系、锰系、硒-锑等延期药。其中，硅系延期药是硅与氧化剂如 PbO_2、Pb_3O_4、$PbCrO_4$ 混合作延期药，通常用在毫秒级延期雷管中。硼系延期药是短延期药剂，燃烧时间为 25～100ms，一般用在短延期雷管中。在硼/铅丹延期药中，若加入二代亚磷酸铅后，能改善抗静电、燃烧和存贮的性能。钨系延期药燃速较慢，比较适宜用作高秒量的延期药。在美国，Zr-Ni 合金延期药是 1966 年以前的主要延期药之一，也有使用单质锆粉的，但是因为静电感度高，容易发生事故，使用时必须小心。有时将锆粉用 HF 溶液或其他物质处理使感度降低。

我国延期药的种类也很多，但是常用的有钨系、硅系和硼系。钨系常用作高秒量长延期药；硅系多用作短延期药；硼系军用较多，民用还不普遍。

近年来国外对有机组分作延期药也有一些研究。延期点火药是梯恩梯的金属盐类的混合物。这类药剂与硼-铅丹比较，静电感度更低，并有良好的贮存稳定性。此外，还有三硝基间苯二酚钡、硝基萘与碳的混合药剂等。下面简单介绍几种常用的延期药。

(1) *硅系延期药*

硅系延期药主要含有硅和四氧化三铅，是一种常用的、性能较好的、无气体的毫秒延期药，也可用作点火药。硅系延期药的机械和静电感度较高，在生产中应注意安全问题。

常用的硅与四氧化三铅延期组分为：硅/铁（质量分数 10%～20%），四氧化三铅（质量分数 80%～90%），其燃速为 45～65mm/s。当硅与四氧化三铅为 50∶50 时，其燃烧时间的误差可小于 5%。

将硅/四氧化三铅基本组分中的氧化剂用铬酸盐代替或掺入，在可燃剂中掺加硒（Se）、碲（Te）等，可调节延期药的燃速。例如；

① 硒（16%）、硅（6.2%）、四氧化三铅（26.0%）、铬酸铅（35.9%）、铬酸钡（20.3%），延期时间为 1.76～9.80s（延期药直径 0.32cm，长度 0.76～3.81cm）。

② 硒（2%）、硅（8.6%）、四氧化三铅（45.8%）、铬酸铅（43.6%），当药柱长度为 1.90cm 时，延期时间为 1.78s，如用碲代替硒，延期时间降为 1.43s。

(2) *硼系延期药*

硼系延期药大致可分为 B/Pb_3O_4、B/CuO 和 $B/BaCrO_4$ 三类。

① B/Pb_3O_4 延期药。B/Pb_3O_4 的点火感度较高，B 质量分数大于 5% 时可为导爆管直接点燃，其燃速在 4.7～4.5mm/s 之间，适用于 25～200ms 的延期范围，误差大约为 10%。

② B/CuO 延期药。B/CuO 延期药的点火感度类似 B/Pb_3O_4 延期药，而燃速稍慢，适用于 100～500ms 的延期范围。B/CuO 延期药的燃速随 B 质量分数的增加而增加，其范围是 14～48mm/s。

③ $B/BaCrO_4$ 延期药。$B/BaCrO_4$ 延期药的点火感度较差，需要加入点火药才能被点燃，其燃速较慢，主要作为秒延期药。$B/BaCrO_4$ 延期药的燃速在 5～18mm/s 之间，硼质量分数的变化影响 $B/BaCrO_4$ 延期药的燃速。

硼质量分数为 3%的组分反应不完全，当硼质量分数为 4%～7%时其燃速变化较小，随着硼质量分数的增加燃速变快。硼质量分数为 13%的组分的反应热最大，为 2.3kJ/g，气体生成量为 8.9mL/g。硼：铬酸钡为 10：90（质量比）时，是短延期药，同时也用作点火药。这个配比的燃速较稳定，反应热（焓）也较大，为 2.16kJ/g，气体生成量为 7.3mL/g。硼：铬酸钡为 5：95（质量比）时，适用于长延期药，反应热（焓）也较大，气体生成量为 8.0mL/g。

（3）钨系延期药

钨系延期药是一种燃速很慢的延期药，它需要用锆点火药来点燃。钨系延期药的优点是低温燃烧性能较好，在－60～－70℃时不易熄灭。但是，钨系延期药燃速随环境温度的变化较大。

7.4.3 延期元件简介

在引信中使用的延期元件主要有保险药柱、短延期药柱、时间药盘等几种。

7.4.3.1 保险药柱

保险药柱在弹药中应用很普遍，在“电-2”引信中的延期保险螺中就配有保险药柱，如图 7-16 所示。延期保险螺由两个部分组成，即外壳和保险药柱。它的作用是使电雷管和引爆管错开一定位置起隔爆作用，即在引信不作用时要求保险，当引信作用时需解除保险。

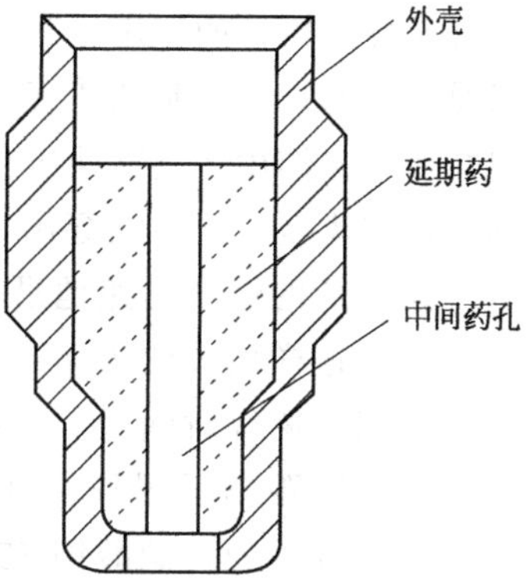

图 7-16 延期保险螺结构示意图

延期保险螺其作用过程：在延期药未被点燃时保险塞在延期管端部，保险塞紧紧卡住滑块，不使滑块移动，使得电雷管和引爆管错开一定位置起隔爆作用。当火帽火焰点燃延期药后，火焰沿表面传播的同时向内部燃烧，生成物从表面及中间孔排出，一旦延期药燃烧完毕，管内就空出位置，保险塞（一钢球）立即滚入管体内，这时滑块靠弹簧力量随即滑出，使雷管和引爆管位置对正，处于触发状态，保证弹丸可靠作用。这个过程发生在弹丸从发射到远离阵地一定距离，药剂燃烧时间约 0.09～0.12s。延期药的配方（质量分数）为：锆粉 20%，四氧化三铅 37%，过氯酸钾 25%，硫 14%，弱棉 4%。

7.4.3.2 短延期药柱

它在穿甲弹弹底引信中应用较多，如“甲-1”引信的自调延期机构，由五个零件组成，即延期管座、网垫、延期药柱、惯性片和延期药管，图 7-17 所示。

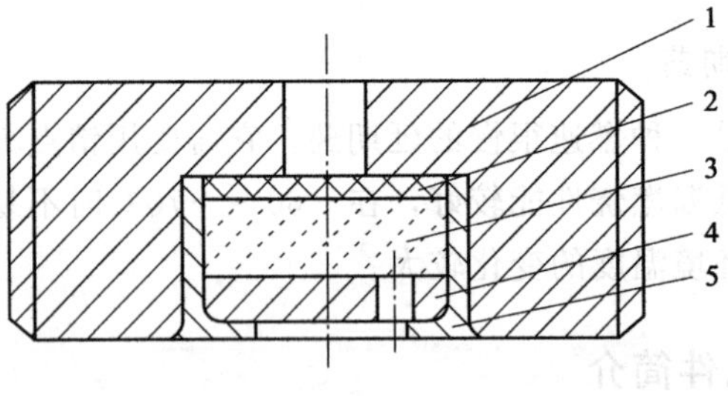

图 7-17 “甲-1”引信的自调延期机构示意图
1—延期管座；2—网垫；3—延期药柱；4—惯性片；5—延期药管

延期管座用于组装各个零件，有两个传火孔。网垫的作用是固定延期药柱和隔开管座与延期药，且可以减弱对延期药柱的震动。延期药用于延迟传火的时间；惯性片用于靠自身质量自动调节对延期药施加惯性力；中间的小孔用以传递火帽火焰；延期药管用于固定药剂且便于装配。

自调延期机构的作用过程：当穿甲弹碰击目标时，弹底引信火帽发火，火焰通过延期管座、延期药管及惯性片传火孔，点燃延期药柱。同时惯性片在弹丸惯性力作用下紧紧地压在延期药上，延期药只在小孔（ϕ0.5mm）周围燃烧，燃速慢。当弹丸穿出钢甲后，阻力显著下降，惯性片离开延期药表面，延期药的燃烧迅速地沿着药面展开，燃烧面扩大，压力增加，燃烧速度加快，这样用改变延期药燃烧表面大小的方法来达到自动调整延期的作用。延期药燃烧时间为 0.003～0.015s，这段固定延期时间，保证弹丸进入钢甲一段距离后爆炸。延期药用的是普通黑火药（634 延期药），配方（质量分数）为：硝酸钾 75%，硫 10%，木炭 15%。

7.4.3.3 时间药盘

在弹药引信中，延期药盘和自炸药盘均属于时间药盘。

延期时间机构如图7-18所示。定位销用于药盘在引信上定位。点火药接受火帽火焰来点燃延期药。延期药稳定燃烧，起到准确延迟点火的作用，且不应发生窜火及表面传火速燃等。

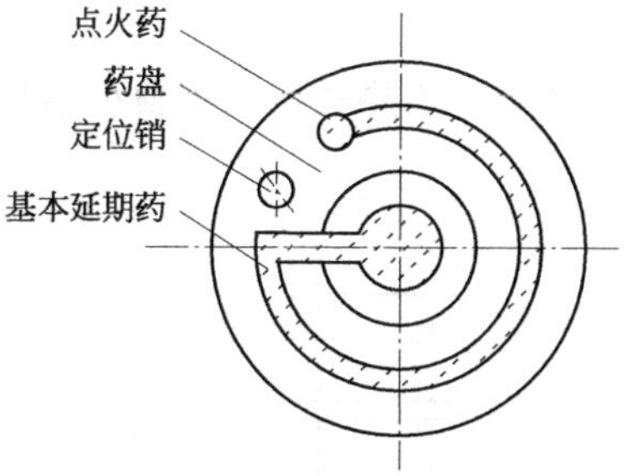

图7-18 延期时间机构示意图

由于延期时间要求长，药量就多，所以采用药盘形式能节省体积。延期药盘上、下两面都有环形沟槽，内压有时间药剂，可以调整延期时间，长延期为13～15s，短延期为7～9s。如在“榴-5”引信中，存在三种装定，即瞬发、惯性（短延期）和延期。如果装定延期，即需要该引信起延期作用，瞬发传火通道被堵死，火焰从侧面经延期药下传，使弹丸起到杀伤破坏作用。

自炸药盘也是延期药盘，其结构和延期药盘没有两样，根据要求时间不同而有不同的延期时间，可以用黑火药也可以用烟火药。例如引信的自炸延期药盘装的药剂是600微烟药，配方（质量分数）为：铬酸钡79%，氯酸钾10%，硫化锑11%，弱棉2%（额外添加）。

7.5 雷管

用电能作为激发能源的电雷管广泛地用于兵器弹药的引信中（如近炸引信和触发引信），此外它还在导弹、核武器和航天工程中作为一种特殊的能源，用于各种一次作用的动力源器件中（导弹和火箭的级间分离器）等。

电雷管有许多不同的类型。如按向雷管输入电能时其换能元件不同来分，有灼热桥丝式电雷管、火花式电雷管、中间式电雷管、爆炸桥丝式电雷管、金属镀膜式电雷管和半导体开关式电雷管；如按作用时间来分，有毫秒电雷管及微秒电雷管；如按某些特殊性能来分，有防静电电雷管、防射频电雷管、延期电雷管等。

一般引信主要使用的是各种桥丝式、火花式和中间式电雷管，因此在本节中主要讨论这几种类型的电雷管。

7.5.1 灼热式电雷管

灼热式电雷管的发火部分为在两极之间焊上的电阻丝（桥丝），在电阻丝周围有药剂。当此雷管接上电源时，桥丝灼热点燃或起爆周围的药剂，从而引起电雷管的爆炸。这种类型的电雷管电阻比较低，其工作电压低，性能参数比较稳定，是现在电雷管中比较安全、使用最广泛的一种。

7.5.1.1 灼热式电雷管典型结构举例及其发火特性参数

图 7-19 是某反坦克火箭增程弹引信用的电雷管。

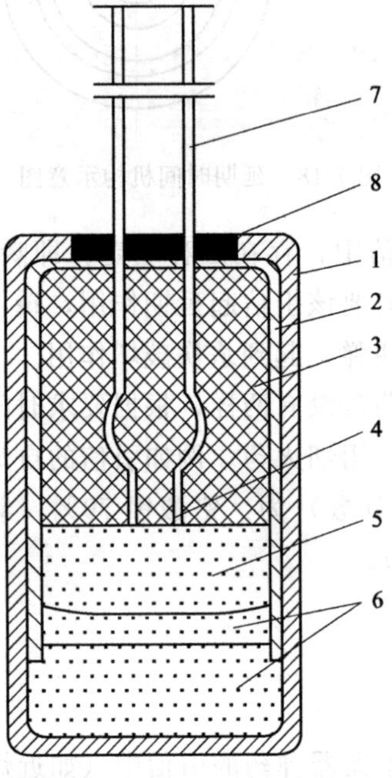

图 7-19 桥丝式电雷管结构示意图

1—雷管壳；2—加强帽；3—塑料塞；4—导电膜；5—起爆药；6—猛炸药；7—脚线；8—绝缘套管

它由雷管壳、加强帽、塑料塞、导电膜、起爆药和猛炸药等组成。其镍铬丝的直径很细，只有 9μm，它在 3500pF、350V 时发火。发火所需能量只有 2×10^{-4}J。它在 3500pF、200V 时安全。安全电流为 50mA，作用 1min 不发火。作用时间小于 3μs。

7.5.1.2 桥丝式电雷管发火过程原理

桥丝式电火工品（包括桥丝式电底火、电点火具）的发火原理都是相同的。一般对武器弹药中用的桥丝式电雷管要求较严。桥丝式电雷管的发火是利用桥丝通电后把电能转换为热能，加热药剂，使药剂发生爆炸变化。因此就药剂而言，其外界激发的能源实质上就是热冲量的形式。其热作用过程是这样的：在雷管接通电源时，加热桥丝的同时药剂也被加热，随之即有缓慢的化学反应。因此在加热过程中桥丝和药剂两者的温度都是变化的，不仅如此，这时与温度有关的一些其他桥丝示性数如电阻、热损失系数等也是变化的。显然这样一个电热作用过程是比较复杂的。

为了讨论方便，可以将灼热式电雷管的发火过程人为地划分为三个阶段：

(1) 桥丝预热阶段

在这个阶段里，主要研究的问题是桥丝的温度和电能量之间的关系。如果能够知道桥丝的温度，那么雷管能否起爆就可以确定。因此，敏感的雷管应是能在小能量下桥丝温度升得高的雷管。而桥丝温度的计算关系到雷管的感度和安全性问题，即最小发火电流和最大安全电流两个参数。

(2) 药剂加热和起爆阶段

这个阶段比较复杂，因为加热过程一方面是热量从桥丝向药剂的传递，另一方面药剂受热后会不停地放出热量，如果把这两个过程同时考虑进去，再加上桥丝温度的不断变化，药剂温度的不断变化，此时要定量地讨论发火条件就很困难了，因此必须要做一些近似假设后才能进行一些定性讨论。

(3) 爆炸在雷管中的传播

在此阶段中，主要是爆轰的成长和最终达到的爆速。

在弹药引信中一般是用电容器放电的能量来引爆雷管的，为此简单地讨论电容器放电起爆桥丝式电雷管的点火方程。

在电容器放电时，电流随时间而变化，随着放电时间增长而电流减小。如电容器给桥丝输入的热为 Q_1（包括桥丝输送给药剂的热量与热损失），从电容器角度看电容器给予桥丝的热 Q_1 应为

$$
\begin{aligned}
Q_1 &= 0.24\int_0^t \mathrm{d}w = 0.24\int_0^t i^2 r\,\mathrm{d}t = 0.24\int_0^t \frac{U_0^2}{r^2}\mathrm{e}^{-\frac{2t}{\tau}}\mathrm{d}t \cdot r \\
&= \frac{0.24U_0^2}{r}\int_0^t \mathrm{e}^{-\frac{2t}{\tau}}\mathrm{d}\left(\frac{-2t}{\tau}\right)\times\left(\frac{-\tau}{2}\right) \\
&= 0.24\times\frac{1}{2}\times\frac{U_0^2}{r}rC\int_t^0 \mathrm{e}^{-\frac{2t}{\tau}}\mathrm{d}\left(\frac{-2t}{\tau}\right) \\
&= 0.24W_0(1-\mathrm{e}^{-\frac{12t}{\tau}})
\end{aligned}
\tag{7-11}
$$

式中 W——电容器对桥丝所做的功，J；

i——电容器放电的电流，A；

r——桥丝的电阻，Ω；

t——电容器放电的时间，s；

τ——放电时间常数，s；

U_0——电容器的初始电压，V；

C——电容器的电容，F；

W_0——电容器初始时所具有的电能，J。

从桥丝角度考虑，桥丝从原来温度（初温）上升到药剂发火时的桥温，这时桥丝应得到一定的热。设桥丝温度为 T_0，桥丝预热到药剂发火时的温度为 T_1，则要使桥丝温度上升到 T_1 时桥丝应得到的热 Q_2 为

$$Q_2 = V\delta c(T_1 - T_0) \tag{7-12}$$

式中 V——桥丝金属的体积，cm^3；

δ——桥丝金属的密度，g/cm^3；

c——桥丝的质量热容，J/(kg·K)。

而$V=SL$，其中S为桥丝的横截面积，L为桥丝长，则$V=\frac{\pi d^2}{4}L$，d为桥丝的直径。

故

$$Q_2=d^2\delta c(T_1-T_0) \tag{7-13}$$

如果不计桥丝传给药剂的热及其他损失热，则$Q_2=Q_1$，即认为电容器放电时输进桥丝的能量全部用于加热桥丝。

$$\frac{\pi d^2}{4}L\delta c(T_1-T_0)=0.24W_0(1-e^{-\frac{2t}{\tau}}) \tag{7-14}$$

则

$$T_1=0.96\frac{W_0(1-e^{-\frac{2t}{\tau}})}{\pi d^2 L\delta c}=0.48\frac{CU_0^2(1-e^{-\frac{2t}{\tau}})}{\pi d^2 L\delta c}\quad (T_1\gg T_0) \tag{7-15}$$

在推导此桥丝预热的关系时未考虑热损失问题，但此关系式近似正确，因为电容器放电速度快。但如果电容量大，电压低，就会出现较大的误差。

由式(7-15)可知，要提高桥丝温度，可从两个方面考虑：从电容器考虑可提高电容量及电压；从桥丝考虑可选择热容及密度小的桥丝。同时在材料选定后可减少桥丝直径及长度，这在电容器放电起爆时能使桥丝温度提高，而有利于雷管发火。

随着通电时间的增长，桥丝温度上升，与桥丝接触的药剂也随着升温。对于药剂的爆炸来说，应要求有一定的药量或药层厚度加热到药剂的发火点以上并持续一定的时间，爆炸才可能发生，即必须满足热点学说的三个条件。根据热点学说的条件，和桥丝接触的药剂中有10^{-4}cm的药层被加热到爆发点以上，爆炸就可能发生。如果不考虑桥丝和药剂界面上的热阻力，那么，桥丝传给药剂的热量和被加热的药层的厚度与药剂的导热性质相关。炸药的热导率越大，热经药剂而散失的量也大，桥丝温度上升变慢，从通电到炸药爆炸的时间加长。

7.5.1.3 影响桥丝式电雷管性能的因素

桥丝式电雷管的感度受许多因素的影响，主要有：

(1) 桥丝直径对产品感度的影响

桥丝直径的变化对产品的感度性能影响很大，从上面推导的式(7-15)可看出，减小桥丝直径对提高产品感度作用很大。桥丝材料为Ni/Cr (80/20)的镍铬丝，在不同直径时，若电容量为10μF，则桥丝直径与发火电压的关系见表7-7。

表 7-7　桥丝直径与发火电压的关系

直径/μm	试验数量/个	产品最大电阻/Ω	100%发火电压/V
5	28	21.4	10
7	60	13.2	10
9	310	8.1	12.4
11	53	5.2	18
14	49	3.6	19

试验结果表明：在桥丝材料选定后，随着桥丝直径的增加，产品的电阻降低，而产品的发火电压增加。因此在产品设计时合理选择桥丝直径是非常重要的。同样，在生产过程中控制桥丝直径也是很重要的。

(2) 桥丝长度对产品感度的影响

Ni/Cr (80/20) 的镍铬丝长为 0.35～0.65mm 时，装药为 PbN_6 时产品所需的最小发火能量见表 7-8。

表 7-8　桥丝长度对产品感度的影响

桥丝长/mm	试验数量/发	最小发火能量		
		电容/pF	电压/V	能量/J
0.35～0.45	21	3500	365	2.3×10^{-4}
0.45～0.55	20	3500	365	2.3×10^{-4}
0.55～0.65	19	3500	400	2.8×10^{-4}

试验结果表明：在电容放电起爆的情况下桥丝越短（实验条件桥丝长在 0.35mm 以上），产品的感度越高。如要提高产品的感度，在工艺允许的条件下，选择短的桥丝有利。

(3) 桥丝材料对产品感度的影响

从式(7-15) 可看出，产品的感度与桥丝密度、比热容有关，其密度和比热容越小，产品的感度就越高。例如，6J20 (Ni/Cr 80/20) 与 6J10 (Ni/Cr 90/10) 比热容不一样，铬成分增加，比热容减小，故前者发火能量较低，表 7-9 是这两种桥丝材料的雷管的实验数据。

表 7-9　比热容对桥丝式电雷管发火能量的影响

桥丝牌号	试验数量/发	试验电容/pF	试验电压/V	发火数/%
6J20(Ni/Cr 80/20)	60	3000	450	95
6J10(Ni/Cr 90/10)	47	3000	450	50

此外，加给电雷管的能量与桥丝的电阻有关，因而就与桥丝材料的比电阻有关。相同电容、电压条件下，比电阻大的桥丝加给雷管的能量大，可以提高雷管的感度。因而应选择比电阻大的桥丝。

(4) 起爆药种类对产品感度的影响

雷管中起爆药品种不同对产品的感度影响很大。一般是氮化铅：斯蒂酚酸铅（80：20）的共晶药的感度高，而粉末氮化铅又比晶体氮化铅的感度高。一般地说发火点低的药剂的感度较高。表 7-10 是电压为 6V、电容量为 10μF，桥丝直径为 7μm 的镍铬丝（Ni/Cr 80/20）时，几种起爆药与产品感度的关系。

表 7-10 几种起爆药与产品感度的关系

起爆药名称	实验发数/个	发火数/%
氮化铅	23	91.1
聚乙烯醇氮化铅	12	75
DS 共晶药	28	100

(5) 工艺过程的质量对产品感度的影响

桥丝式电雷管的感度和工艺过程的质量关系很大，如桥丝上有焊锡珠，或是桥丝上有焊药、氧化层，将降低电雷管的感度和增长雷管的作用时间。

7.5.2 火花式电雷管

火花式电雷管结构和桥丝式不同，两极间没有金属丝相连，在两极间加上高电压，利用火花放电的作用，引起电雷管爆炸。图 7-20 是几种常见的结构形式。火花式电雷管电阻大（一般为 $10^4 \sim 10^6\Omega$ 以上），其工作电压很高（1kV 以上），但它的瞬发性高，抗外界感应电流的能力较大，而抗静电的能力较差。随着压电电源的不断发展，火花式电雷管已用在一般炮弹的压

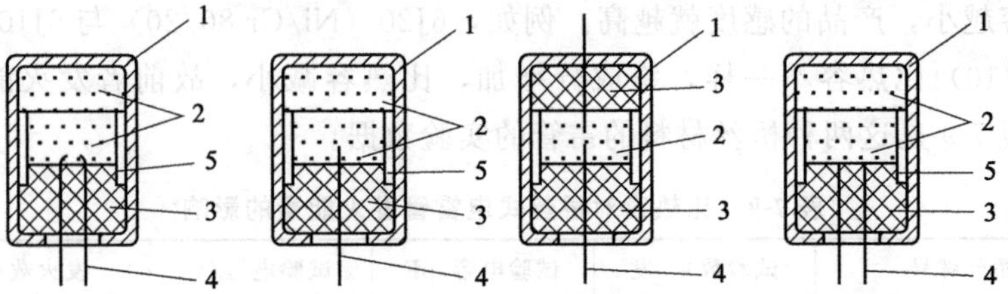

图 7-20 火花式电雷管的结构示意图

1—雷管壳；2—药剂；3—塑料塞；4—电极；5—加强圈

电引信中。

对比这几种结构形式可以看出，它们有几个共同特点：

① 它们都有两个电极，其中有的电极就是雷管壳，构成电极的材料有很多（如钢、铝等）。

② 两极不管采用什么样的设置方式，中间都被装药隔开一定距离，称为极距。极距一般在1mm内，极距中装填起爆药或猛炸药。

③ 电极的固定及它们与雷管壳的结合是由电气强度与绝缘强度都很高的材料来完成的，如酚醛树脂、尼龙等，这些塑料件称为电极塞。

7.5.2.1 LD-1火花式电雷管的构造

现在以LD-1火花式电雷管为例来说明其构造。该雷管用在“电-2”引信中，它由管壳、电极塞、带孔帽（顶帽）、装药底帽、起爆药（氮化铅）、猛炸药（钝化太安）等六部分组成（见图7-21）。

管壳和装药底帽是用来装起爆药和猛炸药；电极塞和带孔帽（顶帽）是雷管发火的主要性能元件；电极塞由塑料塞（聚碳酸酯）和电极杆构成；电极杆与带孔帽之间的火花间隙为0.15～0.25mm。为了存放时的安全，雷管平时呈短路状态。短路状态由连通电极杆及带孔帽的短路螺钉、短路弹簧和短路帽来保证。

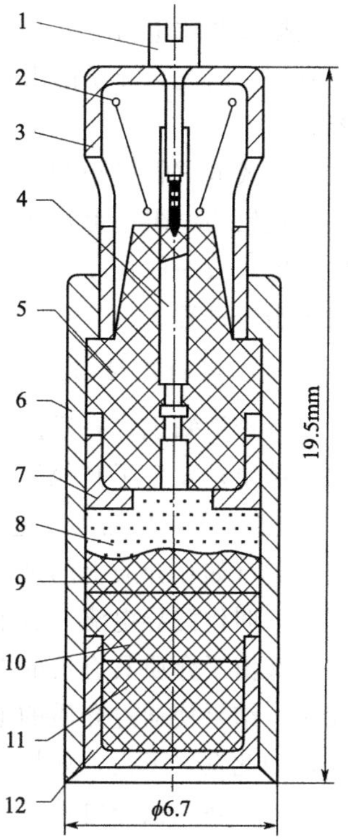

图7-21 LD-1火花式电雷管

1—短路螺钉；2—短路弹簧；3—短路帽；4—芯杆；5—电极塞；6—管壳；7—极帽；8—起爆药；9～11—猛炸药；12—底帽

雷管高19.5mm，直径6.7mm。在材料的选择上，应使管壳和底帽的材料不得与炸药起化学变化，以保证雷管的长贮性。管壳和底帽材料还应具有足够的坚固性，以利于雷管威力的提高。此外，管壳和底帽还应承受发射时的震动。除了考虑材料的力学性能外，还应考虑材料的工艺性和来源。目前管壳和底帽所用的材料是铝合金。电极杆的材料亦为铝合金。带孔帽的材料为铝。电极塞所用的塑料的绝缘强度应满足产品规定的绝缘电压。

该雷管的电性能为：产品的电阻为

2MΩ 以上；4000V、195pF 对产品放电 100%发火，而 1500V、195pF 时 100%不发火。

值得注意的是，虽然火花式电雷管的发火电压较高，但是其发火能量却很小，实验表明，有的产品甚至能被 10^{-5}J 的能量所引爆。而各种场合产生的静电也表现为高电位，并且带电体的能量常常会大于火花式电雷管的起爆能量，一旦这样的带电体对产品作用，就可能引起意外爆炸。因此，为了防止意外发生，火花式电雷管从结构上采取防范措施，即在非使用情况下，保证两极间无电位差，如 LD-1 电雷管用短路帽将两极短路，在使用时短路帽弹起，一方面破坏两极间的短路，另一方面与引信电路相连，形成发火回路。

7.5.2.2 火花式电雷管发火原理

根据火花式电雷管的结构和起爆条件可知，要使其起爆，首先必须是介质的击穿。因此，介质的击穿和由此产生的起爆药的爆炸是所要讨论的中心内容。

火花式电雷管极距间压装的起爆药和其他炸药一样，具有较强的介电性，氮化铅的电阻率可达 10^{12}Ω·cm 数量级，而且根据有关资料介绍，炸药的介电系数一般在 4～5 范围内，因此，可以把炸药作为一般的固体介质来讨论击穿过程。

(1) 击穿的几种形式

由物理学知识，介质击穿时，由于电场把能量转给了介质，介质发生了变化，结果是发生了其他形式的运动，其运动形式有以下几种：

① 热击穿。自然界的电介质的介电性并不是绝对的，当其处于电场的作用下时（如在介质上的某两点加上电压），可以测出其中或多或少总有电流流过，叫作漏导电流，有电流就会有能量损耗，如焦耳效应，它会使介质发热，又由于介质具有负的电阻温度系数即 $dR/dT<0$。介质温度升高后电阻变小，结果使通过介质的电流变大，温度继续升高，电阻亦又小，电流亦又大，如此发展下去，如果介质的得热大大超过失热，则介质由于受热而变为另一种形态失去介电性，被击穿。

由 $Q=I^2Rt$ 可知，热击穿的最大特点是热（Q）的表现与温度和时间的关系很大，热击穿在时间上的效应有的长达几分钟，因此，此种击穿比较容易认识，如岩盐的击穿过程，甚至可以肉眼看得到。

② 化学击穿。在电场的作用下，介质吸收了能量也可能发生化学变化（如电解），而变成另一种新的物质而导电，这种情况为化学击穿。和热击穿

一样，化学击穿与时间和温度的关系也很大，电场作用时间越长，温度越高，则化学变化就进行得越强烈。

③ 电击穿。在电介质中，除了有束缚电子外，还有少量的由各种外界原因所产生的自由电子，这些自由电子在电场的驱动下要做快速的运动，电场越强，运动着的自由电子上所积累的能量也就越大，以至于使它能够碰上束缚电子后将其从原来的位置上打出去形成新的自由电子。这个新的电子也可能产生同样的作用，周而复始，自由电子剧增，则介质中电流剧增，于是介质失去介电性，被击穿，也有人称之为电子的“雪崩”。

另外，当电场很强时，由于剧烈的极化作用，电介质晶体点阵晶格的平衡也会被破坏，介质中电荷间的键失去能直接形成自由电荷，这时也可以认为介质被击穿。

介质中电子的“雪崩”和电子间键的破坏都很少与温度有关，晶体点阵和分子的破裂都是瞬时的过程，因此与时间关系也不大。据研究，在脉冲电压作用下，固体电介质的击穿可在约 3×10^{-8}s 的时间内发生。

不难看出，火花式电雷管极距间的击穿属于电击穿的形式。因为火花式电雷管瞬发时间短到 10^{-6}s 左右，如果雷管的爆轰在装药中的传导时间被去掉，那么从电能作用到发生击穿这个过程就要远远地小于 2μs。有资料介绍，这个过程在 $10^{-8}\sim10^{-7}$s 发生，这样迅速的过程，只有电击穿才能达到，而且正是由于火花式电雷管发生的是电击穿，所以它的瞬发度才高。反过来，在这样短的时间内，炸药等介质中的热效应还来不及发生，热量来不及积累，温度就上升不高，就很难发生热击穿与化学击穿。

(2) 极距间的击穿过程

火花式电雷管的两极间不是单纯的一种物质，在两极间至少有炸药粒子和空气交错存在。为了便于研究击穿时的情形，假设装药晶粒与空气隙有串联和并联两种情况，并假设电场均匀，药粒与空气隙大小差不多。

① 药粒与空气泡串联的情况。设两个介质为Ⅰ和Ⅱ，它们的厚度为 d_1 和 d_2，介电常数为 ε_1 和 ε_2，其等效电路如图7-22所示。其中，R_1 和 R_2 为两介质等效电路中的电阻，C_1 和 C_2 为两介质等效电路中的电容。

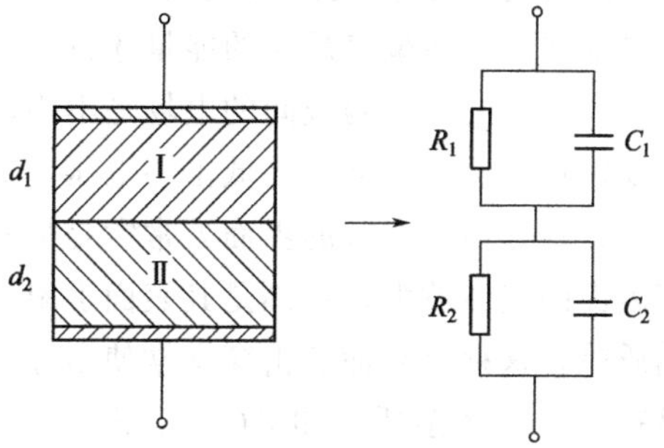

图7-22 两电介质的串联

当电压 V_0 加在这两介质的两

端时，介质Ⅰ上的电压为V_1，介质Ⅱ上的电压为V_2。

因为击穿时间很短，电流效应的影响在此可忽略，所以在此不考虑电阻R的作用。这样，当产品上加一脉冲电压后，根据电容器串联原理，极距间电场强度就会由于炸药与空气介电系数的大小不同而在它们的界面两边呈反比例分布。故有$V_1:V_2=\varepsilon_2:\varepsilon_1$。这时如介质Ⅰ上的电压$V_1$大于它的击穿电压，则介质Ⅰ被击穿；如介质Ⅱ上的电压V_2大于它的击穿电压，则介质Ⅱ被击穿。

在火花式电雷管中存在的两种介质为空气和起爆药药粒。其中，空气的介电常数为1，而炸药的介电常数为4～5左右。这样就导致所加电压V_0的大部分由空气承担，而小部分电压由起爆药承担。可是空气的击穿场强又比较低，因此加上电压V_0时，首先击穿的是空气。

在空气击穿以后，空气成了导电物质，这时全部电压加在起爆药药粒上，从而起爆炸药。

② 药粒与空气泡并联的情况。这时的等效电路如图7-23所示。同样也可以忽略电阻而当成两电容的并联。当电产品上加一脉冲电压后，根据电容器并联原理，两介质上承受的电压一样，则击穿电压（或击穿场强）低的那个介质首先被击穿，从而在击穿电介质处造成导电通路，大量电流聚集在此通路里，从而影响到第二种介质。因此也是空气首先被击穿。

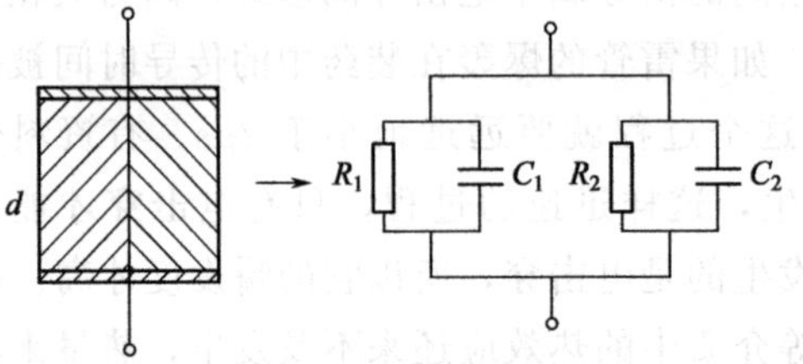

图7-23 两电介质的并联

总结以上空气和炸药粒子串联和并联的情况可以认为，空气和炸药在两极间的并联和串联是交错在一起的，而击穿首先总是在空气中发生。而要造成一条畅通的导电通路，总会有些炸药粒子要被击穿。至于炸药的起爆则仍然要求在两极间聚集足够的能量才行。

火花式电雷管两极间的电场是不均匀的，在加上电压后，击穿容易在电力线密集处发生，从而降低击穿电压，这种情况叫作电场的畸变。

另外炸药和空气的界面处常常是最容易发生击穿的，也就是引起沿着炸药表面的气体放电，特别是其表面上附有水分、金属粉或油迹等容易导电的物质时，这种沿界面的击穿常常使击穿电压下降很多。此外，在氮化铅中总是存在着一些杂质，如CO_3^{2-}、SO_4^{2-}、OH^-、Pb等，这些杂质存在对氮化铅的导电性是有影响的。

总之，火花式电雷管的发火机理属于不均匀电场、不均匀介质的击穿，而且是沿着炸药表面气体的击穿，这种击穿还受到杂质、水分等的影响。

7.5.2.3 影响火花式电雷管性能的主要因素

火花式电雷管的主要特点是输入端电引火结构和起爆药的变化对其感度的影响较大。这里主要以 LD-1 火花式电雷管为例来讨论影响其感度的因素。

(1) 电极距离对产品发火电压的影响

电极距离的大小对产品发火电压的影响很大。随着电极距离的增大，产品的发火电压就增加。如以 LD-1 雷管结构进行试验时，电容量为 195pF 和不同电极距离下的平均发火电压见表 7-11。

表 7-11 电极距离大小与发火电压的关系

电极距离/mm	0.06～0.08	0.08～0.10	0.10～0.12	0.12～0.14	0.14～0.16	0.16～0.18	0.18～0.20
平均发火电压/kV	1.57	1.62	1.81	1.88	2.16	2.21	2.26

试验结果表明，随着电极距离的增大，其发火电压增大。这个规律对设计新的雷管以及生产中控制产品的质量很有指导意义。

(2) 极针形式与发火电压的关系

极针的形式对发火电压的影响很大。如在 10kV，390pF，电极距离为 0.70～0.80mm 时，不同极针形式与发火电压的关系见表 7-12。

试验结果表明，极针越尖，其发火电压越低。

表 7-12 极针形式与发火电压的关系

极针形式	试验数量/发	发火电压/kV	发火率/%
45°对顶	6	11.7	84
60°对顶	6	11.8	50
90°对顶	6	—	0
120°对顶	6	—	0

(3) 起爆药的种类不同对产品发火电压的影响

火花式电雷管中起爆药感度的高低直接影响到产品的发火电压。如 LD-1 火花式电雷管中装有不同的起爆药，在电容为 195pF 时，它们的发火电压见表 7-13。

表 7-13 起爆药的种类与产品发火电压的关系

起爆药名称	试验数量/发	平均发火电压/kV
纯氮化铅	46	1.9
氮化铅与斯蒂酚酸铅共晶	62	1.52
聚乙烯醇氮化铅	32	3.24

由试验可知，氮化铅和斯蒂酚酸铅共晶的发火电压最低，纯氮化铅的较高，而聚乙烯醇氮化铅的最高，即感度最低，这样的结果与它们的热感度是一致的。大量的试验证明，采用单一的细结晶氮化铅的产品性能比较稳定，工艺也比较简单。在 LD-1 火花式电雷管中用的就是单一氮化铅。

(4) 起爆药粒度对产品发火电压的影响

同一种起爆药药粒大小不同，则发火电压也不一样。如 LD-1 火花式电雷管中装有不同大小粒度的氮化铅，在电容量为 195pF 时，它们的发火电压见表 7-14。

表 7-14 氮化铅粒度大小与发火电压的关系

粒度/μm	试验数量/发	平均发火电压/kV
100	56	1.4
30～40	46	1.9
10 左右	52	2.3

由表 7-14 中数据可以看出，氮化铅晶体粒度越大，感度越高。因为具有一定颗粒的氮化铅在两电极之间时，由于炸药介质的表面是粗糙的，而且颗粒越大的药剂压成的表面粗糙度越大，在这些颗粒与裂缝处出现较大的电场，因而降低了表面放电的电压。对 LD-1 火花式电雷管而言，氮化铅的粒度为 10μm 左右。

(5) 不同压力时对发火电压的影响

在其他条件相同的情况下，变更起爆药压药压力，从目前工艺条件看对其发火电压的影响不大。

(6) 湿度对产品感度的影响

生产过程中工房湿度和氮化铅的含水量对产品感度的影响也是比较显著的。湿度大时，产品较敏感。在生产过程中控制工房湿度和起爆药的含水量是非常重要的。起爆药湿度大，说明有较多的水分吸附在氮化铅的表面。起爆药表面上的水泡形成半导体薄膜。如果水泡绝对均匀地在药的表面覆盖一层，则沿药表面的电压降就是均匀的。通常水泡在表面上覆盖是不均匀和不连续的。在电雷管接上电压后，气体放电沿着氮化铅表面进行，这样在其表面的电场就局部加强了，而放电电压就降低了，因而雷管的感度就增加了。而空气湿度大，产品感度也大。

7.5.3　导电药式电雷管

导电药式电雷管的起爆部分的药剂由起爆药与导电物质细粒（如金属或石墨等）组成。和火花式电雷管一样，两极也可以做成各种形式。

7.5.3.1　典型导电药式电雷管构造的举例

图 7-24 所示为 LD-3 电雷管，它由雷管壳、底帽、黑索今、导电氮化铅、芯杆电极和塑料塞等组成。

雷管直径为 7mm，高为 14mm。雷管壳为铝合金 LF_3，厚为 0.5mm。底帽为铝，厚0.5mm，高为 3.2mm。芯杆电极由直径为 2mm 的铝合金棒做成，塑料塞为 372 号塑料（增强聚氨酯）经热压而成。

雷管中的导电氮化铅是在 PVA 氮化铅化合过程中加入 3.5%～4%导电石墨而成。石墨是在氮化铅生成过程中进入其结晶的，而不是附在表面。这样的氮化铅的导电性能比较稳定，特别是运输后发火电压变化不大。

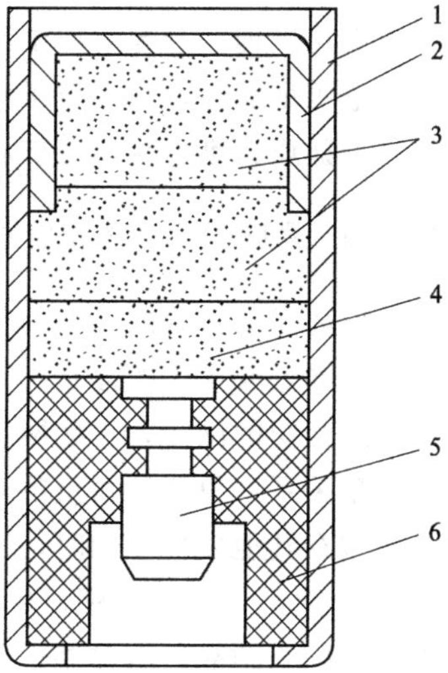

图 7-24　LD-3 电雷管

1—雷管壳；2—底帽；3—黑索今；4—导电氮化铅；5—芯杆电极；6—塑料塞

此雷管结构上的特点是由一个电极屏蔽另一个电极，即以雷管壳屏蔽芯杆电极，其结构运用了避雷针原理。

此雷管的主要发火性能为电阻不小于 100kΩ。当线路中与雷管并联电阻为 75kΩ，电容为 1500pF，充电电压为 500V，向雷管放电时应 100%发火，作用时间小于 10μs。在同样线路及电容下，充电电压 70V 时，应 100%不发火。

7.5.3.2　设计思想依据及发火原理

在讨论火花式电雷管的发火机理时认为是空气首先被击穿，而后再引起氮化铅起爆的。它的前提条件是空气的击穿场强低于氮化铅的击穿场强。实际上，氮化铅不是很纯的，杂质的存在会使氮化铅的击穿场强急剧下降，在一定条件下甚至有可能低于空气的击穿场强。如果在氮化铅中掺入导电粒子，则氮化铅的击穿场强将下降，易被较低的电压所击穿，而引起氮化铅爆炸，这就是导电药式电雷管感度高的原因。

由于导电药式电雷管的灵敏度高，因此对于防静电的安全性要求更高。因此就采用了自身屏蔽结构的设计思想。它比火花式电极塞的结构简单，而且工艺性好。

关于发火存在两种可能的机理，即热点和小火花机理。

热点机理：导电粒子分布在炸药粒子之间，如果导电粒子足够的话，可以组成很多条线路，电流则由这些线路中通过。由于这些粒子组成的线路是不均匀的，在导电粒子接触点上，电阻比较大，热点在此形成，由这些热点引起炸药的爆炸。

小火花机理：当导电粒子比较少时，粒子间未能达到接触构成电路，如果所加电压足够高，则在粒子间产生小火花，由这些小火花引爆炸药。

由于猛炸药难以从热点扩展到爆炸，所以基本倾向于小火花机理。

7.5.3.3 影响导电药式电雷管性能的因素

导电药式电雷管的感度与导电物的含量关系很大，因为其电阻是由导电粒子在非导电粒子中的分布决定的。由导电粒子组成的导电通路形成了无数条小电路交织的网络，这些网络的形状和数量都是随机的，因此不能得到严格的定量关系，只能从大量的实验中找出一般性的规律。

通常在其他条件相同时，影响产品感度的主要因素有：

① 石墨细，产品敏感，反之钝感。因为石墨细，容易进入氮化铅结晶，即进入氮化铅结晶的石墨多。

② 石墨加入量多，产品敏感，反之钝感。因为加入量多，电阻小，导电物间距离小，易于击穿发火。但是石墨加入量过多时，就会有未进入结晶的石墨，这样运输后感度变化就很大。

③ 导电药结晶小，产品敏感，反之钝感。但是结晶不宜过小，过小工艺上装压药有困难。

④ PVA 加入量少，产品敏感，反之钝感。

7.6 导爆药和传爆药

传爆药和导爆药（导引传爆药）是爆炸序列的组成元件，它们的作用是传递和扩大爆轰，最终可靠引爆主装药。引信中典型的传爆序列为：雷管→

导爆药（管）→传爆药（管）→主装药。

有的小口径炮弹弹体装药量少，而且是用压装法装填，容易起爆，这时也可以不用传爆药，直接由雷管引爆主装药，如“30-1”炮引信。大多数中、大口径炮弹，弹体内装药量多，而且大多数是用铸装法和螺旋压装法装填，较不易起爆，这时单靠雷管的起爆能力就不能可靠起爆主装药了。一般35mm以上弹丸的非保险型引信，均装有传爆药柱，如“破-4”“航-6”引信等。近年来，随着弹药安全性要求的不断提高，在直列式传爆序列中的雷管和导爆索中也要求装填符合安全性要求的传爆药。

众所周知，雷管是引信传爆序列中感度最高的元件，为安全起见，许多弹如高射炮弹，大、中口径炮弹或火箭弹，现在甚至小口径（25～30mm）的航空炮弹等常用保险型引信。这种引信中雷管与传爆药在解除保险前是隔离的，火炮发射时膛压很高，引信中的火帽或雷管有可能因受到很高的冲击加速度而发生早炸，产生不应有的膛炸事故，危害极大。因此，在引信设计时要求采用全保险型的隔爆装置。这样，雷管与传爆药不直接对正，而是装在隔爆装置的滑块或回转体中，形成错位结构的传爆序列，如图7-25所示。

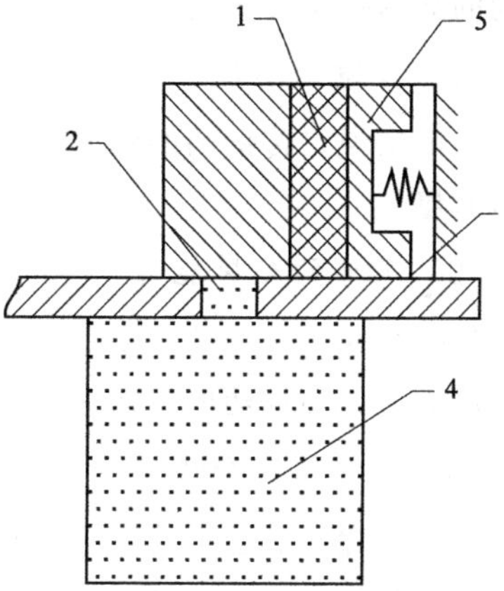

图7-25 导爆药位置示意图

1—雷管；2—导爆药；3—隔板；4—传爆药；5—滑块

图7-25所示为隔爆装置在发射时，依靠保险装置锁定在隔爆安全状态。当炮弹飞出炮口时，凭借离心力或惯性力解脱保险，驱动带有雷管的滑块或旋转转子，使雷管轴心与导爆管处在相对位置，锁定在发火状态。由此可见，雷管-导爆管-传爆管是分级传爆，逐级扩大爆轰的过程。其中，雷管-导爆管独立成为隔爆机构。此机构以及保险装置和远距离解除保险机构保证引信在发射过程中的膛内安全性和炮口安全距离。当隔爆机构处在发火状态时，要保证引信中爆轰传递和发火的可靠性。但是为了隔爆机构的小型化，在雷管-导爆管所组成的传爆分序列中，导爆管的直径设计要稍大于雷管直径，以便容易达到安全隔离的目的。下一级导爆管-传爆管的设计应能得到最优的爆轰扩大传递，使传爆管输出大的冲击波能量。以上是雷管-导爆管-传爆管系统的设计原则。

如上所述，在保险型引信中有隔板的情况下，才有可能要用导爆药。导爆药的作用是将雷管输出的爆轰能量加以传递和放大，以达到可靠、完全地起爆传爆药和隔爆安全的目的。但是，如果平时既能安全地隔离雷管，解除隔离后雷管也能可靠并完全地起爆传爆药时，就可以不设置导爆药。

导爆药和传爆药均由猛炸药加工而成，且输入和输出都是爆炸作用。正因为如此，导爆药和传爆药的战术技术要求一般是一致的，只是传爆药比导爆药的尺寸要大，药量要多，结构上也各有不同。总的来说，导爆药和传爆药是在设计、作用和制造上相对简单的火工品。

7.6.1 传爆药战术技术要求

近年来随着弹药向高能钝感化发展，我国研制了以黑索今为基的聚黑-6C、钝黑-5和聚黑-14C传爆药，以及以奥克托今为基的聚奥-9C传爆药和六硝基芪。美国在《引信安全性设计准则》中提出了许用传爆药的概念。传爆药的战术技术要求主要为：

(1) 合适的感度

一般来说，传爆药的感度应高于主装药或一切猛炸药，要能被起爆元件可靠起爆。

(2) 足够的起爆能力

传爆药输出威力的大小除和药剂性质有关外，还和传爆药量、密度及外壳强度有关，传爆药的爆速应大于主装药，要能够可靠地引爆后续装药。

(3) 足够的安全性

由于传爆药和主装药之间没有隔离，所以对其安全性有特殊要求。《传爆药安全性试验方法》(GJB 2178) 中规定了传爆药必须通过下列8项安全性试验：

① 小隔板试验；

② 撞击感度试验；

③ 撞击易损性试验；

④ 真空热安定性试验；

⑤ 灼热丝点火试验；

⑥ 热可爆性试验；

⑦ 静电感度试验；

⑧ 摩擦感度试验。

只有通过上述8项安全性试验，并且爆速大于主装药的药剂才能作传爆药。

(4) 和引信的关系

传爆药作为引信的一个组件，其性能和尺寸应受引信及弹药的整体尺寸和功能要求约束。另外，从引信爆炸序列的功能来讲，导爆药和传爆药是引信完成适时引爆主装药的主体，其能量、密度和尺寸应合理设计。设计时还应把引信体作为一种加强的外壳或功能组合件来考虑。

我国现有的符合上述要求的部分导爆药和传爆药的主要种类和性能见表 7-15。

表 7-15 部分导爆药和传爆药及性能

名称	主要成分(质量比)	冲击波感度(X_{50}隔板厚)/mm	爆速(密度)/(m/s)(g/cm³)
钝黑-5C	黑索今：硬脂酸(95：5)	11.210	8245(1.667)
聚黑-6C	黑索今：聚异丁烯：硬脂酸：石墨(97.5：0.5：1.5：0.5)	10.997	8308(1.680)
聚黑-14C	黑索今：氟橡胶：石墨(96.5：3.0：0.5)	10.470	8463(1.745)
聚奥-9C Ⅰ,Ⅱ型	奥克托今：氟橡胶(95：5)	10.270(Ⅰ),10.076(Ⅱ)	8082(1.700),8333(1.709)
聚奥-10C	奥克托今：氟橡胶：石墨(94：5：1)	8.079	8296(1.706)

7.6.2 导爆药

导爆药在传爆序列中具有双重地位。对雷管来说它是受主装药，被雷管引爆；而对于传爆药来说，它又是施主装药，用它来起爆传爆药。因此，它必须满足两个条件：既有较好的起爆感度，又有较大的起爆能力。

导爆药选择的炸药临界爆速要小，即它的爆轰感度要大，以便于被雷管引爆；另外，它的爆轰速度要大，以利于起爆传爆药。

7.6.2.1 导爆药的结构

导爆药的结构有两种类型：一种带有壳体；另一种是将导爆药直接压入隔板中。其高度和直径要根据传爆序列中上、下级火工元件的性能、尺寸和隔爆结构来确定，如图 7-26 所示。

图 7-26 中 (a) 和 (b) 两种结构是先压成导爆药管然后装入隔板中。这种形式的优点是：使导爆药管成为装配的独立构件，能满足引信结构设计的一些特殊要求。另外，如果药剂的压药性能不好时，采用该结构可以防止

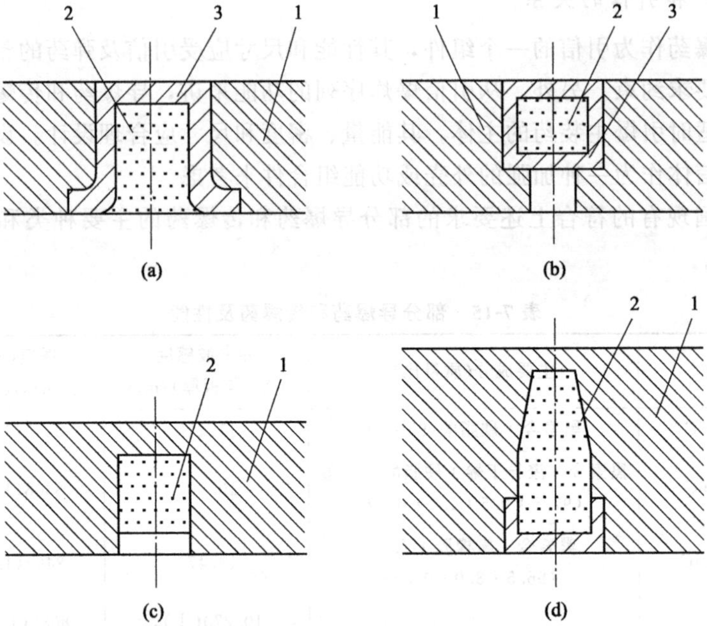

图 7-26 导爆药构造示意图

1—隔板；2—导爆药；3—导爆药壳

药柱碎裂和掉块现象。导爆药管一般作为标准元件由专门车间生产。在引信装配中可把装配导爆药管放在最后工序，以提高引信生产的安全性。

为了便于安装，目前国产引信的导爆药管与隔板孔的配合大部分采用间隙配合。有些引信中导爆药管的公称直径略小于隔板孔的公称直径，这就不可避免地存在径向间隙，这种间隙的存在，对起爆能力是不利的。这类结构还带来装配工序较多的不足。表 7-16 是径向间隙对起爆概率影响的实验结果。

表 7-16 径向间隙对起爆概率的影响

间隙尺寸/mm	0	0.102	0.203
起爆概率/%	100	40	0
试验数量/发	10	10	10

图 7-26 中（c）和（d）两种结构是将药剂直接压入隔板孔中。优点是无径向间隙，省去了壳体。但是，对压药模具及工艺要求较高，冲头必须与隔板孔很好对正，并有均匀的间隙。压药后药面不得突出隔板平面，也不得凹入过多。一般规定凹入量不得超过 0.2～0.5mm。因为凹入量过多，即导

爆药和传爆药空气间隙过大，从而衰减了起爆冲击波，降低了其起爆能力。因此，这种装药方式一般是药量一定时定位压药。

为了工艺上的方便，对于不带外壳的导爆药要求隔板上的孔留有一定的底厚 e，一般 $e=0.6\sim1\text{mm}$（见图 7-27）。底厚 e 对于安全状态隔离雷管的冲击波是有用的。间隙 Δ 一般不大于 $0.2\sim0.5\text{mm}$。

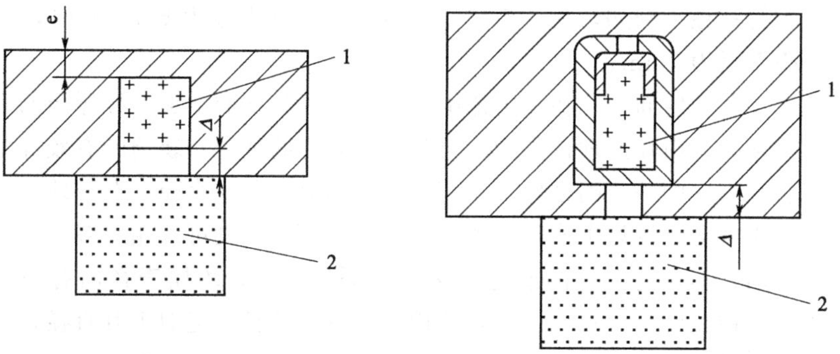

图 7-27 导爆药轴向间隙

1—导爆药；2—传爆药；$e=0.6\sim1\text{mm}$；$\Delta=0.75\sim3.1\text{mm}$

对于带壳的导爆药，对间隙 Δ 没有严格的要求，甚至保留一定的间隙还有好处，因为这样可用爆炸时管壳形成的高速运动的灼热破片去起爆传爆药，它比直接接触的情况还容易起爆。研究表明，最有利的空气间隙为 $0.75\sim3.1\text{mm}$，它随管壳底部的厚度而变，一般为 2mm 左右。

7.6.2.2 装药密度的确定

炸药的爆速和临界爆速均随装药密度的增加而增加。以黑索今为例，当密度为 1.4g/cm^3 时，它的临界爆速为 2300m/s；当密度为 1.6g/cm^3 时，它的临界爆速为 2800m/s。密度增加起爆能力增加的同时，爆轰感度要下降。为兼顾起爆能力和起爆感度，并保证药柱有足够的强度，防止产生裂纹及破碎，引信中实际使用的导爆药的密度：钝化黑索今为 $1.60\sim1.67\text{g/cm}^3$，聚黑-6C 和聚黑-14C 为 $1.20\sim1.70\text{g/cm}^3$，聚奥-9C 为 $1.70\sim1.80\text{g/cm}^3$。

7.6.2.3 导爆药的直径和长度

当导爆药用来起爆别的装药时，希望其直径大些。因直径增大时导爆药与被起爆的装药——传爆药的接触面积就大，同时放出的能量就多，这样就可以及时补充爆轰波沿炸药传播时所损失的能量，并且相对地减少了侧表面的影响，减少了爆轰生成物侧向飞散损失所占的比例，提高了导爆药能量的利用率，因而起爆能力增大。从轴向起爆时接触面来讲，当导爆药的直径等于传爆药的直径时，其起爆能力的利用比较合理。

当导爆药作为被起爆的装药时，其直径等于或稍大于雷管直径时，对可靠传爆有利。

由于导爆药具有上述的双重地位，在引信中实际采用的导爆药直径一般略大于雷管直径。例如，在“电-2”引信中当雷管直径为6.7mm时，导爆药管外壳直径为7mm。

关于装药长度问题，在一定范围内随着药柱长度的增加，导爆药的有效作用也将增大。由炸药理论得知，对于没有外壳的装药，装药的有效部分是以装药直径为底的一个圆锥体，其有效长度约等于药柱直径。在有外壳的情况下，由于减少了爆炸生成物的侧向飞散，装药的长度可以相应减小。引信中的导爆药，不论是带壳的或是直接压入隔板中的，均属于径向有壳的情况，因而药柱长度可以短些。实际使用时导爆药的长度近似于其直径，有时其长度由隔板的厚度所决定，而隔板的厚度则由可靠隔爆的要求来决定。因此，当用铝合金等强度较低的材料做隔板时，导爆药柱的长度就大些。

7.6.2.4 导爆药的药量问题

导爆药的药量应保证有足够的起爆能力。如果药量太少，就不足达到稳定的爆轰。药量的多少与导爆药和传爆药的品种有关，也与它们的接触面积和接触的情况（直接接触还是有纸垫等缓冲物）有关。理论和实验都表明，在一定直径时，在一定范围内增加药量（亦即增加装药长度）其起爆能力也随之增大。就是说导爆药的药量实际上取决于一定直径下的药柱长度。在引信中实际采用的导爆药量一般相当于传爆药量的1/30左右。

7.6.3 传爆药

引信中传爆药的作用主要是扩大爆轰，以达到完全起爆弹丸装药的目的。研究传爆药的问题主要是认识影响其起爆能力的因素。这些因素与以上研究导爆药的大致相同，只是传爆药比导爆药尺寸大、药量多。

7.6.3.1 炸药的性质

与导爆药相比，传爆药的起爆能力要大。要使传爆药的起爆能力大，从药的性质来说就要求用爆速大的炸药。有两方面的含义：①其爆速要大于被起爆装药的临界爆速；②爆速大，起爆能力大。因为爆速大能使被起爆的装药受到更强烈的压缩，在被起爆的装药中产生很大的应力，使被起爆的炸药微粒间发生很快的位移和剪切，炸药发生局部温度升高，有利于形成大量“热点”，因而有利于起爆。

炸药的爆速与炸药的密度有关，密度大时，爆速大。但密度太大会影响起爆感度，所以密度应有一定的范围，一般为 1.5～1.6g/cm³。

7.6.3.2 药量和形状

为确保传爆药作用可靠，要考虑传爆药和主装药的质量比例。一般炮弹中传爆药量取弹丸主装药质量的 0.5%～2.5%，大、中口径榴弹取 0.5%～1%，其他小口径弹、迫击炮弹、破甲弹和穿甲弹等取 1%～2.5%。设计时除参照相似弹药中传爆药的质量比例外，传爆药量最终还需要用实验的方法确定。

传爆药起爆能力大小的实验装置如图 7-28 所示。将雷管、传爆药柱和炸药柱（被起爆药柱）一起固定在一块铜板上，通电使雷管爆炸，然后引发被起爆药柱爆炸。被起爆药柱爆炸后在铜板上炸出一定印痕，此印痕称为爆炸熄灭长度，用它来评价传爆药的起爆能力。很明显，熄灭长度越大，传爆药的起爆能力越大。实验中所使用的传爆药为特屈儿，密度为 1.6g/cm³，炸药柱为混合炸药，其配比为硝酸铵：梯恩梯=90：10（质量比），密度为 1.66g/cm³，实验结果见表 7-17。

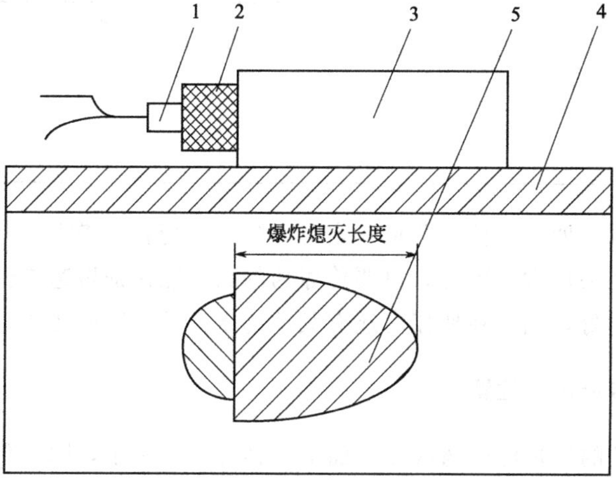

图 7-28 传爆药起爆能力测试装置

1—雷管；2—传爆药柱；3—炸药柱；4—铜板；5—铜板上印痕

表 7-17 传爆药量与起爆能力的关系

药量/g	直径/mm	高度/mm	在铜板上熄灭长度/mm
8	24	11.8	54
12	24	17.1	60
16	24	21.5	69
20	24	27.8	74
25	24	34.5	78
35	24	48.0	81

结果表明，传爆药直径一定时，在一定范围内药量增加，药高增加，起爆能力增加。但是，当高度近似为直径的两倍时，炸药的爆炸熄灭长度不再增加，亦即起爆能力不再增加。由此可见，当直径一定，利用轴向起爆时，在一定范围内增加传爆药高度是有益的，但是若把它设计得太长，长径比超过 2 也是不恰当的。

若高度一定，增加药量时，就增大了直径，起爆能力也就增大。到底哪个有利，需要固定药量来研究传爆药合理的形状和尺寸。

这里的形状是指传爆药高度与直径的比。固定传爆药的量，利用不同直径的传爆药在铜板上的熄灭长度来表示，实验装置和条件同上。实验结果见表 7-18。

表 7-18 传爆药形状与起爆能力的关系

药量/g	直径/mm	在铜板上的熄灭长度/mm
2	15	65
2	19	80
2	25	100

实验结果表明，当传爆药量一定时，随传爆药直径增大，其熄灭长度增大，即起爆能力增大。因此，只要传爆药的高度能保证爆速增长，其应尽量做成扁平形为好，当然在使用时还有其他的条件及强度的要求。

7.6.3.3 传爆药的位置

上面讨论的均是传爆药放在药面上的情况。实际上，同一传爆药，它所处的位置不同其起爆能力也有所不同。把传爆药埋入装药里会显著地增加其起爆能力。用特屈儿作传爆药（密度为 $1.6g/cm^3$，直径为 25mm，质量 38g），起爆混合炸药［硝酸铵：梯恩梯为 90：10（质量比）］（密度为 $1.5g/cm^3$，长度为 100mm)，传爆药埋在装药的不同深度，得到的结果见表 7-19。

表 7-19 传爆药位置与起爆能力的关系

传爆药			在铜板上的熄灭长度/mm
埋入深度/mm	药量/g	直径/mm	
表面接触	38	25	87
10	38	25	97
23	38	25	110

表 7-19 中的数据说明，传爆药埋在装药内它的起爆能力较好。这是因为：减少了传爆药爆轰生成物径向的飞散损失；增大了起爆面积，当传爆药埋在装药里面时，不仅利用了传爆药的轴向起爆，还利用了侧向起爆。此时起爆表面是 $\pi/4d^2+\pi dl$ (l 为埋入深度)。埋得越深，起爆表面越大。

为了增大传爆药的起爆能力，在许多弹药中，特别是大口径弹中，传爆药常做成细长的杆状放入主装药中。其对起爆能力的影响，可以从下面试验看出。试验条件：传爆药的直径为 9.8mm；被起爆的药是阿马图 90/10 (药柱长 120mm，密度为 1.6g/cm^3，直径为 40mm)，在铜板上的试验结果见表 7-20。

表 7-20 杆状传爆药起爆能力试验

药量/g	21	9	6	
埋入炸药中的相对位置	埋入装药	埋入 1/3	埋入 1/3	表面接触
熄爆长度/mm	120	105	90	0

试验表明，杆状传爆药的起爆能力不受 $h/d<2$ 的限制，而当 h 大时起爆能力大。因为 $h/d<2$ 是对轴向起爆讲的，而在这里利用的是侧向起爆。这种侧向起爆用于大口径弹药，如鱼雷、大口径航弹、火箭弹。把传爆药沿整个装药放置，使沿整个装药利用它的径向起爆，这样就提高了传爆药的起爆能力，在某些情况下，还能提高杀伤弹及杀伤爆破弹的作用效应。杆状传爆药产生以上有效作用的基本条件是传爆药的爆速大大超过爆炸装药的爆速。

但是也应该看到，传爆药放入装药中常要进行专门的钻孔，而炸药钻孔是危险工序。所以，只要不是必要的就不要把传爆药埋入主装药中。

7.6.3.4 传爆药与主药间的介质

在弹药中的传爆药经常并不直接与被起爆的装药接触，起码隔有传爆药管的底，有时有厚纸垫，有时还有间距，因此，研究传爆药与主装药间介质的影响具有实际意义。

以特屈儿（$\rho=1.6g/cm^3$，$d=15mm$）起爆 $\rho=1.6g/cm^3$ 的混合炸药质量分数硝酸铵/梯恩梯为 80/20（药重 200g，直径为 40mm），测试结果见表 7-21。

表 7-21 传爆药与装药间有不同介质时的起爆能力

熄爆长度/mm \ 厚度/mm \ 中间介质	0	0.5	1	2	5
空气	100		76	35	15
纸垫			100	53	25
钢片		70	44	22	未起爆

表 7-21 中数据表明，隔不同介质时，起爆能力有不同的影响。直接接触时传爆药的起爆能力最大，因为这时爆轰波没有衰减作用；隔纸垫时起爆能力次之；隔空气时又次之；隔钢片时最差。另外，不管是哪种介质，随着厚度的增加，起爆能力下降的程度也增加。

就空气介质来说，当传爆药的能量去起爆主装药时，由于空气密度大大低于传爆药爆轰生成物的密度，这样将有疏波沿爆轰生成物传播，较多的能量被疏波干扰，而空气层越厚能量损失就越大。

对纸垫介质而言，传爆药的能量一部分被反射，一部分则消耗在纸垫的变形上，用来起爆装药的只是其中的一部分。

就钢片介质而言，传爆药的能量也只用了一部分。由于金属钢片的密度大大超过爆轰生成物的密度，它的可压性差，当爆轰波到达钢片时就会发生反射，产生反射冲击波而损失能量。因此沿爆轰方向传播的只是通过钢片后的冲击波。

如果被削弱的冲击波与被起爆的装药相遇时还能满足爆轰激发条件，那么被起爆的装药就发生爆轰；如果这时在被起爆的装药界面上的冲击波参数（速度）低于临界值，那么被起爆装药就不会被引爆。

在设计传爆药时，对这些因素的考虑是有意义的。因为实际中传爆药常装在金属壳中，相当于有金属介质，另外也有纸垫和隔空气层。这些因素都要衰减传爆药的能量，所以在设计传爆药管时，应在不影响它的强度及冲压加工的条件下，将底做得薄些，一般为 1～1.5mm。

如果钢介质不是直接接触炸药，而是经过一段空气隙再与炸药相接，这时钢介质对传爆药的起爆能力的影响有所不同。这时空气隙的存在，一方面会使传爆药所形成的冲击波在空气隙中衰减，而另一方面隔板所形成的破片又在此空隙中加速。如果空气隙有一定的距离（几毫米）以使破片加速到一定的速度，那么钢片对装药的起爆是有利的，而当空气隙很小（0.3mm 以下）时，则对装药的起爆是最不利的，因为这种情况下冲击波已衰减而破片尚未被加速。

7.6.3.5　传爆管的外壳

外壳影响到爆速，因此就影响到传爆药的起爆能力。例如，特屈儿作传爆药（密度为 1.6g/cm^3，直径为 28mm）轴向起爆紧贴的硝酸铵/梯恩梯（90/10）时，在无外壳时爆炸熄爆长度为 87mm，而有厚为 2mm 的传爆管壳时，其爆炸熄爆长度为 90mm。

这是因为外壳可以阻止侧向疏波的干扰，提高化学反应能量的利用率。根据炸药理论可知这种影响对于爆速不大、直径小及密度不大的炸药尤为显著。因为爆速不大的炸药，爆轰时损失的能量多。炸药的直径若在极限直径以下，直径小时，爆速就小，因而爆轰时损失的能量多。即使装药直径超过了极限直径，直径小时相应增加了侧表面面积，爆轰时其能量损失就多。

现在传爆管的厚度为 1～4mm，此时若传爆管埋在装药里，根据上面的讨论，将使传爆药侧向起爆能力降低。在传爆管的设计中如壁厚大于底厚，有利于更好地利用轴向起爆。在一定范围内，增加壁厚，使壁厚大于底厚，能增加传爆药轴向的起爆能力。

传爆药的起爆能力由以上因素综合决定，常用来评定传爆药起爆能力的方法有两种：①传爆药量与爆炸装药量的比；②被起爆的爆炸装药单位面积上所需传爆药量。显然，这两种方法都不全面。在设计传爆药时，根据现有装备中爆炸确实无问题的那些引信中传爆药与炸药量的相对比较，参照此药量范围，考虑以上因素进行试验做出决定。

传爆药和导爆药另一个重要问题是其本身被起爆的可能性。在引信中，无论是雷管引爆导爆管或导爆管引爆传爆管，都是由传爆序列中前一爆炸元件输入的冲击波起爆的。传爆药及导爆药起爆的难易程度可由冲击波感度试验来衡量。为此，研究传爆序列时应有各类传爆药的冲击波感度的基础数据。

复习思考题

1. 试说明火工品是怎样发展的。
2. 如何从火工品在武器系统中的作用来阐述其重要性？
3. 火工品的设计原则有哪些？
4. 火帽装药各组分对火帽性能有哪些影响？
5. 底火设计的技术要求是什么？
6. 延期药的输入和输出有什么要求？影响延期药燃速的因素有哪些？
7. 分别叙述桥丝、火花式和中间式雷管的主要性能。
8. 举例说明传爆药高径比如何设计对使用更有利。

第8章

电火工品防静电和防射频设计

8.1 电火工品使用电磁环境

全寿命期内的火工品以装入武器前后大致分两个阶段或状态：第一，分离元件。在电火工品的生产、运输和装配过程中，最常遇到意外的电能量为静电、射频电流等。第二，电火工品已装入武器系统构成火工系统，以通常含有多个电火工品的火箭、导弹武器系统为例，其使用条件和飞行环境比较恶劣，雷电、静电、电磁辐射、电磁干扰、漏电、串电等都可能在贮存、运输、安装、测试、使用和维护中使电火工品意外发火。在电火工品的分离元件和构成火工系统两个阶段中，都包括静电和电磁辐射（射频）两个环境，所以，两者是电火工品电磁环境安全性设计的主要内容。

为解决防静电和防电磁辐射问题（通常简称“双防”），美国从20世纪60年代中期开始陆续对武器系统及火工品元件制定“双防”标准，如关于引信方面的有MIL-STD-1316、关于电爆分系统的有MIL-STD-1512、关于军械系统的有MIL-STD-1385、关于航天飞行器火工装置的有DOD-E-83578、关于空间系统用电爆分系统的有MIL-STD-1576、关于火炸药方面的有MIL-STD-1571、关于火工品的有MIL-I-23659等。这些都表明，防静电和防电磁辐射已经不只是火工品的任务，同时也是系统的任务。

8.1.1 静电环境

8.1.1.1 静电产生

物体内具有数量相等而电性相反的正、负电荷，这样物体在通常条件下呈中性。然而，当某种原因使物体的电荷间失去平衡时，该物体将呈带电状态，即积累了静电荷。这种带有静电荷的物体一旦与电火工品接触，就会出现静电泄放，形成高压电火花，从而导致电火工品意外发火。

8.1.1.2 静电源

对含电火工品的武器系统造成危害的静电电荷可以产生于武器系统内部、外部，或产生于武器与周围环境的相互作用，如将塑料覆盖物从弹体取下、橡胶轮胎的拖车在行进、穿合成纤维服装的人员现场检测电火工品、火箭竖立在发射架上感受大气电场及火箭飞行过程与大气摩擦等。

8.1.2 电磁辐射环境

8.1.2.1 射频产生

发射到空间的电磁波的频率简称为射频。武器遇到的射频环境主要来源于三种射频源：第一，民用射频源，主要指电视发射机、调频调幅电台、移动式发射台及各类通信设备，通常频率都在千赫到千兆赫，是武器运输过程重点考虑的射频环境；第二，军用射频源，军事设施附近的高功率密度的发射体（无线电、雷达等大功率电子设备）成倍增加，已成为武器使用中最危险的电磁环境，出现过多起因射频导致武器弹药意外爆炸的事故；第三，武器系统射频源，大多数武器系统都有若干类型的通信设备和监视设备，这些设备通常是最接近武器系统的射频源。

武器系统周围产生的射频电磁辐射能量能通过天线、孔缝、窗口、脱落插头电缆等耦合进入武器系统内部，有可能使电火工品产生误动作（如早爆）或性能降低（如失效）等意外事故或故障。

8.1.2.2 电磁环境

在1997年公布的美国MIL-STD-464《电磁环境效应对系统的要求》中，提出了在舰船上工作的系统所遇到的电磁环境，在航天发射及航天器系统所遇到的电磁环境及地面系统等所遇到的电磁环境。在英国军械局备忘录OBS/04/91附件F《有关电火工品最低使用射频环境》中公布了电火工品的最低使用射频环境。

8.1.3 雷电环境

雷电是一种常见的自然现象。强大的闪电产生电场变化、磁场变化和电磁辐射，给各种含有敏感电点火装置的武器装备带来较大的威胁。无论是对处于发射平台上，还是对处于空中飞行的武器装备都是如此。当出现雷电时，未接地物体上的电荷便迅速重新分布，周围物体间会出现火花放电，距闪击点 2km 处的小金属物件会发生火花放电（特别是电火工品的插针和壳体之间）；由于动态磁场很强，且变化剧烈，故对电火工品的威胁最大。闪电对火箭内电火工品造成危害的问题，应考虑三种情况：一是火箭的金属壳体是完整的，但由于壳体厚度、材料电阻率不同等原因，其屏蔽作用是不完善的；二是火箭壳体上开有一些舱口，各级与各段之间有缝隙；三是火箭竖立在发射台上，已接好脱落插头电线及其他电缆。

8.1.4 电磁干扰环境

由于武器系统十分复杂，实际上存在着诸如高频、低频、工业频率、脉冲以及阶跃等各种类型的干扰源，如果电火工品及其控制电路屏蔽不好，通过电感、电容、电阻等分布及各种途径均可能产生电磁感应。即使产生的感应电压或电流很小，也可能使某些电火工品误爆；由于接地不良、搭接不好或地线设计不当，也会在电火工品控制回路中产生对电火工品有危害的电压。

8.2 静电对电火工品的危害

除在武器系统中的火工品具有潜在的静电危害外，大量直接的静电威胁发生在火工品的生产、运输、装配等过程。这些过程几乎都与人的活动有关，人体静电也就成为引起电火工品发生意外爆炸的最主要和最经常的因素，所以，对电火工品的一般要求是以抗人体静电为主要目标。

8.2.1 静电对电火工品安全性影响

8.2.1.1 人体静电

人体本身具有一定的电阻、电感和电容。人体电容由人体高度和所穿鞋底材质及厚度决定，人体高度为 2.2m 时，电容量约为 120pF，鞋底材质及厚度计算的电容量约为 350pF，合计可取为 500pF。人体静态电阻如表 8-1 所列。

表 8-1 人体静态电阻

测试部位	测试环境		人体电阻/Ω
	相对湿度/%	温度/℃	
手腕到手腕	82	28	6300
	66	23	14600

续表

测试部位	测试环境		人体电阻/Ω
	相对湿度/%	温度/℃	
手腕到脚	82	28	7400
	66	23	24500
手腕到大地(穿皮鞋时)	湿度大时		6000
	比较干燥时		300000

人体动作时各层衣服的相互摩擦产生静电是人体带电最常见的原因。此外，电场对人体的感应及人体与带电体的接触也会使人体带电。试验证明，在正常情况下，脚穿绝缘性良好的鞋的人体可充电至 20kV 或更高电压而不放电。所以，一般人体静态电阻可取 5000Ω，人体充电电压最高为 25kV。当人体与火工品接近时，如间隙足够小时，静电电压足以击穿间隙间的介质时，贮存在人体上的静电能量就会通过被击穿的介质产生火花放电。

8.2.1.2 人体静电对电火工品的作用形式

静电对电火工品的作用形式主要有两种：第一，脚线-脚线，静电荷从一个脚线输入，经过桥丝从另一脚线输出，这种形式的起爆与正常起爆相同，如图 8-1(a) 所示；第二，脚线-壳体，静电放电通过脚线与外壳间的药剂从管壳输出，如图 8-1(b) 所示。

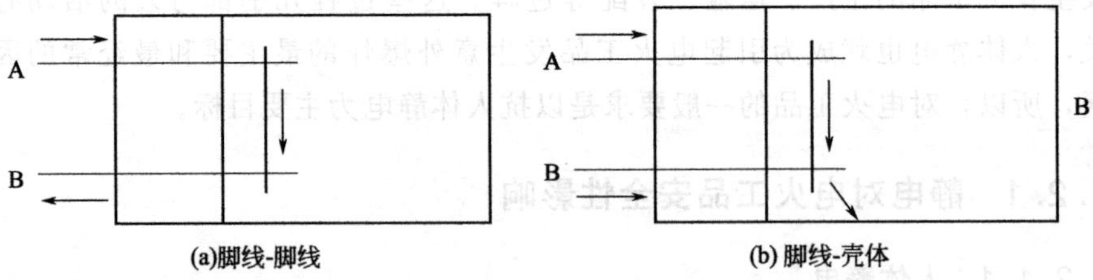

图 8-1 静电对电火工品的作用形式

人体静电能量一般可用下式计算：

$$E_J=\frac{1}{2}CV^2=\frac{1}{2}\times 500\times 10^{-12}\times 25000^2=0.156(\mathrm{J})$$

如果一个人带有这样的静电能量和电火工品脚线相接触，设桥丝电阻为 8Ω，则通入电桥的能量为

$$E_1=0.156\times\frac{8}{5000}=0.2(\mathrm{mJ})$$

此能量不足以通过两脚线间引起目前最敏感的桥丝式电雷管（碳桥除外）发火，所以，通常静电引发电火工品的位置不在脚线与脚线之间。但当静电高压作用于电火工品脚线与壳体之间时，将会产生击穿，形成电火花，由电火花引爆装药。电火工品脚线与壳体之间的静电高压击穿需要的起爆能量很小，所以，它是最经常和最危险的意外发火形式。因此，桥丝式电火工品静电安全试验测试也主要在脚线与壳体之间进行。

8.2.1.3　相关标准提出的人体静电放电参数

美国从 20 世纪 60 年代中期开始规定以 500pF、充电 25kV、串联电阻 5000Ω 作为标准的人体放电试验参数。在军用标准和规范中也把这种状态下的不发火作为电火工品静电安全的基本要求。但许多研究人员认为，500pF、5000Ω 是人体电容和电阻的静态值（不带电时），而对火工品抗静电要求而言，应将人体作为带高压的静电源考虑，即以电容 600pF、电压 25kV、串联电阻 500Ω 更为合理。

8.2.2　静电对电火工品可靠性影响

随着对武器系统总体作用可靠性要求的提高，电火工品不仅进行安全性试验，而且进行作用可靠性试验。一般来说，不可能出现因静电放电刺激而导致每个电火工品都意外发火，但随着弹药在贮存、运输、勤务处理、检测和使用等过程中要经过多次装卸、包装和维修等，每个电火工品都可能经历多次的静电放电冲击。多次的静电放电冲击可能导致电火工品出现某种程度的钝感，进而影响产品的作用可靠性。

从 20 世纪 90 年代起，国外进行了电火工品经历多次静电放电冲击影响产品作用可靠性的研究，美国 Sandia 实验室的研究采用了两种模拟人体放电电路：一是简单 RC 电路，电路参数为 600pF、500Ω、20kV，简称 SMESD 模型；二是双 RC 电路（见图 8-2），它由最坏情况下人体静电放电参数组合，称 SSESD 模型。SSESD 模型主要包括两部分：一部分是模拟通过手的快速放电，它决定放电电流的上升前沿；另一部分模拟通过人体的慢速放电，大部分能量集中在这一过程。这个模拟电路输出的波形与测得的极限人体静电放电电流基本符合，它代表了人体静电放电试验的最坏应力水平。用 SMESD 模型和 SSESD 模型对系列产品进行静电放电后的作用性能结果见表 8-2。

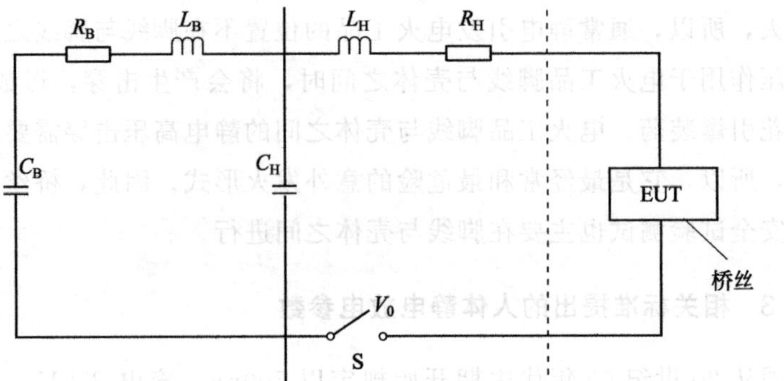

图 8-2　SSESD 模型电路图

C_B=400pF；C_H=10pF；V_0=20kV；L_B=0.5μH；

L_H=0.1μH；R_B=250Ω；R_H=110Ω

表 8-2　人体静电放电后的作用性能结果

产品	产品装药或特征	模型及次数	作用性能结果
双桥热桥丝起爆器	$TiH_{1.65}/KClO_3$；火花间隙防静电	SSESD;40 次	合格;但热导率提高,可能是药剂熔化所致
高能热桥丝起爆器(4 种)	$Ti/KClO_3$	SSESD;1 次	一种未通过,全发火和不发火水平超出
爆炸桥丝雷管Ⅰ型(40 发)	直径 7.62mm,金桥丝直径 0.038mm,塑料电极塞,低密度装药	SMESD;1 次	2 发未正常发火;其余作用时间和爆炸电流超出
爆炸桥丝雷管Ⅱ型(10 发)	直径 12.7mm,塑料电极塞, Au-Pt 桥丝直径 0.027mm,低密度装药	SMESD;1 次	5 发未正常发火;其余作用时间和爆炸电流超出
爆炸桥丝雷管Ⅲ型(20 发)	扁平铝桥丝沉积在陶瓷塞,高密度装药	SMESD;1 次	4 发未正常发火;其余作用时间和爆炸电流超出

表 8-2 结果表明：人体静电放电对电火工品作用性能有影响。通过对静电放电后产品 CT 检测发现，桥丝焊点和壳体间区域的装药灰度值变小，受到一定程度的损伤，其损伤形貌呈现典型的“树杈”形状。其原因是脚线-壳体间静电放电形成电火花的过程中，由于空气瞬间被电离，在装药中形成放电击穿通道，造成密度下降，装药受损。虽然高能热桥丝起爆器和爆炸桥丝雷管的安全性很高，但受到人体静电放电（仅 1 次）后，作用可靠性就不能满足要求。因此，应重视对高能型钝感电火工品人体静电放电后的作用可靠性研究。

8.3　电火工品防静电技术

静电对电火工品的安全性和可靠性都有影响。解决桥丝式电火工品静电干扰的最好方法是使电火工品设计具有防静电功能。从设计途径分析一般有三种：第一，设计火工品内部绝缘系统，增加脚线-壳体间的绝缘强度，以保证在所要求的静电放电电压下不会被击穿，俗称“堵”静电方式；第二，采用保护性静电泄放装置或材料，构成静电的泄放通道，俗称“泄放”静电方式，是最广泛采用的一种保护形式；第三，使用对静电放电钝感的起爆药或点火药剂。

8.3.1　“堵”静电系列设计技术

（1）易击穿位置设置绝缘环

由于火工品桥丝或脚线的边缘离管壳最近，且又是装起爆药或点火药的位置，因而是最危险的通道，增加脚线-壳体间的绝缘强度的目的在于提高这一通道的绝缘能力。通常是在桥丝周围增加一个绝缘强度较高的圆环或套筒。其绝缘材料通常是聚四氟乙烯、有机玻璃、酚醛塑料、聚氯乙烯等。例如，美国“响尾蛇”导弹触发引信用桥丝电雷管及苏联“萨姆”-7 防空导弹引信用电雷管均采用了这一技术。

（2）药剂外表面涂绝缘膜

在点火药表面涂上绝缘强度高的硝基漆、有机硅漆及环氧树脂等绝缘体，或在点火药头外加聚氯乙烯绝缘套管，以增加药面与壳体之间的绝缘强度，继而提高产品的抗静电能力。

（3）使用绝缘材料管壳

产品的外壳直接由绝缘材料加工而成，使脚线间具有一定的绝缘强度。

8.3.2　“泄放”静电系列设计技术

（1）设置静电泄放通道

如图 8-3 所示，如果在结构中能设计出一条保护通道，使脚线-壳体间的静电能量早于危险通道优先泄放，那么将能起到保护作用。一般认为，危险通道与保护通道击穿电压之比应大于 4，而且保护通道的击穿电压不应大于 3kV，这样才能保证在静电火花作用下，静电能量优先通过保护通道可靠泄放。危险通道与保护通道的击穿电压之比越高，在危险通道击穿之前，保护通道越早完成击穿。由于空气具有良好的击穿重复性，所以，保护性火花隙通常采用空气隙。火花隙防静电结构见图 8-3。

保护性火花隙最简单的一种结构是脚线与金属外壳留很小的间隙，使静电火花发生在外表面而不在装药处，如美国“麻雀”Ⅲ导弹涡轮发动机燃气发生器，在插塞的外表面电极脚线与外壳间约有 0.2mm 的保护间隙。这种结构虽利用了周围空气介质的放电作为保护通道，但易受湿度、灰尘等污染而使作用不可靠，改进的方法是将保护性火花隙置于插塞内部。如“阿波罗”飞船用起爆器在插塞内的脚线与壳内壁间开有数个小孔，构成空气击穿通道，把空气火花隙密封在插塞内部，可抗 25kV 的静电。另外，还可以将插塞中导线的裸露部分先压成有凸出尖端或弯曲的形状，在脚线的尖端或弯曲部分与壳体间构成保护性泄放通道。

(2) 点火药头脚线附近涂导电膜

在点火药头外表面涂一层绝缘膜，然后在点火药头脚线附近涂导电性树脂，使导电性树脂与管壳间形成小空气隙，构成静电泄放通道，如图 8-4所示，这样静电释放不会通过点火药，而与导电膜接触的药剂层又对静电火花

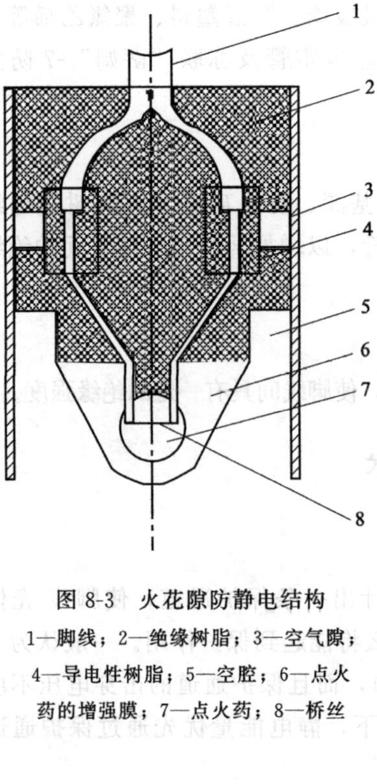

图 8-3 火花隙防静电结构

1—脚线；2—绝缘树脂；3—空气隙；4—导电性树脂；5—空腔；6—点火药的增强膜；7—点火药；8—桥丝

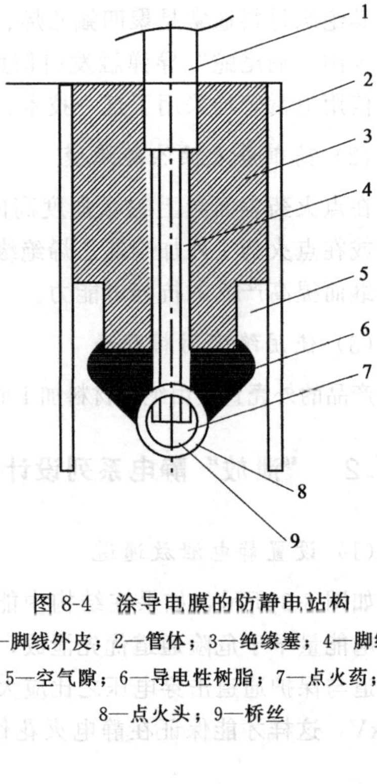

图 8-4 涂导电膜的防静电站构

1—脚线外皮；2—管体；3—绝缘塞；4—脚线；5—空气隙；6—导电性树脂；7—点火药；8—点火头；9—桥丝

钝感。另外，也可以在点火药头外表面涂一层导电物质，达到防静电目的，如美国 M3 电爆管在发火药头外涂一层导电物质，而发火药头本身绝缘性能良好，并且比较钝感，这样可以使静电火花能量均匀分布在整个发火药头外面的导电层上，从而降低静电火花的能量密度。

(3) 采用静电泄放元件

通过在电火工品每个脚线与壳之间并联一元件，使之在静电泄放过程中能有效地分压及分流能量，从而极大地减少脚线-壳体间危险通道得到的能量，以不被静电击穿。这类元件统称静电泄放元件，如微型泄放电阻、微型二极管、微型氖灯和非线性电阻（压敏电阻）等。

若在脚与壳之间并联适当阻值的微型电阻，当高压静电脉冲通过产品的脚壳间放电时，则可通过泄放电阻放电。泄放电阻阻值一般选为 100Ω，若过大，则达不到抗静电目的；若过小，则又影响产品的发火感度。法国马特拉 R440 空空导弹用电雷管就在脚壳之间并联了一对 100Ω 的微型电阻。微型二极管具有低压绝缘、高压击穿的特性，因此，在火工品的脚线-壳体间并联一对二极管既可泄放静电又不影响产品感度：而微型氖灯则在一定电压下点燃，形成脚壳间的小电阻的静电泄放，同样能达到抗静电目的。

(4) 采用抗静电电极塞

当脚壳间的电极塞具有高压低阻、低压高阻的特性时，电极塞本身就具有了既能泄放静电又能正常发火的功能。具有这种特征的材料称为非线性电阻材料，主要表现在该材料的电流与电压的关系不服从欧姆定律，即

$$I=\left(\frac{V}{C}\right)^{\alpha} \tag{8-1}$$

式中　I——通过材料的电流；

V——施加到材料上的电压；

C——与线性材料电阻值相应的一个系数；

α——材料电阻随电压增高而下降的程度系数。

抗静电电极塞有非线性材料和半导体材料两类。非线性材料抗静电电极塞由高电阻的可塑性黏合剂（橡胶、环氧树脂等）、二次电子发射体材料（碘化钾、氧化铝等）和非线性电阻材料（碳化硅、氧化锌等）配制而成。半导体材料电极塞是将细金属粉（铝粉、黄铜等）或炭黑等导电微粒混入某种绝缘介质中压制而成，在静电脉冲作用下，电极塞内部被击穿，泄放掉静电能量，在低压下呈高阻态，不影响正常发火。两类电极塞中，非线性材料抗静电电极塞的使用更广泛。

(5) 采用半导体涂料泄放静电

用含有铝粉、银粉、炭黑等导电材料的化合导电胶作为半导体涂料，涂在电极塞外表面的脚线与壳体之间，形成静电泄放通道。如我国某导弹用点火具和从国外引进的某导弹用雷管就采用了铝粉防静电涂料。该涂料的防静电性能和绝缘性能主要取决于铝粉含量的多少和铝粉与黏合剂混合的均匀程度。这是一种简单、有效、成本低廉的方法。

8.3.3 使用对静电钝感的药剂

改善起爆药抗静电性能也是减少静电危害的一个途径。例如，糊精氮化铅的静电感度较其他类型的氮化铅要钝感得多，其绝缘电阻也比其他类型的氮化铅高，因此，采用糊精氮化铅对提高脚壳间的防静电能力极为有利。另外，在斯蒂酚酸铅或其他点火药中加入适量的硼，以及在氮化铅等起爆药中掺入多元醇、多硝酸酯均可增高药剂的防静电能力。而以氢化钛和高氯酸钾组成的点火药可耐 600pF、25kV 的静电冲击，而且热安定性高达 520℃，是一种性能良好的抗静电耐热点火药。

8.4 射频对电火工品的危害

电火工品在现代武器系统的应用越来越广泛，它们都处于无处不在的、越来越严酷的电磁环境中。电火工品在制造、贮存和使用过程中，其本身及其相连的有关线路和部件，都可能成为接收天线，把周围电磁场的射频能量引入电火工品。在一般情况下，引入的能量很小，不足以使电火工品发火，但是在适当的条件下，射频能量也可能引起电火工品意外起爆，从而出现事故。但在更多情况下，由于电火工品长期受到低于发火能量的射频作用，会使其性能恶化，从而失去正常工作的可靠性，显然，这种电火工品的意外发火或性能恶化对武器系统所产生的后果都将是毁灭性的。所以，除静电外，射频是影响电火工品安全性和可靠性的另一重要因素。

8.4.1 射频对电火工品危害机理

桥丝式电火工品的脚线为金属线，用来连接发火控制电路等。当电火工品脚线处于电磁场中时，起到天线作用，并从中接收电磁能量。对双脚线电火工品而言，未短路的电火工品脚线起偶极天线作用，短路的电火工品脚线起环形天线作用。一般来说，射频能量是通过电压与电流两个作用形式而使电火工品发火或瞎火的。而连续波和脉冲波又有不同的作用机理。

8.4.1.1 脚-脚间电流作用机理

射频波分为连续射频波和脉冲射频波两种，前者以通信无线电波为典型代表，后者以雷达波为典型代表。图 8-5 为桥丝电火工品发火射频功率对连续射频波的典型响应曲线，当连续射频波频率低于 1000MHz 时，射频引起的发火能量随频率的增加而增加，这时射频感度比直流电感度要低，可以用直流电感度评定该产品的射频感度。因此，对直流钝感的电火工品，一般对射频也是钝感的。此时起爆机理主要是射频电流使桥丝加热，产生热积累。当连续射频波频率高于 1000MHz 时，除桥丝加热外，还可能出现电弧起爆等现象，具有不可预测性。而脉冲射频波是以一种短的重复脉冲来发出它的射频能量，这种射频能量以热积累的方式加热桥丝，即每个脉冲都将加热桥丝，在下一个电脉冲到来之前，前一个电脉冲作用到桥丝上，桥丝所产生的热量未被散去，而一连串的重复电脉冲就有可能使桥丝温度不断升高，直到引起电火工品以正常（脚-脚发火）方式意外起爆发火。

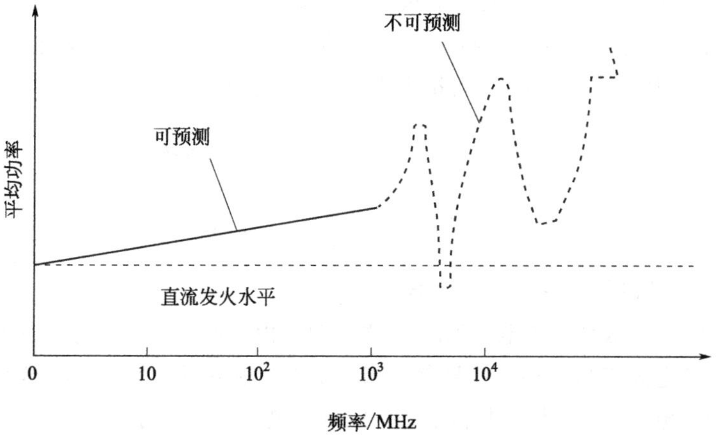

图 8-5 桥丝电火工品对连续射频波的典型响应曲线

两种典型桥丝式火工品在相同频率下经受连续波和 10cm 雷达脉冲波的发火感度如表 8-3 所列。

表 8-3 3.02GHz 下雷达脉冲波和连续波的发火感度

产品	电阻/Ω	安全电流/mA	10cm 雷达脉冲波发火感度/W	连续波发火感度/W
1	2.5～4.5	50	0.45(均)、450(峰)	2.8
2	8～12	20	0.187(均)、87(峰)	0.364

从表 8-3 可知：第一，在相同频率下，电火工品对雷达脉冲波更敏感；第二，安全电流越大的产品对射频也越钝感。

但如果连续射频波引起的电流较小或者脉冲射频波的每个脉冲提供的能量较小，则桥温也可在达到一定值后保持稳定。这种小于不发火水平的射频电流也会通过桥丝时使其发热。如果由此产生的温升达不到自动发火温度，则桥丝周围的炸药可能缓慢分解或桥丝本身发生变化（如氧化），以后再通入正常发火刺激时，已分解的药剂或性能变化的桥丝就成为热障而妨碍起爆。

8.4.1.2 脚-壳间电压作用机理

连续波或脉冲射频波产生的场强对电火工品的作用与静电的作用相似，也主要发生在脚-壳间，所以，如果电火工品脚-壳对静电敏感，那么它很可能对射频能量也比较敏感。当连续射频波作用于电火工品脚-壳之间时，将在电火工品脚-壳之间产生电压梯度。如果电场强度足够高，时间足够长，则可能在电火工品脚-壳间产生击穿并使火工品发火。在射频能源下，最后的击穿是多次冲击的结果，此时的击穿电压也较低。以电火工品经常遇到的频率 1.5MHz 为例，此时典型电火工品的脚壳阻抗 $Z=500+j1000(\Omega)$，脚壳阻抗具有低电阻、高电抗特征。若射频功率 $P=500\text{mW}$ 的入射波加到脚壳阻抗上，则阻抗电导 G 和阻抗上电压 U 分别为

$$G=\frac{R}{R^2+X^2}=\frac{500}{500^2+1000^2}=5(\mu\Omega)$$

$$U=\sqrt{\frac{P}{G}}=\sqrt{\frac{500}{0.005}}=316(\text{V})$$

这个电压值足以使多种火工品起爆。

当脉冲射频波作用于电火工品脚-壳间时，由于波峰幅度比连续波更高，多次加载将使电火工品击穿场强显著下降，所以，射频感度最高。虽然前一次加载不足以使电火工品起爆，却留下了一定的痕迹，减弱了对下次加载的承受力，最后一次的击穿是多次加载积累的结果。而这种关系与加载频率直接相关。试验证明，当频率为 1.5MHz 时，电火工品的发火能量最低。

8.4.2 射频对电火工品安全性影响

电磁辐射对电火工品的危害能量传输有两种方式：一是通过直接的电气通道以传导方式注入电磁辐射能量；二是通过空间电磁辐射以电磁波形式输入电磁能量。实际使用过程中，电火工品通常是暴露在周围的电磁场中，所以，绝大多数电磁危害是通过电磁波形式进行的。因此，射频对电火工品安

全性的影响主要考虑这一方式。

8.4.2.1 电火工品在射频场放置状态对其安全性影响

将某型号桥丝敏感电雷管放入吉赫横电磁波（GTEM）室进行辐照试验，GTEM 室广泛应用于电磁环境形成过程（见图 8-6）。该电雷管的一条发火线 b 和芯板中心位置处电场方向垂直，改变另一条发火线 a 与芯板中心位置处电场方向的夹角 θ，试验在敏感频率 600MHz 下进行，其结果如表 8-4 所列。

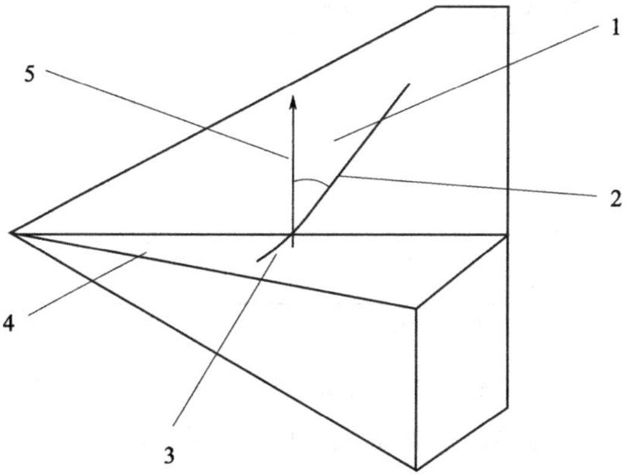

图 8-6 吉赫横电磁波室辐照试验

1—发火线与电场方向之间的夹角；2—电火工品发火线 a；3—电雷管发火线 b；4—芯板；5—GTEM 室上部电场 E 的力向

表 8-4 某型导电雷管不同位置状态的对比试验（f=600MHz）

θ=90°		θ=60°		θ=0°	
场强/(V/m)	发火状态	场强/(V/m)	发火状态	场强/(V/m)	发火状态
184.0	0	182.3	1	109.8	1
188.6	0	189.8	1	113.7	1
184.0	0	168.1	1	121.9	1
188.6	0	172.0	1	140.3	1
188.8	0	172.9	1	140.3	1

注：1 表示发火；0 表示不发火。

电雷管发火线 a 与电场方向垂直时，电雷管不发火。而发火线 a 与电场方向平行时，5 发电雷管均发火，且随着夹角 θ 的减小，电雷管发火所需场强也变小。当发火线 a 与电场方向平行时，电雷管接收的电磁能量最大。这说明，电雷管发火线的放置状态对其射频感度影响较大。

8.4.2.2 电火工品发火线长度对其安全性影响

电火工品发火线是接收电磁场中射频能量的天线，它对电火工品的射频安全性影响较大。某型号桥丝电雷管发火线处于最大接收电磁能量时，发火线长度对火工品射频安全性的试验结果见表 8-5。

表 8-5 发火线长度对火工品射频安全性的试验结果

频率/MHz	发火线长度=λ/4		发火线长度<λ/4	
	场强/(V/m)	发火状态	场强/(V/m)	发火状态
400	184.1	0	184.1	0
600	197.8	1	320.8	0
800	184.0	1	320.0	0
1000	158.7	1	224.6	0
1200	174.8	1	197.8	0
1500	131.5	1	198.7	0

注：1 表示发火；0 表示不发火；λ 为波长。

从表 8-5 可看出，当桥丝电火工品发火线长度为 λ/4 时，将与入射波发生谐振现象，电火工品接收能量最大，电火工品容易起爆。

8.4.2.3 不同直流感度电火工品的射频安全性

直流感度越低的电火工品，其对电钝感性也越强，主要表现在电磁环境中的安全性也越高。有关标准如美国标准 MIL-STD-401D、MIL-STD-402D 及我国标准 GJB151、GJB152 中均要求电火工品能经受场强为 200V/m 的电磁场。试验表明，在场强 200V/m 下，不同直流感度的电火工品的抗电磁辐射能力是不同的。钝感电火工品具有较强的抗电磁辐射能力。因此，降低电火工品本身的感度有助于防止电磁辐射对电火工品的危害。

8.4.3 射频对电火工品可靠性影响

8.4.3.1 射频对电火工品发火感度和作用时间的影响

研究射频对桥丝电火工品可靠性的影响时，其步骤是：第一，用第一组试样进行射频敏感频率探测试验，得到敏感频率（如 $f=400\text{MHz}$）；第二，在敏感频率下，按感度试验升降法用第二组试样得出 50%发火的射频功率及偏差，继而推算 5%发火的射频功率，6 种电火工品参数及 5%射频发火能量见表 8-6；第三，在敏感频率下，对第三组试样按 5%射频发火能量逐发施加射频能量，再得出 50% 发火感度或作用时间；第四，得出未施加 5% 射频发火能量的样品组的 50% 发火感度或作用时间，并进行比较。施加与未施加射频能量的两组试样的发火感度、作用时间分别见表 8-7 和表 8-8。

表 8-6　6 种电火工品参数及 5% 射频发火能量

药剂	桥丝直径/μm	桥长/mm	装药工艺	5%射频发火能量/W
LTNR	(PtW)ϕ10	0.40～0.50	涂药头	0.20
3# 点火药	(6J20)ϕ9	0.45～0.55	压装	0.10
$Pb(N_3)_2$	(6J20)ϕ15	0.85～0.95	压装	0.30
Si/Pb_3O_4	(6J20)ϕ15	0.85～0.95	压装	1.00
Zr/Pb_3O_4	(6J20)ϕ30	0.85～0.95	压装	3.00
B/KNO_3	(6J20)ϕ50	0.85～0.95	压装	9.00

表 8-7　施加与未施加射频能量的两组试样的发火感度

药剂	发火条件	未施加射频能量试样的发火感度	施加射频能量后试样的发火感度
LTNR	直流	127mA	154mA
3# 点火药	14μF	10.5V	11.3V
Zr/Pb_3O_4	直流	940mA	1050mA
B/KNO_3	直流	1600mA	2220mA

表 8-8　施加与未施加射频能量的两组试样的作用时间

药剂	发火能量	未施加射频能量试样作用时间及偏差		施加射频能量后试样的作用时间及偏差	
		t/μs	σ/μs	t/μs	σ/μs
LTNR	4.7μF、14V	36.90	4.50	43.30	5.20
$Pb(N_3)_2$	28μF、9V	27.45	8.53	80.86	42.28
$Pb(N_3)_2$	28μF、28V	3.35	0.28	4.80	1.66

表 8-6～表 8-8 的数据表明：第一，经射频试验后产品的发火感度明显低于未经射频试验组的产品，即证明小射频能量对电火工品有钝感作用；第二，经射频试验后的产品的作用时间明显较长；第三，施加射频能量时间长的试样，其作用时间较长。这些都充分证明：桥丝电火工品在小射频能量连续作用时，桥丝上产生的热积累使药剂发生了慢分解，相当程度地影响了作用性能。

8.4.3.2 射频导致的电火工品瞎火

某型导电雷管是一种延期电雷管，装药为压装 Si/Pb_3O_4，该产品经不同能量的射频试验后，进行发火试验的结果见表 8-9。

表 8-9 施加不同射频能量后电火工品发火率

产品	发火能量	施加射频能量/W	发火数	药剂变化
延期电雷管	28μF、28V	0.8	4/4	
	28μF、28V	1.5	0/4	部分产品药剂变黑
	28μF、28V	1.8	0/4	4 发产品药剂均变黑

从表 8-9 可知，对桥丝式电火工品施加一定射频能量后，可能造成电火工品作用失效或瞎火。在小于射频发火能量下，尤其是在较长时间的射频能量作用下，施加射频能量的大小、时间及其药剂本身的分解温度是射频影响产品可靠性的三个重要因素。分解温度较低的药剂，更易造成火工品射频瞎火。

8.5 电火工品防射频技术

电磁辐射对电火工品造成危害必须具备三个要素：在电火工品所处环境中已出现危险的电磁辐射源；电磁辐射源能将电磁能量耦合到敏感的电火工品上；其耦合能量已超过电火工品的最小发火能量。从火工品起爆机理上分析，脚-脚间通过桥丝的发火最终是电流作用，所以，一般对直流钝感的火工品，其射频感度也低，而通过改变电桥材料、形状和药剂以提高最小不发火能量为目的的固有安全性设计也有利于电火工品的防射频，所以，在能量许可的情况下，采用类似桥带电火工品、半导体桥技术等钝感电火工品是防射频最简单、最有效的方法。但这些通常会受到系统电源提供的能量及作用性能的制约，因此，实现电火工品射频钝感化要求还应考虑其他设计途径，防止电火工品遭受电磁辐射危害的主要途径是降低火工品本身的射频感度，提高内部对射频能量的衰减耗散，如以通低频阻高频为目的的复合导线技术及宽频带衰减电极塞技术；曾在传输射频路径-发火线上附加衰减器衰减进入火工品的射频能量及桥丝电火工品抗电磁环境加固技术。

8.5.1 复合导线对电磁辐射防护率

在直流或低频电路中，均匀导线横截面上的电流密度是相同的。但在高频电路中，随着频率的增加，导线上电流分布越来越向表面集中，这种现象称为集肤效应。集肤效应能减小导线的有效截面积，而增加了导线的等效电阻，所以，在高频下导线的阻值会显著地随频率的提高而增加。同一根导线在高频下的阻值 R_F（简称射频电阻）远大于直流电阻 R_L。将导线射频电阻 R_F 与直流电阻 R_L 之比定义为集肤效应系数 ξ。集肤效应系数与导线的材料、半径和通过的高频电流的频率有关。对于金属导线来说，有

$$\xi=\pi r_0\sqrt{10\mu_0\sigma_0 f}\times10^{-4} \tag{8-2}$$

式中　r_0——导线半径，mm；

σ_0——导线电导率，Ω·m；

f——频率；

μ_0——导线的磁导率。

从式 (8-2) 可以看出，磁导率和电导率较高的金属具有较高的集肤效应。所以，利用集肤效应原理选择导线使之在高频下具有极高的电阻，达到通低频阻高频的目的，铜导线外包覆不锈钢的复合导线就具有这种功能。这时，复合导线集肤效应系数为

$$\xi=K\pi r_0\sqrt{10\sigma_0\mu_0 f}\times10^{-4} \tag{8-3}$$

$$K=A\frac{\rho_w}{\rho_n}+1-A \tag{8-4}$$

$$A=\frac{\pi r_n^2}{\pi r_0^2} \tag{8-5}$$

式中　A——芯截面积与导线截面积之比；

ρ_w——包覆外层密度；

ρ_n——芯层密度；

σ_0——包覆外层材料电导率；

μ_0——包覆外层材料的磁导率。

例如，半径为 0.32mm 的不锈钢复合铜导线（铜与不锈钢的横截面积比 72∶28)，当频率为 1MHz 时，$\xi\approx72$。

电火工品对电磁辐射防护率定义为

$$\beta=\frac{E_R}{E_L} \tag{8-6}$$

式中　E_R——发火射频能量；

E_L——发火直流能量。

由于任何情况下，发火能量都等于 I^2Rt（I 为通过电桥的电流，t 为通电持续的时间)，并认为使火工品激发的最小电流与临界时间是一定值，所

以，能量比即为电阻比。故防护率又可表示为

$$\beta=\frac{R_T+R_F}{R_T+R_L} \tag{8-7}$$

式中 R_T——桥丝电阻；

R_F——导线射频电阻；

R_L——导线直流电阻。

采用复合导线使导线射频电阻增大，从而提高对射频的防护作用。

8.5.2 宽频带衰减电极塞及磁珠应用

(1) 宽频带衰减电极塞

制作电火工品电极塞常用材料有陶瓷、玻璃等，如果选用能衰减射频的材料作电极塞，该电极塞就成为一个宽频带衰减器。宽频带衰减器是由能耗散射频能量，并以热能形式释放出来的损耗材料压制而成。由于它不改变电火工品的发火性能，不需增加附加装置，因此，价格低廉。

目前广泛使用羰基铁粉和铁氧体两类衰减材料。羰基铁粉的制备工艺是：先用羰基法制成 10μm 的纯铁粉，将铁粉用丙酮润湿；再将稀磷酸加入，加热搅拌并烘干；然后加入环氧树脂，搅拌均匀后，在高压下压制成形，压力越大，衰减性能越好。这种衰减器可以等效成 *RLC* 陷阱电路，*R*、*L*、*C* 分别表示增加铁粉塞后分布在电火工品导线上的等效电阻、电感和电容。*R* 取决于导线本身的电阻和塞子中的涡流及磁滞等损失，其值较小，可以忽略。这种衰减器的固有频率为

$$f_c=\frac{1}{2\pi\sqrt{LC}} \tag{8-8}$$

在 f_c 附近较宽的高频范围内，这种衰减器的衰减效果较好，而在低频时衰减效果不好，特别是当射频远小于其固有频率 f_c 时，这种衰减器基本不起衰减作用。美国匹克汀尼工厂用羰基铁粉电极塞雷管 M78 代替了敏感的 T24E1 酚醛塞雷管，达到在频率 500MHz 下衰减 20dB。但当频率低于 500MHz 时，衰减能力迅速下降。它衰减雷达频率时较为理想，但击穿电压较低，使用时需外加绝缘套管与金属壳绝缘。

铁氧体材料是一种烧结的金属氧化物，在低频下有很好的衰减性能，用铁氧体塞制成的 T24E1 雷管的衰减性能比铁粉塞高 4 倍。美国已经用铁氧体电极塞的 M78E1 雷管代替了羰基铁粉电极塞雷管 M78。但高频时衰减性能很快下降，铁氧体材料可以是单晶铁氧体，也可以是两种或两种以上的固

溶体。例如，由锰、锌和四氧化三铁的混合物，在 1450℃下焙烧 2h，然后在氩气中慢慢冷却，就可以得到锰锌铁氧体材料。它能在 1MHz 时衰减 36dB，在 200MHz 时衰减高达 150dB。

（2）脚线串联铁氧体磁珠

近年来，出现了用铁氧体磁珠替代宽频带衰减电极塞的技术，使火工品制造工艺更为简单。与储能元件电感不同，磁珠是能量转换（消耗）器件。磁珠能吸收超高频信号，对射频电路、超高频电路都需要在电源输入部分加磁珠，所以，专用于抑制信号线、电源线上的高频干扰、尖峰干扰，同时具有吸收静电放电脉冲干扰的能力。其实，可以将磁珠等效电路视为电感和损耗电阻的并联。低频时，电阻被电感短路，电流流向电感；高频时，电感的高感抗迫使电流流向电阻。具体为：在火工品脚线上各套一黑色的小磁环（即磁珠，又称铁氧体磁珠吸收滤波器），当高频信号通过导线时，随频率的升高，阻抗增加，并逐渐显示出电阻功能，高频电流通过磁珠的涡流损耗，并以发热的形式耗散。本质上，磁珠是一种耗散装置，在效能上被当作电阻来解释。磁珠大小取决于它吸收干扰波的频率（通常用于 30～3000MHz），体积越大，抑制效果越好，长而细的形状比短而粗的效果更好。某型发火管脚线串联铁氧体磁珠前后防射频性能（谐振频率 300MHz）如表 8-10 所列。

表 8-10 某型发火管脚线串联铁氧体磁珠前后防射频性能

场强/(V/m)	30	50	70	100
串联磁珠前感应电流/mA	56.6	91.8	128.2	183.2
串联磁珠后感应电流/mA	39.6	64.0	89.4	127.8

（3）脚线间并联负温度系数热敏电阻

如果在火工品脚线间并联一个负温度系数（NTC）热敏电阻，也会起到防电磁干扰作用。NTC 热敏电阻的特点是对温度敏感，其电阻值随温度升高呈阶跃性减小。它是以锰、钴、镍和铜等金属氧化物为主要材料，采用陶瓷工艺制造而成的。金属氧化物具有半导体性质，温度低时，其载流子（电子和孔穴）数目较少，电阻值较高；温度高时，其载流子（电子和孔穴）数目增加，电阻值降低。

NTC 热敏电阻最初主要用来抑制浪涌电流。在有电容器的电子线路中，电流接通的瞬间，必将产生一个很大的电流，这种浪涌电流时间虽短，但其峰值很大（甚至超过工作电流 100 倍）。当电流加到功率型 NTC 热敏电阻上时，其电阻值就会随着电阻体发热而迅速下降。所以，当在电源回路串联

NTC热敏电阻时，就可以有效地抑制浪涌电流。在完成抑制功能后，由于通过其电流的持续作用，NTC热敏电阻的电阻值将下降到非常小的程度，其消耗的功率可忽略不计，不会对工作电流造成影响。

在陶瓷电极塞底端，两根脚线之间的凹槽的底部和侧壁，涂导热环氧胶装NTC热敏电阻，两端电极与脚线采用导电胶或银浆进行电连接。热敏电阻封装在凹槽内，不占用火工品的体积。

复习思考题

1. 静电对电火工品有哪些危害？
2. 射频对电火工品有哪些危害？
3. 电火工品防静电途径有哪些？
4. 电火工品防射频途径有哪些？
5. 电火工品使用涉及的电磁环境有哪些？

第9章

炸药及火工品运输安全

9.1 概述

炸药及火工品的运输事故时有发生，相关部门也对其运输安全有严格的规定。其运输过程中主要危险如下：

① 燃烧、爆炸的直接作用。炸药及火工品的燃烧、爆炸对周围设备、建筑和人的直接作用，会造成货物、线路、车辆、周围建筑物和设备毁坏，人员伤亡，机械设备和建筑物的碎片飞出，在相当大的范围内造成危险，碎片击中人体则可能造成伤亡。在运输过程中，爆炸品一旦发生事故，将会造成很大的破坏作用，给人们生命或财产带来很大损失。

② 冲击波的破坏作用。爆炸时产生的冲击波在传播过程中，可能对外部各类对象产生破坏作用，造成周围环境中的机械设备、建筑物的毁坏和人员伤亡。冲击波还可以在它的作用区域内产生震荡作用，使物体因震荡而松散，甚至破坏。

③ 造成火灾。爆炸品发生爆炸时，爆炸抛出的易燃物有可能引起大面积火灾。其包装物四散飞出，有可能点燃附近贮存的燃料或其他可燃物，引起火灾。

按照“第一类危险源”的观点，能量和危险物质的存在是危害产生的最根本的原因。炸药及火工品的危险特性可以归纳为以下6个方面：①自反应性与反应的自持性；②不安定性与自催化性；③对外界作用的敏感性；④介电性；⑤高能量密度；⑥毒性。

炸药及火工品运输周边环境、温度、风速等自然条件，沿途人口密度、路况、道路交通状况，运输时间（白天、夜间）等因素会对其运输造成一定的影响。同时，发生运输事故的不确定性也加大了事故预防与控制的难度。

外界环境在不断变化，由于炸药及火工品敏感度高，故容易引发运输途中事故。运输环境因素主要是指除了人、运输工具、炸药及火工品、道路（航线）之外的交通外部因素，它涉及自然条件、照明条件、路侧环境等多个方面。

自然条件主要指天气气候条件，包括晴天、雨雪天、雾天、路面冰冻及积雪等，以及在这些气候条件下的温度、湿度、风速、风向等。不良自然条件如高温、路面结冰和周围环境存在点火源极易引起火灾、爆炸，这些都大大增加了运输的危险性。

照明条件主要指黄昏或晚上、有无照明、照明方式等。不良的照明条件也会增加运输的危险性。

路侧环境对交通环境影响很大，路侧环境包括非等级道路交叉口、路边店、加油站、工矿企业进出口、路边村庄、单幢建筑物、树木植被等影响人心理行为的因素（如路侧两地的建筑、阴森的自然环境、过于吸引人注意力的自然或人造景物等），特殊情况下还有路侧一些工厂的污染等。

总的来说，炸药及火工品运输环境特点可归纳为以下 3 点：

(1) 运输环境的开放性与不确定性

炸药及火工品的运输环境不同于生产环境，它是相对移动的，存在着环境的开放性和不确定性，因此其特性受环境变化影响较大。如公路等级低、路面颠簸、急转弯、陡坡、塌方、岩石、山崩等道路因素可能使炸药及火工品受到刺激，而引发风险事故；运输路线或运输时间选择不合理，未能有效避开人流密度大区域或车辆活动的高峰期，则增大了风险事故的危害后果。

(2) 环境应力的多样性

环境应力主要是指运输途中的温度、湿度、风速、风向、压力变化（例如海拔不同产生的）等气象因素，以及风沙、雨雪、冰冻、雾霾等气候因素影响。爆炸品的温度敏感度是不同的，如雷汞为 165℃，黑火药为 270～300℃，苦味酸为 300℃。同一爆炸品随温度升高，其机械感度也升高。这是因为其本身具有的内能也随温度相应增高，对起爆所需外界供给的能量则相应减少。因此，爆炸品在贮存、运输中绝对不允许受热，必须远离火种、热源，避免日光照射，在夏季要注意通风降温。

(3) 监控与施救的困难性

炸药及火工品的运输路线以及运输时间都是经有关部门事先设定的。运输路线一般选取人流量较少的路线，尽量避免重要交通路线及建筑区的路线。这些路线一般都较为偏僻，从而形成了运输监控的难题，而一旦发生危险事件，在紧急救援方面可能出现救援不及时等问题。

9.2 可运输炸药及火工品的界定与运输方式

9.2.1 爆炸品分类、分项与编号

联合国危险货物运输专家委员会颁布的《关于危险货物运输建议书·规章范本》将危险品依据其所具有的危险性分为 9 大类，国家标准《危险货物分类和品名编号》（GB 6944—2012）也将危险品分为 9 类，分别是：

① 爆炸品；

② 易燃气体；

③ 易燃液体；

④ 易燃固体、易于自燃的物质、遇水易于放出易燃气体的物质；

⑤ 氧化性物质与有机过氧化物；

⑥ 毒性物质和感染性物质；

⑦ 放射性物质；

⑧ 腐蚀性物质；

⑨ 杂项危险物质和危险物品。

将第 1 类危险品（爆炸品）根据危险等级划分为 6 项：

1.1 项：有整体爆炸危险的物质和物品（整体爆炸是指瞬间影响到几乎全部物质的爆炸）。如起爆药、爆破雷管、黑火药、导弹等。

1.2 项：有迸射危险但无整体爆炸危险的物质和物品。如炮弹、枪弹、火箭发动机等。

1.3 项：有燃烧危险并兼有局部爆炸危险或局部迸射危险之一或兼有这两种危险，但无整体爆炸危险的物质和物品。如导火索、燃烧弹药等。

1.4 项：不呈现重大危险的物质和物品。在点燃或引爆时仅产生小危险的物质或物品。包括运输万一点燃或引燃时出现小危险的物质或物品。其影响范围主要限于包件，射出的碎片预计不大，射程也不远。外部火烧不会引起包件几乎全部内装物的瞬间爆炸。如演习手榴弹、安全导火索、礼花弹、烟火、爆竹等。

1.5 项：有整体爆炸危险的非常不敏感物质。这些物质有整体爆炸危

险，但非常不敏感以致在正常运输条件下引爆或由燃烧转为爆炸的可能性非常小。但当船上大量运载时，则其由燃烧转变为爆炸的可能性大为增加，如E型或B型引爆器、铵油、铵沥蜡炸药等。

1.6项：无整体爆炸危险的极端不敏感物品。这些物品只含有极其不敏感的物质，而且其意外引爆或传播的概率微乎其微。

按照《危险货物分类和品名编号》，危险货物编号由5位阿拉伯数字组成，标明危险货物所属的类别、项别和顺序号，如图9-1所示。

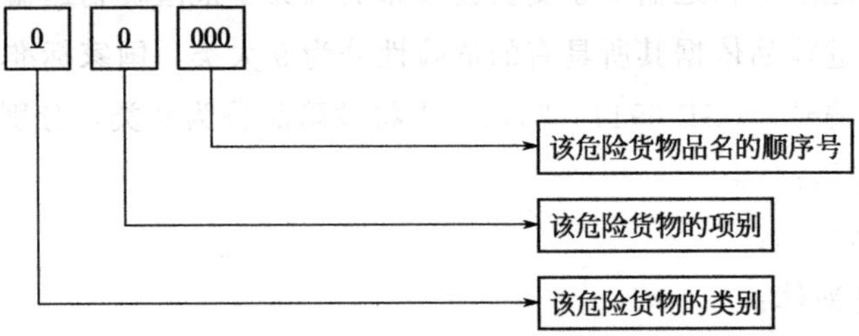

图 9-1　危险货物编号意义

例如，电雷管编号为11001表示属于第1类（爆炸品）、第1项（具有整体爆炸危险）、顺序号为001的危险货物；梯恩梯编号为11035表示属于第1类（爆炸品）、第1项（具有整体爆炸危险）、顺序号为035的危险货物；导火索编号为14007表示属于第1类（爆炸品）、第4项（无重大爆炸危险）、顺序号为007的危险货物；铵油炸药编号为15003表示属于第1类（爆炸品）、第5项（有整体爆炸危险，但很不敏感）、顺序号为003的危险货物。

9.2.2　可运输炸药及火工品界定

有实用价值的炸药及火工品首先应是能够安全运输的物品，或者经适当处理与包装后能保证安全运输的。这正如《关于危险货物运输建议书·规章范本》所述：容器类型往往对危险性有决定影响。中国已制定了国家标准《危险货物运输 爆炸品的认可和分项程序及配装要求》（GB 14371—2013）和《危险货物运输 爆炸品的认可和分项试验方法》（GB/T 14372—2013）。

危险货物运输爆炸品分级试验方法和判据方法如表9-1所示，关于分级程序分别如图9-2～图9-6所示。关于试验方法和判据就是要通过以下几组试验，分别回答程序框图中所提出的问题。

表 9-1　危险货物运输爆炸品分级试验方法和判据方法

组别	试验目的	试验项目	判定规则
第 1 组	回答爆炸品认可程序(图 9-3)中框图 4 的问题："是否为爆炸性物质?"	1(a)联合国隔板试验 1(b)克南试验 1(c)时间/压力试验	在试验中只要有一项试验结果为"+"，就认为该物质有爆炸性
第 2 组	回答爆炸品认可程序(图 9-3)中框图 6 的问题："是否极不敏感，不应认可为第 1 类?"	2(a)联合国隔板试验 2(b)克南试验 2(c)时间/压力试验	在这组试验中只有当三项试验结果都为"－"时，才能认为该物质不属于第 1 类
第 3 组	回答爆炸品认可程序(图 9-3)中框图 10 和框图 11 的问题："是否热安定?"及"是否太危险以致不能以其进行试验的形式运输?"	3(a)撞击感度试验 3(b)摩擦感度试验 3(c)75℃热安定性试验 3(d)小型燃烧试验	首先进行 3(c) 试验。如果试验结果为"+"则拒运；如果试验结果为"－"，但其他各项试验结果中至少有一项为"+"，则认为该物质运输太危险，需要采取一定措施
第 4 组	回答爆炸品认可程序(图 9-3)中框图 16 的问题："是否太危险以致不能运输?"	4(a)制品热安定性试验 4(b)(Ⅰ)钢管跌落试验(液态物质) 4(b)(Ⅱ)12m 跌落试验(制品和固态物质)	只有当 4(a)和 4(b)两项的试验结果均为"－"时，才暂定为第 1 类危险货物
第 5 组	回答爆炸品分项程序(图 9-4)中框图 21 的问题："它是整体爆炸危险的非常不敏感爆炸性物质吗?"	5(a)雷管感度试验 5(b)燃烧转爆轰试验 5(c)外部火烧试验	只有当三项试验结果均为"－"时，才能将该物质定为 1.5 项
第 6 组	对暂时认可划入第 1 类的制品或物质的包装物划分其项别	6(a)单件试验 6(b)堆垛试验 6(c)外部火烧试验 6(d)无约束的包件试验	在一般情况下按顺序进行 6(a)、6(b)、6(c)和 6(d)试验。根据具体情况可做适当删减。 (1)对无包装的制品可以不做 6(a)试验。 (2)若在试验 6(a)中，根据试验结果综合判断为包装件的内装物实际上瞬间爆炸，则可将该种货物定为 1.1 项，可以不再进行 6(b)和 6(c)试验。 (3)若在 6(a)试验中，包装件内部的爆炸或点火对包装件外层无任何破坏，或者效应很弱，不能从一件传至另一件，则 6(b)试验可省略；6(b)试验只用于判断包件在意外引发后，其危险效应是否超出包件的包装以外

续表

组别	试验目的	试验项目	判定规则
第 7 组	回答爆炸品分项程序(图 9-4)中框 40 的问题:“是否为极不敏感的制品?”	7(a)极不敏感物质的雷管试验 7(b)极不敏感物质的隔板试验 7(c)苏珊(Susan)撞击试验 7(d)极不敏感物质的子弹射击试验 7(e)极不敏感物质的外部火烧试验 7(f)极不敏感物质的缓慢升温试验 7(g)1.6 项物品或部件的外部火烧试验 7(h)1.6 项物品或部件的缓慢升温试验 7(j)1.6 项物品或部件的子弹撞击试验 7(k)1.6 项物品的堆垛试验 7(l)1.6 项物品或部件的碎片撞击试验	本组试验包括两部分:一部分是针对制品中所含爆炸性物质进行的试验 7(a)~7(f);另一部分是针对制品本身进行的试验 7(g)~7(l)。只有当各种试验均为“一”,才能将该制品定为 1.6 项
第 8 组	对用于制造炸药的硝酸铵悬浮液、乳胶基质、胶体或爆炸剂的中间体,进行爆炸品认可	8(a)热安定性试验 8(b)ANE 隔板试验 8(c)克南试验 8(d)改进的通风管试验	按第 8 组试验程序图(图 9-5)确定其属于 1.5 项,还是 5.1 项氧化性物质。8(b)用于确定该项货物是否适合贮罐运输

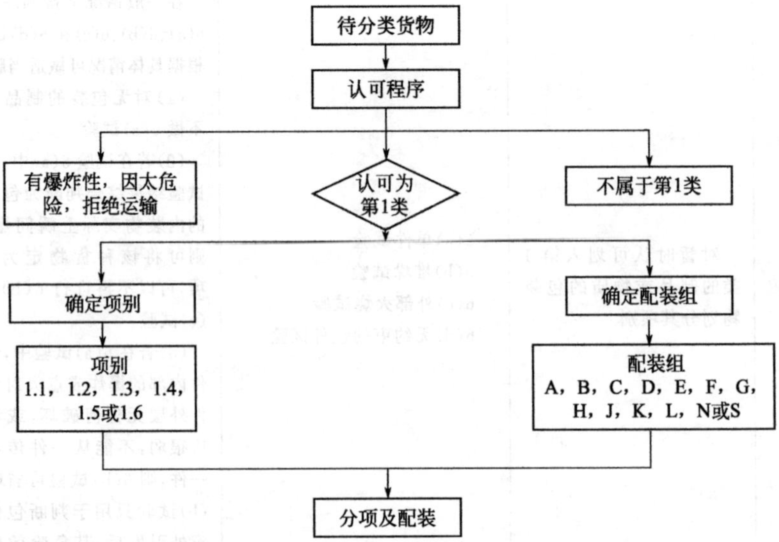

图 9-2 爆炸品认可、分项和配装组的确定程序

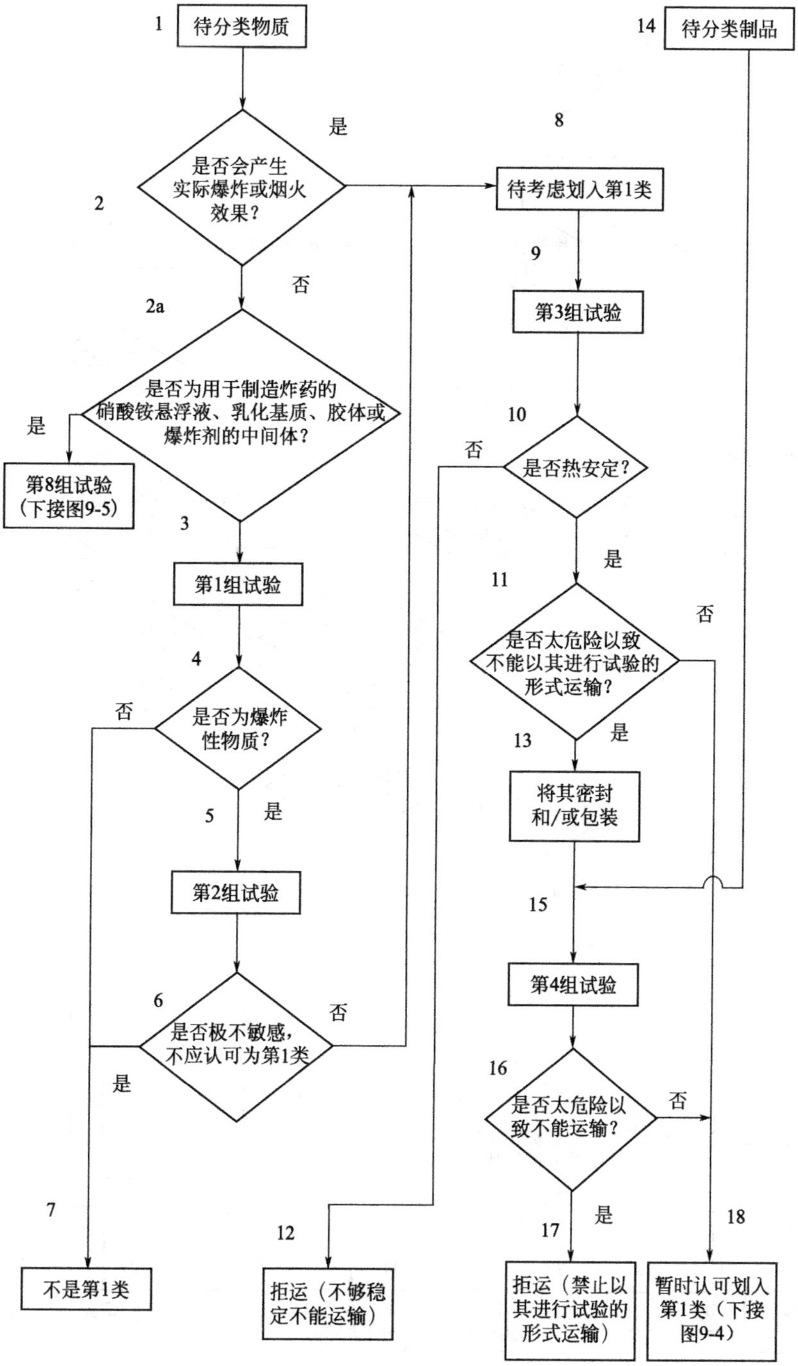
1
待分类物质
14
待分类制品
2
是否会产生实际爆炸或烟火效果?
是
否
8
待考虑划入第1类
9
第3组试验
2a
是否为用于制造炸药的硝酸铵悬浮液、乳化基质、胶体或爆炸剂的中间体?
是
第8组试验(下接图9-5)
10
是否热安定?
否
是
3
第1组试验
11
是否太危险以致不能以其进行试验的形式运输?
否
是
4
是否为爆炸性物质?
否
是
5
13
将其密封和/或包装
第2组试验
15
第4组试验
6
是否极不敏感，不应认可为第1类
否
是
16
是否太危险以致不能运输?
否
是
7
12
17
18
不是第1类
拒运(不够稳定不能运输)
拒运(禁止以其进行试验的形式运输)
暂时认可划入第1类(下接图9-4)

图 9-3　爆炸品认可程序

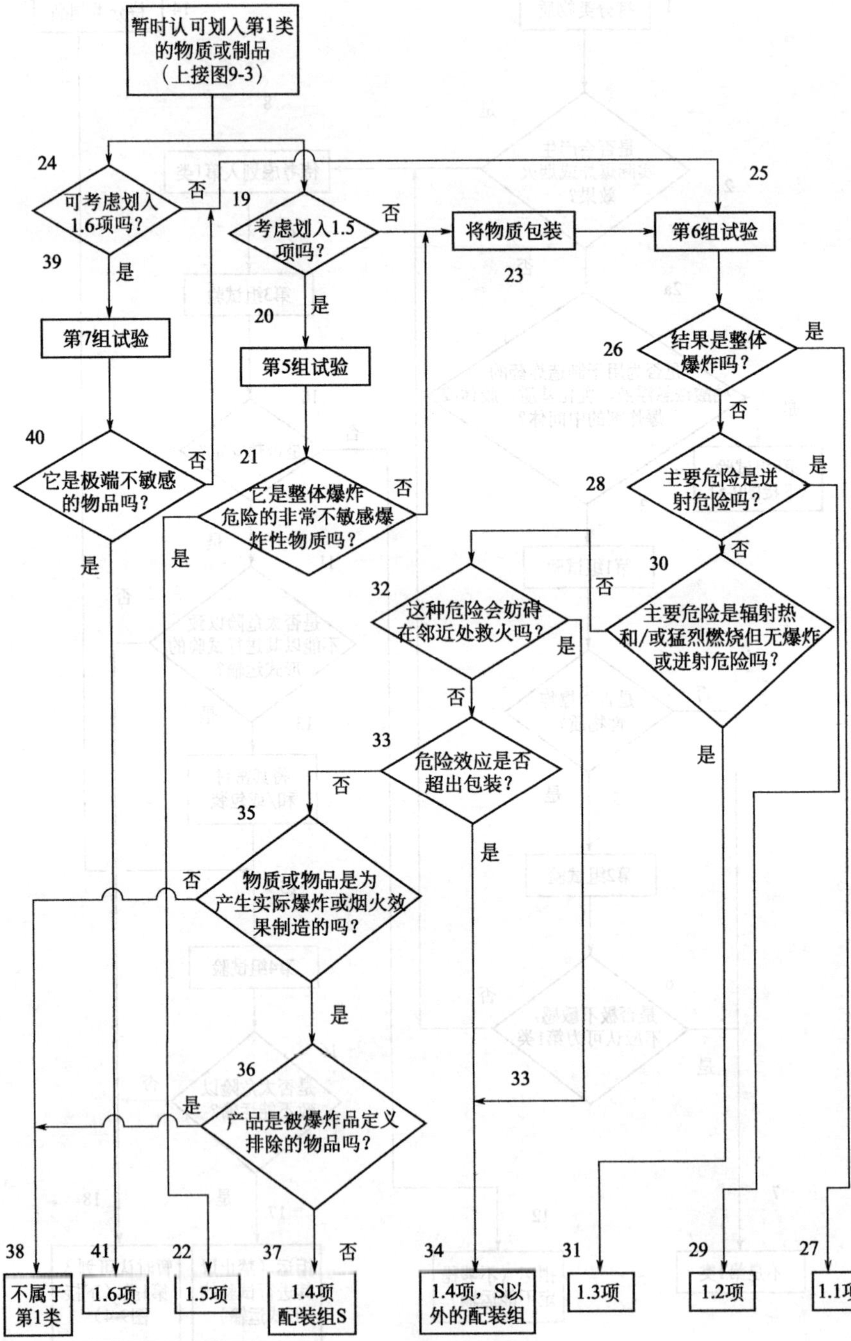
暂时认可划入第1类的物质或制品（上接图9-3）
24
可考虑划入1.6项吗？
否
19
考虑划入1.5项吗？
否
将物质包装
23
第6组试验
25
39
是
是
20
第7组试验
第5组试验
26
结果是整体爆炸吗？
是
否
40
它是极端不敏感的物品吗？
否
21
它是整体爆炸危险的非常不敏感爆炸性物质吗？
否
28
主要危险是进射危险吗？
是
否
是
是
30
32
这种危险会妨碍在邻近处救火吗？
否
主要危险是辐射热和/或猛烈燃烧但无爆炸或进射危险吗？
是
否
33
危险效应是否超出包装？
否
是
35
物质或物品是为产生实际爆炸或烟火效果制造的吗？
否
是
36
是
产品是被爆炸品定义排除的物品吗？
33
38
41
22
37
否
34
31
29
27
不属于第1类
1.6项
1.5项
1.4项配装组S
1.4项，S以外的配装组
1.3项
1.2项
1.1项

图 9-4　爆炸品分项程序

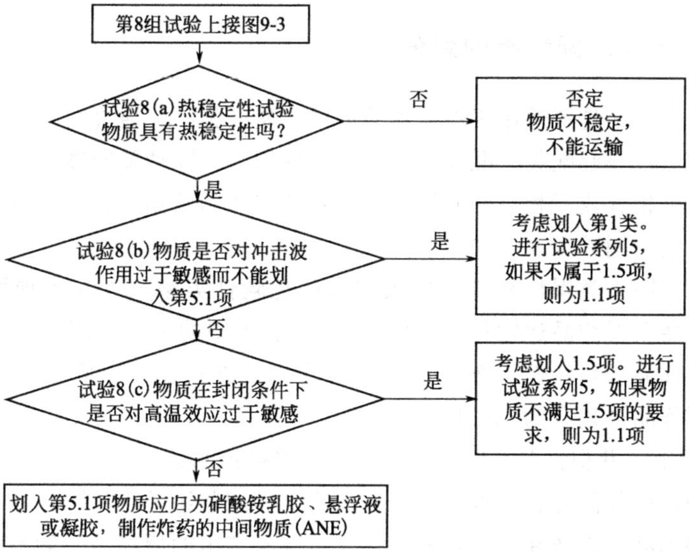

图 9-5　第 8 组试验程序

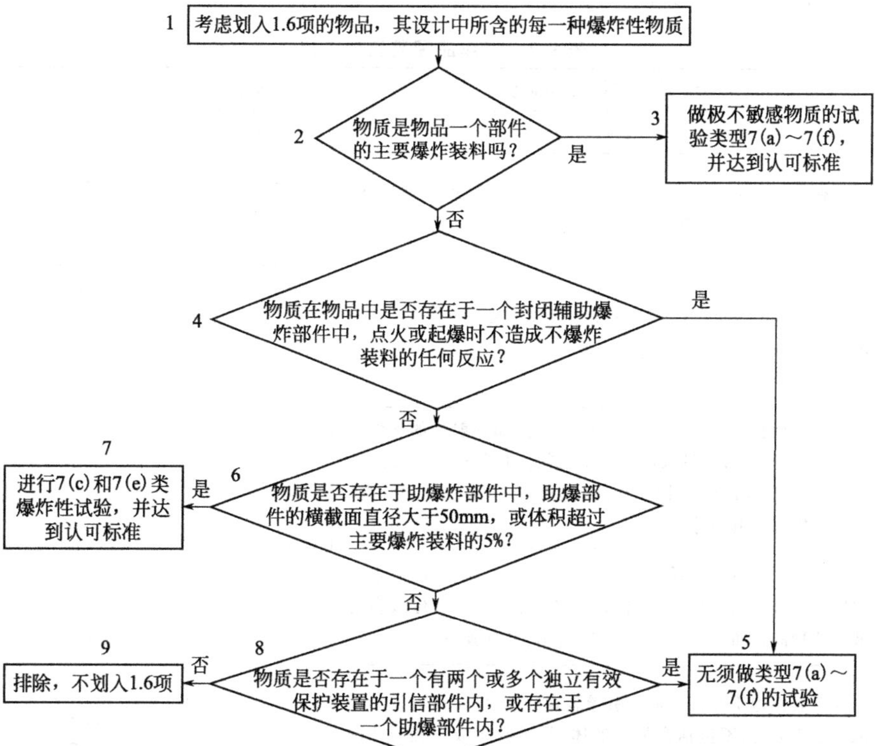

图 9-6　确定 1.6 项物品所需的试验程序

9.2.3 爆炸品配装组的划分

配装组定义是拟适用于彼此不兼容的物质或物品，通过划定配装组确定货物是否适合一起配装。配装组也称相容性组。不同种类的爆炸性物品之间存在着一个相容或不相容的问题。不相容的爆炸品及相关物（其他危险品也一样）不应一同贮存及运输。

因此将第1类爆炸品按其所表现出的危险性类型归入6个项别中的一个，并为便于爆炸品运输将其划归13个配装组中的一个。配装组分类标准是根据爆炸品理化特性、爆炸性能、内外包装方式、特殊危险性等不同特点，将爆炸品被划分为A、B、C、D、E、F、G、H、J、K、L、N和S共13个装配组，并根据各配装组爆炸品特点严格控制运输条件。

不同的爆炸品是否能混装在一起取决于其配装组是否相同。属于同一配装组的爆炸品可以放在一起运输，属于不同配装组的爆炸品一般不能放在一起运输。爆炸品配装组划分及与各配装组有关的可能危险项别的组合如表9-2和表9-3所示。

表9-2 爆炸品配装组划分表

分类物品或物质的描述	配装组	分类编码
起爆药	A	1.1A
含有起爆药并至多含有一个有效防护件(如雷管壳、火帽壳)的制品。例如雷管、雷管组件、底火以及火帽等	B	1.1B 1.2B 1.4B
火药或其他爆燃性物质或含有这类爆炸性物质的制品，如推进剂、发射药和固体火箭发动机等	C	1.1C 1.2C 1.3C 1.4C
爆轰性物质(含黑火药)；不带引爆装置和发射药的含爆轰性物质的制品；有两种或两种以上有效防护件的含起爆药的制品，例如TNT、钝黑梯-1炸药、黑火药、未装引信的弹丸、带保险机构的引信等	D	1.1D 1.2D 1.4D 1.5D
含爆轰性物质的制品，而制品中不带有引爆装置，但带有发射药或推进剂装药(不包括含易燃液体、易燃胶体或自燃液体的物品)，如不带引信的炮弹、火箭弹、导弹等	E	1.1E 1.2E 1.4E
含爆轰性物质并自身带有引爆装置的制品，可带有发射药或推进剂装药(不包括含易燃液体、易燃胶体或自燃液体的物品)	F	1.1F 1.2F 1.3F 1.4F

续表

分类物品或物质的描述	配装组	分类编码
烟火剂或含烟火剂的制品；或兼爆炸性物质及照明剂、燃烧剂、催泪剂或发烟剂的制品（不包括遇水反应的制品或含白磷、磷化物、自燃烟火剂、易燃液体、易燃胶体或自燃液体的制品）	G	1.1G 1.2G 1.3G 1.4G
既含爆炸性物质又含白磷的制品	H	1.2H 1.3H
既含爆炸性物质又含易燃液体或易燃胶体的制品	J	1.1J 1.2J 1.3J
既含爆炸性物质又含有毒化学剂的制品	K	1.2K 1.3K
具有特殊危险性，每种类型都需要相互隔离的爆炸性物质或含爆炸性物质的制品，如遇水反应的，或含有自燃液体、磷化物或自燃烟火剂的物质（或其混合物）或制品	L	1.1L 1.2L 1.3L
含有极不敏感的爆轰性物质的制品	N	1.6N
包装或设计达到下述要求的物质或物品：其包装或结构能保证在贮存和运输过程中，由偶然因素引起的任何危险效应，都能被限制在包装件内，即使在包装已被火烧坏的情况下，爆炸或破片效应也应限制在不致严重妨碍和阻止在包装件附近施救或采取其他应急措施的范围内	S	1.4S

表 9-3　爆炸品危险项别与配装组的组合

配装组 项别	A	B	C	D	E	F	G	H	J	K	L	N	S	A～S Σ
1.1	1.1A	1.1B	1.1C	1.1D	1.1E	1.1F	1.1G		1.1J		1.1L			9
1.2		1.2B	1.2C	1.2D	1.2E	1.2F	1.2G	1.2H	1.2J	1.2K	1.2L			10
1.3			1.3C			1.3F	1.3G	1.3H	1.3J	1.3K	1.3L			7
1.4		1.4B	1.4C	1.4D	1.4E	1.4F	1.4G						1.4S	7
1.5				1.5D										1
1.6												1.6N		1
1.1～1.6 Σ	1	3	4	4	3	4	4	2	3	2	3	1	1	35

① 配装组 D 和 E 的物品，可安装引发装置或与之包装在一起，但该引发装置应至少配备两个有效的保护功能，防止在引发装置意外启动时引起爆

炸。此类物品和包装应划为配装组 D 或 E。

② 配装组 D 和 E 的物品，可与引发装置包装在一起，尽管该引发装置未配备两个有效的保护功能，但在正常运输条件下，如果该引发装置意外启动不会引起爆炸。此类包件应划为配装组 D 或 E。

③ 划入配装组 S 的物质或物品应经过 1.4 项的试验确定。

④ 划入配装组 N 的物质或物品应经过 1.6 项的试验确定。

9.2.4 运输包装

运输包装是为了尽可能降低运输流通过程对爆炸品造成损坏，保障运输的安全，方便贮运装卸，加速交接点检验而采取的防护措施。

按照国家运输标准，炸药及火工品的运输包装应该具有足够的强度、刚度与稳定性，具有防火、防水、防潮、防虫、防腐、防盗、防渗漏、防静电、防电磁等功能，可以抗御爆炸品在运输过程中的正常冲击、震动和挤压。包装的材质、规格和结构、质量、尺寸、标志和形式等符合国际与国家标准，便于搬运与装卸。包装容器与所装货物，不得发生危险反应或削弱包装强度，包装的衬垫物应当具有稳固、减震和吸收功能。

联合国规格包装：经过联合国包装试验，并保证安全达到联合国标准，包装上有联合国试验合格标志。

(1) 包装试验合格标志

根据正常运输条件下可能遇到的撞击、挤压、摩擦等情况，对危险货物包装进行各种模拟试验，是检验其包装强度的有效方法。显然，对危险性越大的货物，其包装模拟试验的标准也应当越高。包装等级的划分由其包装模拟试验的标准确定。模拟试验的项目包括跌落试验、渗漏试验、液压试验、堆码试验等。每一类型的包装试验品只需按规定做其中的一项或几项试验。例如，对满载固体拟装货物的铁桶包装进行的跌落试验，规定的试验标准是：Ⅰ类包装的跌落高度是 1.8m，Ⅱ类包装是 1.2m，Ⅲ类包装是 0.8m。3 类包装等级含义见表 9-4。试验品若被在规定的高度跌落于试验平台后，无影响运输安全的损坏，则视为合格。3 类包装等级的含义是：

Ⅰ类包装——能盛装高度、中度和低度危险的物质；

Ⅱ类包装——能盛装中度和低度危险的物质；

Ⅲ类包装——能盛装低度危险的物质。

表 9-4 3 类包装等级的含义

等级符号	含义
X	包装等级Ⅰ，可以盛放包装等级为Ⅰ、Ⅱ、Ⅲ的危险物品
Y	包装等级Ⅱ，可以盛放包装等级为Ⅱ、Ⅲ的危险物品
Z	包装等级Ⅲ，可以盛放包装等级为Ⅲ的危险物品

第 1 类的部分爆炸品，因对防火、防震、防磁等有特殊要求，需要选用危险货物一览表中规定的或主管部门批准的包装材料、类型和规格的专用包装。除非有特别规定，第 1 类爆炸品中其余的物质和物品的包装均应满足上述Ⅱ类包装的要求。

(2) 包装代号

根据联合国规格包装的标准，用不同的代码表示不同类型的危险物品包装。包装代码分为两个系列，第一个系列适用于内包装以外的包装，第二个系列适用于内包装。

① 适用于内包装以外的包装代码。内包装以外的包装中，外包装/单一包装与复合包装的代码位数也有区别。

其中，外包装/单一包装代码是两位或三位代码，由一个或两个阿拉伯数字加一个字母组成。第一个符号是阿拉伯数字，表示包装的种类，如桶、箱等；第二个符号是大写拉丁字母，表示材料的性质，如钢、木等；第三个符号是阿拉伯数字，表示某一种类包装更细的分类（此符号根据实际情况确定有无，因为有的包装分类中无更细的分类）。

而复合包装则是三位或四位代码，由一个或两个阿拉伯数字和两个字母组成；两个大写拉丁字母顺次地写在代码中的第三位上，第一个字母表示内容器的材料，第二个字母表示外包装的材料。另外两个数字的含义同上。

另外，组合包装仅采用表示外包装的代码，即由一个或两个阿拉伯数字和一个字母组成。

② 用于表示包装种类的阿拉伯数字的含义，如表 9-5 所示。

表 9-5 包装种类的阿拉伯数字含义

数字	1	3	4	5	6
代表含义	桶	方形桶	箱	袋	复合包装

③ 用于表示包装材料的字母的含义，如表 9-6 所示。

表 9-6 包装种类的英文字母含义

字母	A	B	C	D	F	G	H	N
代表含义	钢	铝	天然木	胶合板	再生木	纤维板	塑料	金属(钢和铝除外)

④ 包装代号实例，如表 9-7 所示。

表 9-7 包装代号实例

符号	含义	符号	含义
1A1	小口钢桶(顶盖不可移动钢桶)	4C1	普通型天然木箱
1A2	大口钢桶(顶盖可以移动钢桶)	4C2	防漏型天然木箱
1B1	小口铝桶(顶盖不可移动铝桶)	4H1	泡沫塑料箱
1B2	大口铝桶(顶盖可以移动铝桶)	4H2	硬塑料箱

⑤ 包装代号中特殊符号说明

V：特殊包装；

U：感染性物质特殊包装；

W：非完全符合联合国规格，使用需要始发国批准；

T：补救包装。

(3) 炸药及火工品的包装规定

① 一般规定。炸药及火工品必须装载于质量良好的包装内，包括中型散货箱和发行包装件。包装必须足够坚固，能承受运输过程中通常遇到的冲击和荷载，包括运输装置之间和运输装置与仓库之间的转载、搬离托盘、外包装供随后人工或机械操作等。中型散货箱和大型包装的结构和封闭状况，必须能防止正常运输条件下震动、温度、湿度或压力变化（例如海拔不同产生的）能造成的任何内装物损坏。

中型散货箱和大型容器必须按照制造商提供的资料进行封闭。在运输过程中不得有任何危险残余物黏附在包装、中型散货箱和大型包装外面。这些要求也酌情适用于新的、再次使用的、修正过的或改制的包装，以及新的、再次使用的、修理过的或改制的中型散货箱和新的或再次使用的大型包装。

与炸药及火工品直接接触的包装或容器的各个部位应注意：a. 不得受到货物的影响或其强度被货物明显减弱；b. 不得在包件内造成危险效应，例如促使危险货物起反应或与其起反应。必要时，这些危险部位必须有适当的内涂层或经过适当的处理。若容器包装、中型散货箱、大型包装件内是液体，必须留有足够的未满空间，以保证在运输过程中不会因为温度变化造成液体膨胀，使容器泄漏或永久变形。除非规定有具体要求，否则液体不得在55℃温度下装满容器。中型散货箱必须留有足够的未满空间，以确保在平均整体温度为50℃时，装载率不超过其水容量的98%。

内包装在外包装中放置时，必须做到在正常运输条件下，不会破裂、被刺穿或其内装物漏到外包装中。装有液体的内包装，包装后封闭装置必须朝上，且在外包装内的摆放位置必须与外包装上标示的箭头方向一致。

炸药及火工品不得与其他货物或其他危险货物放置在同一个外包装或在大型包装件中。装有潮湿或稀释物质的包装的封闭装置必须使液体（水、溶剂或减敏剂等）的百分率在运输过程中不会下降到规定的限度以下。

中型散货箱上串联地安装两个以上的封闭系统，离所运物质最近的那个系统必须先封闭。如果包件内可能因内装物释放气体（由于温度上升或其他原因）而产生压力，容器或中型散货箱可安装一个通风口，但所释放的气体不得因其毒性、易燃性和排放量等问题而造成危险。

如果由于物质的正常分解产生危险的超压，必须安装通风装置。通风口的设计必须保证容器或中型散货箱在预定的运输状态下，不会有液体泄漏或异物进入。液体只能装入对正常运输条件下可能产生的内压具有适当承受力的内包装。空运时，不允许包装件排气。

对正常运输条件下可能产生的内部压力，液体装入的包装应具有适当承受力，包括中型散货箱。在运输过程中可能遇到因温度变化会变成液体的固体所用的包装，包括中型散货箱也必须能够装载液态的该物质。用于装粉末或颗粒状物质的包装，包括中型散货箱，必须防筛漏或配备衬里。塑料桶、罐、硬塑料中型散货箱和带有塑料内包装的复合中型散货箱，除非有主管当局的另行批准，否则运输危险物质的使用期应为从包装的制造日期起五年以内。根据运输物质的性质，可规定更短的使用期。

② 特殊规定。爆炸品所使用的包装，包括中型散货箱和大型包装，必须符合Ⅱ级包装的规定。

第 1 类货物的所有包装设计和制造必须达到以下要求：a. 能够保护爆炸品，使它们在正常运输条件下，包括在可预见的温度、湿度和压力发生变化时，不会漏出，也不会增加意外引燃或引发的危险；b. 完整的包装件在正常运输条件下可以安全地搬动；c. 包装件能够经受得住运输中可预见的堆积荷重，不会因此增加爆炸品的危险性，包装的保护功能不会丧失，容器变形的方式或程度不致降低其强度或造成堆垛的不稳定。

同时对所要运输的爆炸性物质和物品必须按照分类程序加以分类，并应遵循以下内容要求：

包装（包括中型散货箱和大型包装）必须符合相应的包装测试要求，达到相应的Ⅱ级包装试验要求。可以使用符合Ⅰ级包装试验标准的金属包装以外的包装。

装液态爆炸品的包装的封闭装置必须有防渗漏的双重保护设备。金属的封闭装置必须包括垫圈；如果封闭装置包括螺纹，必须防止爆炸性物质进入螺纹。

可溶于水的物质包装应是防水的。钝感物质的包装必须封闭以防止浓度在运输过程中发生变化。

当包装包括中间充水的双包层，而水在运输过程中可能结冰时，必须在水中加足够的防冻剂以防结冰。不得使用由于其固有的易燃性而可能引起燃烧的防冻剂。

钉子、钩环和其他没有防护涂层的金属制造的封闭装置，不得穿入外包装内部，除非内包装能够防止爆炸品与金属接触。

内包装、连接件和衬垫材料以及爆炸性物质或物品包件内的放置方式必须能使爆炸性物质或物品在正常运输条件下不会在外包装内散开。必须防止物品的金属部件与金属包装接触。含有没有用外壳封装的爆炸性物质的物品必须互相隔开以防止摩擦和碰撞。内包装或外包装、模件或贮器中的填塞物、托盘、隔板可用于这一目的。

制备包装的材料是与包件所装的爆炸品相容的，并且是该爆炸品不能透过的，以防爆炸品与容器材料之间的相互作用或渗漏造成爆炸品不能安全运输，或者造成危险项别或配装组的改变。

必须防止爆炸性物质进入有接缝金属包装的凹处。

塑料包装不得容易产生或积累足够的静电，以致放电时可能造成包装件内的爆炸性物质或物品引发、引燃或爆炸。

爆炸性物质不得装在由于热效应或其他效应引起的内部和外部压力差可能导致爆炸或造成包件破裂的内包装或外包装。

如果松散的爆炸性物质或者无外壳或部分露出的物品的爆炸性物质可能与金属包装的内表面接触时，金属包装必须有内衬里或涂层。

(4) 联合国规格包装的合格标记示例

基于危险物品的特殊性，为了确保安全运输，避免所装物品在正常条件下受到损害，对危险物品的包装必须进行规定的性能试验。经试验合格后并在包装表面标注持久、清楚、统一的合格标记后，才能使用。联合国（UN）为了国际运输的需要，规定了统一的包装合格标记及联合国规格包装。UN 规格包装示例如图 9-7。

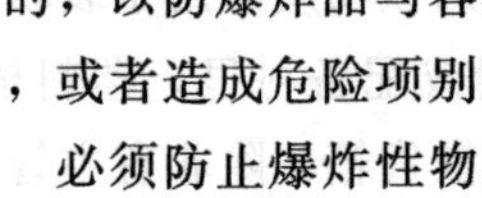

图 9-7 UN 规格包装的合格标记示例

图 9-7 中：

① 4G：纤维板箱子；

② Y：包装等级Ⅱ级；

③ 145：包装可以承受的最大允许毛重是 145kg；

④ S：里面盛放固体或内包装；

⑤ 02：生产年份代号；

⑥ NL：生产国家代号；

⑦ VL823：生产厂商代号。

9.2.5 国内外有关炸药运输安全法规

健全的法律体系是炸药及火工品运输管理的关键和基础，而炸药及火工品运输管理的法律体系包括三个层次。

第一层次是国际公约和国际标准，即联合国危险货物运输专家委员会颁布的《关于危险货物运输建议书·规章范本》、国际原子能机构（LAEA）颁布的《放射性物质安全运输规则（IAEAST-1）》、国际民航组织的附件十八《危险物品的安全航空运输》和《危险物品安全航空运输技术细则》、国际航空运输协会的《危险物品规则 DGB》、《国际铁路联运危险货物安全运输技术规则》、《国际海运危险货物规则》、《国际海运危险货物安全运输技术规则》、《国际海运危险货物规定》、《危险物品航空安全运输技术指令》、《空运危险货物安全运输技术规则》等。

第二层次是国家法律，即各国关于炸药及火工品运输的法律法规及规章制度等，这些根本性法律规定了炸药及火工品运输活动的一系列规范和要求，一般由国家的立法机构制定和颁布，如《安全生产法》《铁路法》《港口法》《内河交通安全管理条例》《危险化学品安全管理条例》《危险货物品名表》《危险货物运输包装通用技术条件》《民用爆炸物品管理条例》《烟花爆竹安全管理条例》。同时为便于运输管理工作的进行，出台了相关标准，如《危险货物运输 爆炸品的认可和分项程序及配装要求》（GB 14371—2013）、《危险货物运输 爆炸品的认可和分项试验方法》（GB/T 14372—2013）、《危险货物分类和品名编号》（GB 6944）、《民用爆炸物品工程设计安全标准》（GB 50089—2018）、《工业企业厂内铁路、道路运输安全规程》（GB 4387—2008）、《道路运输危险货物车辆标志》（GB 13392—2005）等。

第三层次即为各国交通运输部门制定的炸药及火工品运输相关的规章标准，如下所示：

① 道路运输及铁路运输危险货物相关规章要求。如《道路危险货物运输管理规定》、《爆破器材运输车安全技术条件》、《道路运输爆炸品和剧毒化学品车辆安全技术条件》、《危险货物道路运输规则》（JT/T 617）、《汽车运

输、装卸危险货物作业规程》(JT 618)、《铁道部关于危险货物运输规则》、《铁路运输安全保护条例》、《军用危险货物铁路运输规则》、《铁路危险货物管理规则》、《铁路危险货物运输管理规则》等。

② 内河运输及航海运输危险货物相关规章要求。如《水路危险货物安全运输规则》《港口危险货物安全管理规定》《港口危险货物管理规定》等。

③ 航空运输危险货物相关规章要求。如《危险物品安全航空运输技术细则》、《中国民用航空危险品运输管理规定》(CCAR 276 部)、《公共航空运输承运人运行合格审定规则》(CCAR 121 部)等。

9.2.6 常见炸药的运输举例

(1) 四氮烯 (UN0114 1.1A)

UN0114 表示该物质对应的联合国危险化学品的唯一编号。联合国危险货物编号(UN+4 位数字)可以用来识别有商业价值的危险物质和货物(例如爆炸物或是有毒物质),由联合国危险物品运送专家委员会制定。这些编号在《关于危险货物运输建议书·规章范本》中公布,并在国际贸易当中被广泛使用,以便于标注货运容器或包装内的危险化学品。尽管每年不断出现、新增更多的危险化学品,但具体某物质的联合国危险化学品编号保持不变。1.1A 则对应为前述 9.2.1 节中的分类,下同。因不同物质的危险特性往往也有多面性,同一物质可能会具有多个编号,但每个编号只能对应特定的某一物质。

四氮烯在干燥时遇震动、摩擦或接触火焰、火花引起爆炸。但含水量30%以上时,稳定性较好。应尽可能在低温条件下运输,并应规定最低含水量。在低温条件下运输时,为防止冻结,应加入适当的溶剂(如乙醇),以降低液体的凝固点。这些规定应经主管部门的认可。

(2) 叠氮化铅 (UN0129 1.1A)

干燥时遇震动、摩擦或接触火焰、火花引起爆炸。但含水量 20%以上时,稳定性较好。易与铜生成极敏感的叠氮化铜。应尽可能在低温条件下运输,并应规定最低含水量。在低温条件下运输时,为防止冻结,应加入适当的溶剂(如乙醇),以降低液体的凝固点。

(3) 三硝基间苯二酚铅 (UN0130 1.1A)

日光下分解,干燥时遇明火、高温、震动、摩擦引起爆炸。含水量20%以上时,稳定性较好。应尽可能在低温条件下运输,并应规定最低含水量。在低温条件下运输时,为防止冻结,应加入适当的溶剂(如乙醇),以降低液体的凝固点。

（4）二硝基重氮酚（UN0074 1.1A）

干燥时遇火花、高热、震动、摩擦能引起爆炸。含水量 40%以上时，稳定性较好。应尽可能在低温条件下运输，并应规定最低含水量。在低温条件下运输时，为防止冻结，应加入适当的溶剂（如乙醇），以降低液体的凝固点。

9.3 特殊炸药及火工品的运输

9.3.1 针对特殊炸药及火工品运输采用的方法

当炸药及火工品危险性太高，不可直接运输时，可以采用钝化或稀释的方法降低其危险性，以便于运输。

（1）钝化

在运输过程中须加水、乙醇及其他钝感剂进行抑制爆炸的爆炸品，应在钝化体系中加入足够的防冻剂，以防冻结，并在包装表面以及运输单证上标明。

在爆炸品的表面包裹一层钝感剂，如石蜡，制得钝化的爆炸品。

（2）稀释

为降低炸药及火工品的危险性，提高其运输安全，通常加入水等不与其发生反应的物质进行稀释，以降低其混合体系的敏感性。

9.3.2 特殊炸药及火工品运输

（1）硝化纤维（UN0340 1.1D、UN0343 1.3C）

硝化纤维含水量 25%时较为安全，温度超过 40℃时，能加速分解而自燃，含氮量小于 12.5%时较稳定，但久存或受热能逐步分解并放出酸，使燃点降低，并具有自燃或爆炸危险。运输时通常加入稳定剂（30%乙醇或水），在无烟火药中常加入二苯胺，在赛璐珞中加入尿素。

含氮量 10.7%～11.2%，制赛璐珞；含氮量 11.2%～11.7%，制照相底片、X 射线软片、眼镜架、瓶口封套等；含氮量 11.8%～12.3%，用作黏结剂以制涂料，调整黏度，制人造革，做纸张防水处理；含氮量 12.4%～13.0%，制无烟火药等。由此可见，按干重含氮量不超过 12.6%为民用硝化纤维素，可按易燃固体运输，否则应按照爆炸品运输。

(2) 硝化甘油 [UN0143 1.1D(6.1)、UN0144 1.1D、UN3357 3]

硝化甘油的机械感度与其接触的材料有关。在铁质、瓷质之间碰撞或摩擦均容易引起硝化甘油爆炸。而在铜质、木材、橡皮之间则不易爆炸。固态混合物中硝化甘油含量低于10%，可按易燃固体运输，采用不挥发、不溶于水的钝感剂对硝化甘油钝化，液态混合物中硝化甘油含量低于30%，可按易燃液体运输。硝化甘油乙醇溶液中的硝化甘油含量低于5%时，可按易燃液体运输。

9.4 不同运输方式安全要求

9.4.1 炸药及火工品公路运输安全要求

公路运输具有机动灵活、快速及时、方便经济的特点，同时也是最易发生交通事故的运输方式，其中又以炸药及火工品运输事故影响尤为严重。

(1) 运输车辆的安全要求

① 爆炸品必须使用完全封闭“爆炸品专用车”运输。全挂汽车、拖拉机、三轮机动车、非机动车（含畜力车）和摩托车不准装运爆炸品。

② 车厢、底板必须平坦完好，周围栏板必须牢固。使用铁质底板装运易燃、易爆货物时，应采取衬垫防护措施，如铺垫木板、胶合板、橡胶板等，但不得使用谷草、草片等松软易燃材料，并根据所装危险货物的性质，配备相应的消防器材和用于捆扎、防水、防散装等用具材料。

③ 机动车辆排气管必须装有有效的隔热和熄灭火星的装置，电路系统应有切断总电源和隔离电火花的装置；车辆左前方必须悬挂由公安部门统一规定的黄底黑字“危险品”字样的信号旗（危险品三角旗），以醒目的标志引起其他车辆的注意。

④ 运输车辆的栏板应坚实、稳固、可靠，确保在转弯时不会使物品滑动或跌落。炸药及火工品的装卸高度不得超过车辆栏板高度。车厢底板应平整、密实、无缝隙，不致造成炸药及火工品的渗漏并接触传动轴摩擦起火。

⑤ 各种装卸机械、工具要有足够的安全系数，装卸易燃、易爆危险货物的机械和工具，必须有消除产生火花的措施。装运集装箱的车辆，必须设置有效的紧固装置。

⑥ 运输车辆应根据所装炸药及火工品的性质配置相应的灭火器材、防护急救用品，以供急用。通常可在驾驶室内或近旁悬挂1211、二氧化碳或干粉灭火器。这些灭火器材和防护急救用品应定期进行检查，如发现渗漏、

破损、变形、重量减轻、筒身摇动有声响等现象，应立即维修或更换，确保其随时处于完好状态。

（2）行驶路线的安全要求

① 通过公路运输炸药及火工品，必须配备押运人员，并随时处于押运人员的监管之下，不得超装、超载，不得进入炸药及火工品运输车辆禁止通行的区域；确需进入禁止通行区域的，应当事先向当地公安部门报告，由公安部门为其指定行车时间和路线，运输车辆必须遵守公安部门规定的行车时间和路线。

② 炸药及火工品的公路运输实行“运输通行证”制度。从事炸药及火工品运输的单位，应取得交通运输部门的资质鉴定；在进行炸药及火工品运输时，应事先填写运输危险化学品申请表，报当地公安部门申领“运输通行证”，并应严格按照批准的日期、地点、路线进行运输，没有“运输通行证”的一律不准运输。

③ 长途运输炸药及火工品的车辆不得沿途任意停靠，确需在中途用餐、住宿或者遇有无法正常运输的情况时，应当向当地公安部门报告，选择空旷地点或指定停车场停放，人不得离开运输车辆。

9.4.2 炸药及火工品铁路运输安全要求

铁路运输是利用列车运送客货的运输方式，铁路长距离运输途经地区的气候条件复杂，温差变化较大。日光直接照晒、夏季温度升高，生活取暖、饮食用火、机动车排烟、生产用火，雷电、静电等外界火源，是铁路运输过程中造成高温、明火环境的主要原因，装载爆炸品的车辆处于高温、明火环境中，极易引起车内温度升高，从而引起燃烧和爆炸。

爆炸品在运输过程中，一旦发生爆炸事故，影响巨大。因此，为最大限度地降低发生事故的概率以及减少事故造成的影响，在铁路运输时，应遵循一定的原则：线路技术条件好，如线路平直、桥隧少；经过的大中城市少、沿线人口密度低；线路上旅客列车对数少；避免经过电气化区段；易燃、易爆等危险货物运输较少；运输里程短；运输线路装备较先进，如自动闭塞、列车牵引定数较高等。

车辆编组隔离必须符合有关规定，装载爆炸品的车辆距牵引的内燃、电力机车，推进运行或后部补给使用火炉的车辆最少的隔离车辆数为 1 辆；雷管及导爆索之外的爆炸品距装载雷管及导爆索的车辆最少隔离 4 辆车；距敞车、平车装载的货物最少隔离 2 辆车。在调动装载爆炸品的车辆时禁止溜放和由驼峰上解体，车站与专用线之间取送车，以及车站或专用线的调车作业禁止使用蒸汽机车。装有爆炸品的车辆必须停放在固定线路，成组车辆不得分解，并以铁鞋、止轮器、防溜枕木等掩紧固定。

为了保证铁路炸药及火工品的运输安全，在托运承运、装卸搬运、运输过程、保管交付这四个重要环节上，必须严格执行《危险货物运输规则》《铁路危险货物运输规则》等有关规定，采取安全措施，确保炸药及火工品的运输安全。

炸药及火工品的托运人和承运人应当按照操作规程包装、装卸、运输，防止危险货物泄漏、爆炸。运输炸药及火工品应当按照国家规定，使用专用设施、设备，托运人应配备熟悉炸药及火工品性能和事故处置方法的押运人员和应急处理器材、设备、防护用品，使炸药及火工品始终处于押运人员的监管之下。如发生盗窃、丢失、泄漏等事件，应当按照国家有关规定及时报告，采取应急措施。

(1) 托运承运安全要求

① 国家规定，炸药铁路运输企业应凭准运手续办理托运业务，所以运输火工品（包括各类炸药、雷管、导火索、非电导爆系统、起爆药和爆破剂）和黑火药、烟火剂、民用信号弹及烟花爆竹等民用爆炸物品，均应持有《爆炸物品购买证》和《爆炸物品准运证》（由收货单位所在地县、市公安部门签发）。托运人托运炸药及火工品时，应在货物运单“货物名称”栏内填写危险货物品名索引表内列载的品名和编号，并在运单的右上角用红色戳记标明类项。允许混装在同一包装内运输的炸药及火工品，托运人应在货物运单内分别写明货物名称和编号。

② 性质或消防方法相互抵触，以及配装号或类项不同的炸药及火工品不能一批托运。

③ 禁止运输过度敏感或能自发反应而引起危险的物品。凡性质不稳定或由于聚合、分解在运输中能引起剧烈反应的炸药及火工品，托运人应采用加入稳定剂和抑制剂等方法，保证运输安全。对危险性大，如易于发生爆炸性分解等反应或需控温运输的炸药及火工品，托运人应提出安全运输办法，报公安部门审批。除装爆炸品保险箱和配装表第 1、2 号内所列品名外，爆炸品限按整车办理。

④ 托运爆炸品时，托运人应拿出炸药及火工品名表内规定的许可运输证明，同时在货物运单“托运人记载事项”栏内注明名称和号码。发站应确

认品名、数量、有效期限和到达地是否与运输证明记载相符。

⑤ 发站受理和承运危险货物时，应认真做到：确认货物运单内品名、编号、类项、包装等填写正确、完整，并核查危险货物品名表第11栏内有无特殊规定；核查托运人提供的证明文件是否符合规定；检查包装是否符合规定，各项标志是否清晰、齐备、牢固。

⑥ 危险货物符合下列条件之一的，可按普通货物条件运输：危险货物品名表第11栏内有规定的；危险货物品名索引表内品名之前注有“*”符号，货物的包装、标志符合规定，每件货物净重不超过10kg，箱内每小件净重不超过0.5kg，一批货物净重不超过100kg，每车不得超过5批；成套货物的部分配件或货物的部分材料属于危险货物；采用标准“保险箱”运输的。

⑦ 危险货物按普通货物条件运输时，经铁路分局批准并可在非危险货物办理站发运。托运人应在货物运单“托运人记载事项”栏内注明“×××可按普通货物运输”，如“易燃液体，可按普通货物运输”或“放射性物品，可按普通货物运输”。

(2) 运输过程安全要求

① 运输过程的一般要求。装运爆炸品时，不得使用全铁底板棚车。火工品货物车运行时包装应牢固、严密。雷管必须装在专用的保险箱里，雷管箱（盒）内的空隙部分，用泡沫塑料之类的软材料填满。箱子应紧固于运输工具的前部。炸药箱（袋）不得放在雷管箱上。禁止火工品与其他货物混装。

硝化甘油类炸药或雷管装运量，不准超过运输工具额定载重量。火工品的装运高度不得超过车厢边缘，雷管或硝化甘油类炸药的装载高度不得超过两层。

装载火工品的车厢内，不准同时载运旅客和其他易燃、易爆物品，装有火工品的车厢与机车之间，炸药车厢与雷管车厢之间应用未装火工品的车厢隔开。运输火工品列车应挂有明显的危险标志。装有火工品的车厢停车线应与其他线路隔开，停放装有爆炸品车厢线路的转撤器应锁住，车辆必须楔牢，车厢前后50m要设危险标志。

② 爆炸品保险箱的运输

a. 爆炸品保险箱（以下简称保险箱）运输的爆炸品，可在铁路零担货运营业站（不办理武器、弹药及爆炸品的车站除外）按零担办理。

b. 用保险箱装爆炸品时，装箱后箱内空隙要填充紧密，同一保险箱内只限装同一品名的货物，每箱总重不得超过200kg。保险箱两端应有“向上”“防潮”“爆炸品”标志。

c. 托运装有爆炸品的保险箱时，托运人需在货物运单的“货物名称”栏内填写货物品名、编号，在运单右上角及封套上标明危险货物类项，在运单“托运人记载事项”栏内注明保险箱的统一编号。保险箱编号、标志应清晰，箱体不得破损、变形。托运人应对箱内货物品名的真实性、包装及衬垫的完好性负责。

d. 装在同一车内或在同一仓库内作业及存放的保险箱，箱内危险货物编号必须一致（配装表第1、2号内所列品名除外)。装有爆炸品的保险箱可比照普通货物配装，但不得与放射性物品同装一车。装车时，保险箱应放在底层，摆放整齐稳固，并尽量装在车门附近。装卸搬运时要稳起稳落，严禁摔碰、撞击、拖拉、翻滚。

e. 调动装有爆炸品保险箱的车辆时，必须按规定进行作业。发站应在货物运单、封套、货车装车清单、列车编组顺序表上标明“禁止溜放”字样，并插挂“禁止溜放”货车标示牌。

f. 装有爆炸品的保险箱，车站应及时发送、中转和交付。保险箱应放在车站指定的仓库内妥善保管，如遇火灾应及时将保险箱或车辆送至安全地带。

g. 保险箱的设计、制造应由生产单位的主管部门（省、部级）与铁道部商定后按《爆炸品保险箱》的标准生产。保险箱外部应按国家标准标注使用单位代号。各使用单位须提出爆炸品保险箱标号申请表（格式无）一式四份，以及生产厂家出具的爆炸品保险箱合格证到所在地的铁路局标号，如上-B-0001，京-B-0001。铁路局编号后，一份存查，其他三份分别交保险箱使用单位、铁路分局及发站。

h. 保险箱在使用过程中发生损坏，使用单位应及时检修处理，保持完好状态。保险箱每隔两年需由指定单位检验一次。技术状态良好、符合使用要求的由检验单位在箱体两端涂打检验年、月、单位（如94.5-5534厂检)。使用单位应持检验合格证到铁路局进行重新登记，未经登记者不得使用。

(3) 炸药及火工品的保管和交付

① 车站对炸药及火工品应按其性质和要求存放在指定的仓库、雨棚或场地，桶装、罐装的炸药及火工品应存放在阴凉通风处。遇潮或受阳光照射容易燃烧并产生有毒气体的危险货物不得露天存放。存放保管炸药及火工品时，应按照炸药及火工品配装表的规定，对不能配装或灭火方法相互抵触的

物品必须严格隔离。炸药及火工品编号不同的爆炸品（配装表第 1、2 号内所列的品名除外）不得同库存放。

② 堆放炸药及火工品的仓库、雨棚、场地必须清洁干燥和通风良好，配备充足有效的消防器材。货场严禁吸烟和使用明火，周围应划定警戒区，设置明显警告标志，并根据货物性质做好防潮、防热、防晒、防火等工作。货场应设警卫和加强巡守，无关人员不得进入。库内贮存有炸药及火工品，无作业时，应关闭库门并加锁。进入货场的机动车辆必须采取防火措施。

③ 发现炸药及火工品的包装破损，应在车站指定的安全地点采取防护措施予以整修。撒（洒）漏物要存放到指定地点，必要时，联系托运人或收货人及时处理。

④ 车站对已到达的炸药及火工品要通知收货人及时搬出，对整车运输的爆炸品可组织收货人直卸。存放炸药及火工品的货位，在货物搬出或装出后应清扫洗刷干净。

9.4.3　炸药及火工品水路运输

水路运输是指使用船舶进行客货运输的一种方式，水路运输相较于公路运输，其接近水源与自然环境，发生事故时会对水源、沿岸环境、居民健康和生产活动造成更为严重的危害。并且由于水路运输的速度慢、线路长以及水源的易渗透性，导致救援速度慢且污染迅速。因此炸药及火工品水路运输危险性依然较大。

相对于公路、铁路道路条件，船舶的航道较为曲折蜿蜒，在浅槽和狭窄的航段容易发生运输风险，而这些航段水位一般偏低，使得船舶操作难度较大。台风、泥石流、山体滑坡、浓雾、暴雨等恶劣气象的影响较大，容易影响船舶操作人员的正常作业，可能会在运输过程发生撞船等情况。水位情况也会对炸药及火工品运输造成很大的影响。根据水位情况可分为洪水期、中水期和枯水期，其中洪水期与枯水期是运输中值得注意的两个时期。特别是枯水期，水位较低，容易在运输中发生触礁搁浅等风险，因此在枯水期，货运量要减半。

(1) 炸药及火工品海上运输安全要求

海上运输民用爆炸物品要遵照联合国海上危险品运输规则办理。内河水上运输爆炸物品时，对运输船只等有以下要求：

① 爆炸物品运输船只应结构可靠，没有漏电隐患。专用机动船船舱不设任何电源装置，也不设电器照明；非专用船运输爆炸物品时，应断掉装爆

炸物品船舱的所有电源。与机舱相邻的船舱隔壁应采取隔热措施，邻近的蒸汽管路应进行可靠的保温隔热。为了防止水窜入船内引起爆炸物品意外爆炸和受潮变质，底板和舱壁应无缝隙，舱口要关严。此外，筏类工具如木筏、竹筏、橡皮筏等易进水且航行不稳，不得用于爆炸物品运输。

② 装卸爆炸物品的码头要与客运码头分开，码头的位置要由水运部门和公安机关共同确定，要选择空旷的地点设立货场和停泊码头。

③ 不同种爆炸物品同舱装运应符合相关的规定。装卸爆炸物品应做到车船衔接，货不落地，在码头停留时间不超过 24h。

④ 装载危险品的货船其船头和船尾要设危险标志，夜间和雾天要装红色安全灯。

⑤ 船上要有足够的消防器材（灭火器和取水工具，其数量要能在发生火灾时及时扑灭）、救生设备。

⑥ 遇浓雾、大风、大浪需停航时，停泊地点距其他船只和岸上建筑物不应小于 250m。

除满足上述安全要求外，运输爆炸物品的车船，还应特别强调应具有六防性能（防盗、防雨、防潮、防火、防热、防静电），这是防止运输事故（着火、爆炸、被盗）所必需的。

(2) 炸药及火工品内河运输安全要求

水路运输炸药及火工品，除严格执行《水路危险货物运输规则》《船舶装载危险货物监督管理规则》《港口危险货物管理暂行规定》《集装箱装运包装危险货物监督管理规定》外，还应做到以下几点：

① 遇湿易燃的物品，接触水或湿空气将产生可燃气体引起燃烧爆炸，故上述炸药及火工品不应采用内河运输。

② 托运人应向承运人提供所运输炸药及火工品的主要理化性质和危险特性，以及船舶运输、装卸作业的注意事项、安全防护措施和发生意外事故时的应急处理措施。

③ 炸药及火工品要有适合于水上运输的包装。根据需要采用外层包装、内部包装和衬垫材料。防止贮运过程中因气候、温度、湿度、动态影响和堆压等因素而造成包装损坏的炸药及火工品“外溢”。包装材料应不致对所盛装货物造成不良的化学影响。

④ 包装上应标有能反映内装炸药及火工品危险特性的危险货物标志，标注炸药及火工品的名称并附有安全技术说明书。

⑤ 使用可移动罐柜、集装箱、货物托盘等“运输组件”装运炸药及火工品时，应注意炸药及火工品与运输组件的构造和装置相适应，堆码要牢

固，能经受得住水上运输的风险。

⑥ 承运人要做好验货把关工作，对已发现不适宜水上运输的炸药及火工品，在未采取有效的安全改善措施前，不得承运。

⑦ 承运船舶的构造及其电气系统、通风、报警、消防、温度、湿度等装置、设备、设施应符合所装运炸药及火工品的安全要求。

⑧ 性质不相容、堆放在一起能引起或增加货物危害性，以及消防、救护等应急处理措施不同或相抵触的炸药及火工品，不得堆放在一起，必须采取有效可靠的隔离措施。

⑨ 船舶上应配备符合要求的装卸、照明器具。保证炸药及火工品安全、正确地装卸。同时，船上还必须配备必要的、与炸药及火工品相适应的灭火器材、防护器具和紧急救援用品，定期检查，确保其随时处于完好状态。

⑩ 机动拖轮与装货的驳船一般应保持 50m 的间隔距离，并有良好可靠的防火措施。

⑪ 拖轮应设有危险物品的旗帜标志、灯光信号及其他信号设施，以引起其他船只注意。

⑫ 大型货轮装载炸药及火工品时，机舱与货舱应有相应的防火间距，机舱与货舱之间应有良好的防火分隔、密封措施。

⑬ 在运输途中应有懂得炸药及火工品性能的专业人员检测温度、湿度、包装情况等。发现异常，应立即报告负责人，及时采取相应措施进行处理。

⑭ 装运不同性质的炸药及火工品的配装要求不同。

承运船舶应建立健全炸药及火工品运输安全规章制度，制定事故应急措施，组织相应的消防应急队伍，配备消防、应急器材。

承运船舶、港口经营人在作业前应根据货物性质配备《船舶装运危险货物应急措施》中要求的应急用具和防护设备，符合有关特殊要求。作业过程（包括堆存、保管）中发现异常情况的，应立即采取措施消除隐患。一旦发生事故，有关人员应按《危险货物事故医疗急救指南》的要求，在现场指挥员的统一指挥下迅速实施救助，并立即报告公安及消防部门、港口管理机构和港务（航）监督机构等有关部门。

船舶在港区、河流、湖泊和沿海水域发生炸药及火工品泄漏事故，应立即向港务（航）监督机构报告，并尽可能将泄漏物收集起来，清理到岸上的接收设备中去，不得任意倾倒。泄漏货物处理后，对受污染处应进行清洗，消除危害。船舶在航行中，为保护船舶和人身安全，不得不将泄漏物倒掉或把冲洗水排放到水中时，尽快向就近的港务（航）监督机构报告。船舶发生强腐蚀性货物泄漏，应仔细检查是否对船舶结构造成损坏，必要时应向船舶检验部门申请检验。炸药及火工品运输中有关防污染的要求，应符合我国有关环境保护法规的规定。

9.4.4 炸药及火工品航空运输

航空运输是依靠以飞机为主的各类航空器实现客货运送的，与其他运输方式相比的特点是：

① 运行速度快，运程短捷，并可抵达地面运输方式难以到达的地区；

② 运载量小，运营成本高，因此只适合远距离的急需物质、贵重物品、时间要求紧等情况的小批量货运；

③ 具有显著的灵活性和相对安全性；

④ 基建周期短和投资少。

航空运输适用于需求紧急、小量、危险性小的危险品。在运输炸药及火工品前，应咨询当地民航部门，严格遵守国际民航组织理事会和我国有关航空运输危险品的有关规定。然而影响炸药及火工品航空适运性的因素有很多，其主要因素可分为内部影响因素和外部影响因素两个方面。其中，内部影响因素主要指与炸药及火工品本身相关的因素，主要包括其理化性质、包装等；外部影响因素主要指除炸药及火工品之外的其他因素，主要包括民航货机、地面保障设备和运输环境等。

(1) 内部影响因素

① 炸药及火工品的理化性质。炸药及火工品的理化性质分为物理性质和化学性质。物理性质主要反映炸药及火工品本身静态稳定性和外形不规则等对其影响。如某些导爆索，稳定性较低，对环境的要求较高；部分炸药及火工品外形不规则，应将整件危险品包装改为规则外形后运输等。化学性质主要反映炸药及火工品发生化学变化所表现出来的性质，如放热、发光、产生气体（膨胀甚至爆炸）等，是决定其运输性的主要原因。如 TNT 能够耐受撞击和摩擦，即使受到枪击也不容易爆炸，但在低热、时间足够长的情况下，容易发生爆炸，因此 TNT 的运输，主要应该考虑温度的影响；而无烟火药对撞击和摩擦非常敏感，在运输中则应该关注减振问题。

② 炸药及火工品的包装。包装对炸药及火工品航空适运性的影响主要体现在包装材质上。良好的包装材质可以对炸药及火工品的内容、形态与性能等多方面进行保护，更为重要的是一旦危险品异常，可以将其破坏能力限制在包装内部，而不会引起周围环境、财物和人的损害。通过加强包装降低炸药及火工品运输的风险、保证运输安全的做法对于提高炸药及火工品的运

输性意义重大。即使炸药及火工品性质活跃，只要其包装满足技术要求，就可以运输，其等同于间接地提高了炸药及火工品的运输性。

（2）外部影响因素

① 民航货机。民航货机作为炸药及火工品航空运输的载体，主要有三个方面的限制：一是舱门尺寸。由于民航货机设计制造之初主要是满足集装化物资的装卸载要求，舱门多设为侧开式。炸药及火工品装入货舱，必须经过货舱门，因此炸药及火工品最大尺寸不能超过舱门尺寸。二是货舱体积。运输炸药及火工品时，在高度方面需要综合考虑危险品高度、集装板厚度、危险品与舱门顶部最小间隙等因素，在宽度方面需要考虑炸药及火工品宽度和与飞机舱门两侧的安全距离。三是货机承重限制。在装运炸药及火工品时，炸药及火工品产生的压强不能超过货舱地板的承重强度；不同机型和货舱的不同区域，地板的承重强度不同，应根据不同机型和货舱地板不同区域的承重要求，确定炸药及火工品是否适于装载。

② 地面保障设备。装载炸药及火工品主要涉及的地面保障设备为航空集装板和机场升降平台车。为了确保航空运输的安全，与集装板各边垂直平行方向上，炸药及火工品的外廓尺寸一般不应超过集装板尺寸的限制，同时炸药及火工品的重量应小于集装板的承重限制。除此之外，升降平台车的承重限制也是影响因素之一。

③ 运输环境。炸药及火工品在航空运输过程中主要受机械、气候、化学活性物质、生物环境等条件的影响，而不同的条件对炸药及火工品的影响程度不尽一致，如弹药危险品受高温高湿的影响较大；精确制导炸弹由于含有高精密装置，不仅受高温高湿影响，还对机械振动和冲击异常敏感。据有关资料显示：运输环境条件导致的物资损坏中，因振动冲击等机械环境条件引起的损坏占80%以上。因此，机械条件应是各种环境条件中考虑的重点。

9.5 炸药及火工品运输的事故案例与分析

关于炸药及火工品的运输事故案例较多，分析总结各类原因，其中人为因素对事故的影响较大，因此在运输炸药及火工品时应预防人为失误。

案例：××××公司“4·10”汽车运送炸药爆炸事故

【事故时间】2018年4月10日23时50分。

【事故地点】××××公司仓库门口。

【事故类别】炸药爆炸。

【事故伤亡情况】死亡7人，重伤13人。

【事故概况及经过】2018 年 4 月 10 日 23 时 50 分许，陕西某县一辆运输炸药的车辆送货至某公司仓库院墙外时发生爆炸。爆炸地点距周边某村只有百余米，该村村民称“最近在修路，爆炸的时候，我们还以为是在修路爆破，后来发现不是”。村里有几户人家的房门框架、玻璃都被震裂，几公里外都能听到声音。经核实，爆炸车辆是河南××××有限公司的运送炸药车辆，发生事故时载有 5.28t 乳化炸药。车辆由河南××××有限公司派出，在陕西××××有限公司月河炸药库的院墙外发生爆炸。

经调查发现，炸药仓库属于陕西省××××有限公司，该公司成立于 2010 年 11 月，是从事爆破设计、施工、技术咨询的专业性爆破工程有限公司。根据该公司一名负责人描述，公司主营爆破施工业务，在月河镇菩萨店村有一间仓库存有炸药。事故现场死亡的 7 人中，有 5 人是该公司的员工，另外 2 人则是河南××××有限公司的司机及押运员。爆炸未殃及仓库内贮存的炸药，事后已组织人员将仓库内炸药转移至安全地带。仓库的一堵围墙和铁门被炸开了，未造成其他影响。

【事故原因分析】经公安机关现场勘查、走访调查、查阅视频、专家组技术分析，认定镇安“4·10”车辆爆炸是由装卸炸药过程中违反安全规定所致。

复习思考题

1. 炸药及火工品运输过程中有哪些危险因素？
2. 炸药及火工品有哪些运输方式？各有什么安全要求？
3. 爆炸物品可分为哪几类？
4. 爆炸物品包装代号如何确定？
5. 特殊炸药及火工品运输应采用哪些特殊方法？

第10章

炸药及火工品销毁安全

10.1 炸药及火工品销毁技术

10.1.1 炸药及火工品燃烧销毁

燃烧法是对炸药及火工品中含能材料实施火焰（或热能）的刺激，使含能物质进行燃烧销毁的技术途径。燃烧法适用于安全燃烧而不产生爆轰的爆炸物品。包括：

① 各种发射药、火药、延期药、烟火剂及硝化纤维素制品。

② 特屈儿、梯恩梯、黑索今等单体炸药和硝酸铵类、氯酸盐类混合炸药，以及低百分比的硝化甘油类炸药。

③ 各种少量的起爆药和激发药。

④ 烟花爆竹及其半成品。

废弃的炸药燃烧处理分为露天燃烧和封闭燃烧。

(1) 露天燃烧

露天燃烧即在远离城市和公用设施的销毁场烧毁。这种方法操作简单，处理费用低，是当前世界各国普遍采用的处理方法。该方法主要适于销毁推进剂、烟幕弹、导火线、引信、炸药、推进剂及其填充剂等。其弊端是焚烧时产生的大量高浓度污染废气以及固态燃烧残渣，会随空气流、雨水等侵害人类和生态环境。

(2) 封闭燃烧

为了适应严格的环保法规要求，避免露天燃烧带来的环境污染，开发了废弃物可控的焚烧炉焚烧技术（封闭燃烧）。由于焚烧炉在设备、维护等方面的费用较高，目前只有少数发达国家采用。

焚烧炉系统的主体装置是焚烧炉，其一般是大型圆筒形容器，内衬绝缘材料。它有焚烧物、空气、附加燃料的进口，有尾气、灰烬的出口，以及监控的元件。燃烧后的尾气有灰烬和毒性气体，一般的焚烧炉配有尾气处理装置。

焚烧炉法可以大大减少废弃物的体积和质量，可减少90%的体积，分解破坏各种有毒废弃物，使其变为无害的化合物，排出的废弃物再进行处理十分容易。但该工艺也有一些弊端，主要为设备投资大，维修难度大，补充燃料要附加处理，难以实现附加燃烧。

10.1.2 炸药及火工品爆炸销毁

爆炸销毁就是将待销毁的炸药及火工品进行引爆销毁。此类方法的应用需要满足以下几个条件：①引爆场地必须符合相关安全要求，待毁炸药及火工品必须能起爆。②炸药堆的长度应大于其高度和宽度的4倍，且堆放应呈集团形。一次被销毁的炸药应少于20kg，爆炸坑可以选择为砂石坑或者干涸池塘等适宜引爆销毁的地点。

应用爆炸销毁有四点注意事项：

① 销毁场地有自然屏障时，将待毁炸药置于爆炸坑即可。若无自然屏障，需要在爆炸坑周围设置防护土堤，其高度应大于3m。

② 应使用远距离起爆，起爆器应选择工业电雷管或者导爆管雷管。其中，有射频电流、电磁波干扰源以及高压电网的附近不宜当作电雷管引爆的销毁场所。采用电雷管起爆的销毁场地的杂散电流应小于30mA。

③ 一次销毁的非民用雷管及炸药总质量不得大于1kg。其中，非民用雷管的销毁允许在其上放置适量药块或药包。被销毁的零散非民用电雷管、半成品雷管以及导爆管雷管均应有序放入纸盒进行销毁。其中，应拆除导爆管雷管和零散非民用电雷管的脚线或者导爆管。

④ 操作人员在起爆后10min后才能进行现场检查。当起爆后未发生爆炸或者起爆后怀疑爆炸不充分时，应等待30min以上才可进入现场检查并处理。

10.1.3 炸药及火工品其他销毁方式

(1) 深井掩埋法

深井掩埋法是采用人工挖坑或利用已有的废弃矿井将废弃炸药埋置于地下深处，在表面用泥土或水泥覆盖，最终让炸药在地下腐蚀。采用这种方法对地下水资源有破坏，且要防止人为偷挖而将其再利用。

(2) 深海倾倒法

深海倾倒法是将废弃炸药集中装放在桶内或集装箱内，用船只运送到公海深海地方直接倒入海中，这是第二次世界大战以后常用的方法。该方法可大量处理废弃炸药，且具有不可回收性，但它对海水具有一定的污染性，同时成本也较高。

(3) 物理处理法

该方法通过一些物理手段（例如机械粉碎、机械压延、溶剂萃取等），使过期炸药的不安全性降低，并转变成可以再利用的原材料或成品。主要的物理方法有：

① 溶剂萃取法。利用该方法可回收废弃炸药中的有用物质。早在20 世纪 50 年代初期，美国奥林公司利用适当的溶剂把单基发射药中除了硝化纤维素之外的其他组分萃取出来，使回收的硝化纤维素纯度达到98%～99.5%。

② 熔融法。熔融法利用废旧炸药组成中各组分的熔点的不同，将各个组分分离开来。该方法典型的应用例子是分离含有 TNT 和 RDX 的混合炸药组分，由于 TNT 的熔点较低，可采用适当的加热方法使混合炸药中的 TNT 熔融，然后将其与仍呈固态的 RDX 分离开来。这样既处理了废旧炸药，又回收了有用的物质。

③ 机械压延法。通过加热及采用一定的溶剂浸泡，使过期炸药软化后，用机械压延法可以将废旧炸药重新制成合格的炸药成品。在加工中可以加入适量的安定剂以提高成品的安定性。

④ 机械混合法。无论是从过期炸药中分离出来的炸药组分，还是经过粉碎的过期炸药本身，都可以通过机械混合的方式，添加必要的安定剂、调节剂之后，制成各种形式的民用炸药，例如浆状炸药、乳胶炸药、粉状炸药等。

(4) 化学处理法

① 钝感处理方法。由于废旧炸药属于易燃易爆危险品，对于一些不易从中回收组成成分的过期炸药以及被炸药污染的物质，可采用一定的化学方法使其发生分解或降解，变成环境可接受的、危险性较低或无危险性的物质，有的分解或降解产物还可以通过进一步的分离处理，成为有用的化工原材料。

② 加碱水解法。多种炸药可与氢氧化钠和氨水发生水解反应，其产物主要为有机盐和无机盐。水解材料的颗粒度、反应温度以及搅拌强度决定了

水解的速度。

③ 超临界水氧化法。该方法利用超临界水良好的溶剂性能和传递性能，使有机污染物在超临界水中迅速、有效地氧化降解，因而受到国内外广泛关注。该方法有较强的通用性，能处理绝大多数硝化芳烃（DNT、TNT）、硝酸铵类（硝化甘油、硝化棉）和硝胺类（RDX、HMX）炸药，对环境污染较小。

④ 紫外线氧化法。紫外线可以激发某些化学反应，并用这类反应破坏有害物质和废物。紫外线氧化法实质是物质的分子在吸收紫外线能量后，成为激活态，进行光化学反应。研究发现，TNT 和 RDX 在波长 253.7nm 附近有较明显的吸收带，因此它们能够被紫外线氧化破坏。

⑤ 化学销毁法。化学销毁法是利用一种或多种工业化学药剂与炸药发生化学反应，破坏爆炸基团，使之生成一种或多种完全失去爆炸性的物质。

（5）生物处理法

① 堆肥法。堆肥法是一种受控生物降解废物的技术，它是利用热和耐热菌的共同作用来降解有机物，该方法所需的基本材料是耐热菌和含有碳、氮的有机物。炸药物质大多是含有碳、氮、氢、氧等元素的有机物质，它可以作为微生物营养物而被消耗掉。

② 白腐菌处理法。在生物处理方法中采用白腐菌处理难降解有机物的研究备受关注，这是由于白腐菌抗污染能力强，具有高度的非特异性和无选择性。白腐菌是一种生于树木或木材上、能引起木质白色腐朽的真菌。近年来的研究表明，白腐菌能够有效降解多种难降解的污染物，其独特的细胞外解毒机制使得它能承受并降解相当高浓度的有毒物质。

10.2 炸药及火工品销毁安全保障

报废的炸药、火工品、弹药及制品处理工作危险性极大。在处理报废炸药过程中操作不当，很可能生成更敏感的其他爆炸危险物。当采用爆炸法和燃烧法销毁处理废弃弹药时，同时伴有爆炸和燃烧的二次效应，如爆炸产生的冲击波、震动、飞石、有毒气体等危害。如若对这些危险控制不当，将造成现场周围的人员伤亡和财产损失。

10.2.1 爆炸地震效应概念

炸药爆炸所释放出的能量，一部分从爆源以波的形式通过介质向外传播，在传播过程中，又有一小部分能量转换成爆炸地震波，引起周围介质质点振动并传至地表，导致地表面产生振动。由爆炸地震波引起的地面振动称为爆炸地震动（或爆炸振动）。在爆区的一定范围内，当爆炸引起的振动达到一定强度时，将会对地面和地下建（构）筑物、工程设施等造成不同程度的破坏，这种由爆炸地震动引起的各种现象及其后果，称为爆炸地震效应。

通常爆炸安全振动速度根据被保护对象所容许的临界破坏速度除以一定的安全系数来求得。

我国采用下面公式进行计算，即

$$V=K\left(\frac{Q^{1/3}}{R}\right)^{\alpha} \tag{10-1}$$

式中　V——被保护对象所在地面振动速度，cm/s；

Q——一次爆破装药量，kg；

R——爆心距观测点的距离；

K、α——与爆破点至计算保护对象间的地形、地质条件有关的系数和衰减指数，K、α 值按照《爆破安全规程》进行选取。

10.2.2　销毁等效药量核算

在根据式（10-1）对销毁工作中的爆炸地震动进行核算时，需确定药量 Q。若爆炸危害效应超出承受极限，应对药量进行调整。

爆炸法销毁炸药时，一般是把各类炸药集中引爆销毁。因各类炸药的威力不同，必须先对待销毁药量进行分别核算和累计。在换算时，以 TNT 作为标准药进行药量核算。

药量等效系数与炸药的爆炸效力（破碎能力、做功能力、冲击波载荷）有关。各个炸药的破碎能力可以通过猛度进行比较。药量等效系数可以与 TNT 的猛度比较得出。某种炸药的药量 m_x 与其等效药量 m_T 之间的关系用药量等效系数 E_w 表示，即

$$E_w=m_T/m_x \tag{10-2}$$

10.2.3　爆炸冲击波及其安全控制措施

炸药爆炸时，无论周围介质是空气还是岩石，都将形成初始冲击波从爆炸中心传播开来，冲击波在空气中传播时，将会形成压缩区和稀疏区。压缩区内因空气受到压缩，其压力大大超过当地大气压，称之为冲击波超压；稀疏区内由于紧随冲击波后面的爆炸产物的脉动，其压力低于当地大气压，即

出现负压。

空气冲击波对人和建筑物的危害程度与冲击波超压、比冲量、作用时间和建筑固有周期有关。它对人和建筑物的危害见表10-1和表10-2。

表10-1 爆炸冲击波对人体损伤等级

等级	超压值/MPa	伤害程度	伤害状况
1	<0.02	安全	安全无伤
2	0.02～0.03	轻微	轻微挫伤
3	0.03～0.05	中等	听觉器官损伤,中等挫伤、骨折
4	0.05～0.1	严重	内脏严重挫伤,可能死亡
5	>0.1	极严重	大部分人死亡

表10-2 空气冲击波超压对建筑物破坏程度关系

安全等级	超压值/($\times10^5$N/m^2)	冲量值/($\times$0.001N·s/m^2)	建筑物破坏程度
1	0.001～0.05	0.01～0.015	门窗玻璃安全无损
2	0.08～0.10	0.016～0.02	门窗玻璃局部破坏
3	0.15～0.20	0.05～0.10	门窗玻璃全部破坏
4	0.25～0.40		门、窗框、隔板破坏;不坚固的砌砖墙、铁皮烟筒被摧毁
5	0.45～0.70		轻型结构严重破坏;输电线铁塔倒塌;大树被连根拔起
6	0.75～1.00	0.50～1.0	砖瓦结构的房屋被破坏;钢结构构筑物严重破坏;行进中的汽车被破坏;大船沉没

露天爆炸法销毁废弃弹药时,一次销毁(含起爆药)药量不大于20kg时,按下式确定空气冲击波对现场作业人员(掩体内)的安全距离,即

$$R_K=25\sqrt[3]{Q} \tag{10-3}$$

式中 R_K——空气冲击波对掩体内人员的最小允许距离,m;

Q——一次销毁药量(含起爆药量),kg。

地表裸露采用外贴药包爆炸法销毁航弹时,应核算不同保护对象所承受的空气冲击波超压值,再确定相应的安全允许距离。在平坦地形爆破时,可按下式进行计算

$$\Delta p=14\frac{Q}{R^3}+4.3\frac{Q^{\frac{2}{3}}}{R^2}+1.1\frac{Q^{\frac{1}{3}}}{R} \tag{10-4}$$

式中 Δp——空气冲击波超压值,10^5Pa;

Q——一次起爆的炸药当量（弹药装填药量与起爆药量之和），秒延时爆破为最大一段药量，毫秒延时爆破为总药量，kg；

R——装药至保护对象的距离，m。

水下爆炸法销毁航弹、水雷等大型废弃弹药时，安全允许距离根据水域情况、药包设置、覆盖水层厚度以及保护对象情况而定。可按照不同情况根据《爆破安全规程》有关规定执行。

为防爆炸冲击波对周边建筑物构成破坏，必须估算空气冲击波的安全距离，当药包在地面爆炸时，空气冲击波对人员的最小安全距离可按下式进行估算，即

$$R = KQ^{\frac{1}{3}} \tag{10-5}$$

式中　Q——炸药量，kg；

K——有掩体则取值为 15，而无掩体取值为 30。

空气冲击波的危害同样依地形变化而变化，各种地势对其都有影响。如销毁在峡谷中进行，沿沟的纵深和开口方向，应增大 50%～100%。在山坡一侧销毁时，如地形有利，能够减少 30%～70%。

10.2.4　爆炸飞散物及其安全控制措施

开阔场地销毁弹药，会产生爆炸飞散物。爆炸飞散物包括爆炸弹片以及火工品和小型弹药在爆炸冲击作用下的抛掷飞散物。对于掩埋与坑中被销毁弹药而言，除此之外还有大量土石飞散。

在爆炸法销毁废弃弹药时，一定要核实安全距离，还要采取措施控制爆炸飞散物：

① 深埋覆盖待销毁弹药。

② 做好对爆破对象的覆盖和防护工作。

③ 遇到危险性高的且要诱爆销毁的弹药，可采取小药量引爆，初步解决其危险性。进行爆炸作业时，应在防护对象与待销毁的弹药之间设防护墙，起到防冲击波和爆炸飞散物的作用。

10.2.5　爆炸有害气体及影响因素

对炸药及制品进行爆炸销毁后，工作人员需要再次进入现场作业，此时爆炸产生的有毒气体将直接影响作业人员的身体健康，尤其是在一些通风不良的场所，如坑道、矿井等爆炸作业场所，其危害更大。此外，大量的有毒气体散布于空气中，也会造成环境污染。因此，销毁过程中产生的有毒气体

产物值得关注。

现代炸药组分主要包括硝胺化合物、硝基化合物、含碳化合物以及金属无机盐等，此外还有氯酸盐炸药和含硫炸药。一般来说，炸药爆炸多数会生成一氧化碳（CO）和氮氧化物（N_nO_m），此外，在含硫矿床中进行爆破作业，还可能产生二氧化硫（SO_2）和硫化氢（H_2S），这些气体都是有害气体。凡是炸药爆炸后含有上述一种或一种以上的气体总称爆炸有害气体，人体吸入后轻则中毒，重则死亡。

10.2.6 销毁工作中防早爆

在销毁废弃的炸药过程中，防早爆的工作必不可少。早爆的概念即为在预定的起爆时间之前起爆。

下面介绍几种主要的早爆原因。

① 雷电引起的早爆。雷电是一种常见的自然现象，雷电引起的早爆主要有以下 3 种原因：直接雷击、电磁场感应和静电感应。

② 杂散电流是存在于起爆网络的电源电路之外的杂乱无章的电流，其大小、方向随时都在变化，杂散电流过大也会引起起爆网络的早爆。

③ 感应电流是由交变电磁场引起的，在动力线、变压器、高压电力开关和接地的回馈铁轨附近会产生感应电流。若电爆网路靠近这些设备就会产生感应电流，若感应电流超过电雷管的安全电流时就会击穿发生早爆。

④ 在进行销毁作业时，若作业人员穿着化纤或其他具有绝缘性能的工作服，这些衣服摩擦就会产生静电荷，当这些电荷积累到一定程度就会放电，遇上电爆网路就可能导致电雷管爆炸。

⑤ 高压电和电台、雷达、电视发射塔、高频率设备等会产生各种频率的电磁波，其周围也存在电场，如电雷管或起爆网络处于强大的射频电场内，便起到了接收天线的作用，感应和吸收电能，产生感应电压，从而起爆网络内有电流通过，若产生的电流超过电雷管起爆电流，导致击穿雷管，发生早爆。

⑥ 在电起爆网络敷设过程中和敷设完毕后使用非专用爆炸电源或不按规定使用起爆电源，也会引起起爆网络的早爆。

⑦ 违反安全操作规程、违章作业引起早爆，如用力过猛插响雷管；销毁作业现场由于照明不当或使用烟火引起药包燃烧、爆炸。

⑧ 起爆器材有问题，导火索燃速不稳定，或采用了不同燃速的导火索，燃速快的就早爆。

⑨ 不同厂家生产的电雷管混用，易点燃的雷管先爆。

⑩ 搬运、作业过程中雷管受到冲击、挤压。

⑪ 各种起爆材料和炸药都具有一定的爆轰敏感度。当一处进行销毁作业，有可能引起附近另一处炸药殉爆。

10.3　销毁报废炸药中的事故安全分析

案例：××××公司销毁场销毁废发射药燃爆事故。

【事故时间】2008年5月29日9时左右。

【事故地点】××××公司销毁场。

【事故类别】炸药爆炸。

【事故伤亡情况】重伤3人，轻伤2人。

【事故性质】非责任事故。

【事故概况经过】××××公司主要研制生产军用火药、炸药及军用产品的配套产品。公司销毁场位于主厂区北侧的北山上，销毁作业主要在三条自然形成的黄土沟内进行。

2008年5月29日上午，五分厂调度吴××向厂内运输队要车（司机梁××，车型北汽福田，定额载重量2t），安排并带领郭××、赵××到该分厂废品库装运废药200kg，送公司销毁场进行销毁（废药用胶皮口袋与布袋装运），约8时45分，车辆到达销毁场，销毁工张×对拉运废药品种、数量进行了核实，但未及时进行登记，另一当班销毁工杜××当时正在上厕所。废药运输车辆进入销毁地点（中沟）停放在停车线以外，五分厂3名装卸工开始卸药，张×随后骑车进入中沟监督、指挥卸药，当卸药作业进行到9时左右时，地面上废药突然着火，同时引燃运输车上的剩余废药，着火瞬间郭××、吴××正在摊药，张×在附近监督指挥卸药，赵××在车辆旁准备搬药。事故造成郭××、吴××、张×严重烧伤，赵××与梁××轻微烧伤，运输车斗后侧底板略有变形，驾驶室右外侧烧黑。着火结束后，司机梁××见汽车上仍有余火，为了尽快灭火将车辆开到销毁场较远处用土对火进行扑救，又到销毁场大门附近用水管灭火后将车辆开回厂内。

【事故原因分析】这起事故是在销毁场地准备销毁的废药发生燃爆引起的。根据赵××、梁××2位轻伤员工对事故过程的回忆和综合其他考虑，排除下列因素：

① 销毁工作无章可循。公司有完备的销毁场地管理制度和销毁工艺规程。

② 烟火引燃。公司有严格的禁火制度并得到认真执行，销毁场是禁火

区，进入员工未带烟火。

③ 雷电。事故当天上午9时天气状况：晴；气温15.2℃；相对湿度20%；东北风2m/s（一级风）。

④ 落石和外来引火物。虽然销毁场地在一黄土沟底，但塬上有围墙，无落石和外来引火物。

⑤ 运料汽车的高温排气引燃。运料汽车停在停车线上，排气管口距销毁场地边缘18m，且车停后即熄火。

⑥ 残留余火。中沟销毁场在5月28日（事故前一天）上午销毁200kg废药，地面没有残存可燃物。

⑦ 销毁工误操作，提前合闸点火。经过现场勘察，未发现有销毁接线，发生事故时接线人员正在准备工具、材料，尚未到达事故现场。

在排除上述可能之后，引发事故的可能性重点落到了剧烈摩擦和静电因素方面。技术组专家认为，这次销毁的是生产过程中的废发射药，其对摩擦、撞击比较敏感。销毁场地面有小石块，摊放废药时操作工可能会无意地拖拉或踩踏废药，在局部发生较剧烈摩擦引燃了废药。另外，也可能因为静电危害，从胶皮袋中往外倒废药是一个静电起电积聚过程，事发时空气相对湿度仅为20%，药团、药块积聚足够电荷与胶皮袋发生静电火花放电，点燃胶皮袋中的药粉或积聚的易燃溶剂和空气的爆炸性混合气体，继而引燃废药。

【事故教训及防范措施】露天销毁场地占地面积大，运输报废的危险品不安全。建议改在室内进行销毁，襄阳×××厂已领先开始进行室内销毁危险品。

复习思考题

1. 炸药及火工品销毁方式有哪些？试举例说明不同种类危险品使用的销毁方式。

2. 炸药及火工品爆炸销毁时会产生哪些破坏效应？

3. 炸药及火工品爆炸销毁应特别注意哪些事项？

4. 如何在炸药及火工品销毁中预防早爆？

5. 炸药及火工品爆炸销毁中冲击波如何防护？

第11章

炸药及火工品厂（库）房防爆安全

11.1 建筑物总体布局与危险等级

（1）有爆炸危险的工厂的厂址选择

危险品生产与贮运企业，在建厂之初就要充分考虑其爆炸危险性及其可能给周围环境带来的危害，所以在厂址选择上应从安全角度出发加以缜密研究，要符合国家有关规范的规定，尽量做到“以防为主”，以防止工作中的失误所造成的先天隐患。

生产爆炸危险品的工厂厂址最好选在远离大、中城市的地方，与小城镇也要留有足够的安全距离。同时要远离重要的战略目标，如铁路枢纽、大桥、军事工程、军用和民用机场、大型水库等。厂址不宜选在散发大量有毒气体的现有工矿企业的下风方向；本厂有生产有毒物质（气体、烟、尘等）的车间时，应设在附近城镇及本厂住宅区主导风向的下风方向。在河流附近建厂时，生产区应位于生活区的下游。

对于厂址地形、地势的选择，应结合生产特点、规模和要求进行。危险品工厂的厂址，最好选择在有天然屏障或环山的地区，这样可以防止工厂内某一生产工房发生爆炸事故时爆炸范围扩大，减少对邻近建筑物的破坏。如果条件不具备，也可建在平川地区，但应修筑防爆土堤相隔，并留有足够的安全距离。爆炸危险品工厂的地形，纵坡以不大于5%为宜，但要有0.5%的坡度，以便排除场地积水。

考虑到爆炸危险品不宜过多转运和长途汽车运输，以免转运和颠簸中发生爆炸事故，所以这类工厂的厂址应选在离交通干线不太远的地方，并尽量以铁路运输为主。为避免危险品运输的交叉，位于山区的工厂应有两个以上的出入口。

选厂址还应避开不稳定构造和地震烈度较高的地段。一般地震烈度在8度以上的地段不宜建厂。还应注意不受洪水、滑坡、塌方的威胁。

危险品生产工厂的用水量大，对水质有一定要求，有的生产过程若中断供水就可能导致反应器温度过高而引起燃烧爆炸事故，有的生产过程若水质中含有泥沙、盐离子等则对产品质量会产生严重影响，并影响安全。为此，厂址选择时应充分考虑给水、排水和消防用水的需要。

厂址还需考虑当地供电保证情况，因为有的生产过程若突然断电或停止照明，会有导致燃烧爆炸的危险。危险品生产厂还要求双电源闭合回路供电。

此外，爆炸危险品工厂应避开滚雷区、雷暴区和危险工房，且周围都要设置防雷装置。

(2) 生产爆炸危险品的工厂的总平面布置

危险品的工厂，要根据具体生产情况、安全距离要求和地形条件，划分为危险生产区、辅助生产区、总仓库以及其他小区，进行分区集中布置。危险品生产区和仓库区应尽可能布置在工厂区边缘。界区内建筑物、构筑物、露天生产设备设施等，互相之间应留有足够的防火间距和安全距离。区域之间也要满足安全距离的要求。

危险生产区内部布置应尽量符合工艺流程，同种产品的工房应尽量集中布置，避免危险品的往返运输和交叉运输。危险品运输的主要道路，不宜通过非危险的机加区和生活福利区，不应使工厂的主要人流、货流通过危险品生产和装配区。有爆炸危险的工房要布置在有天然屏障的地段，抗爆小室的轻型爆面不宜面向主要道路和主要工房，最好面向山坡，但距离不宜太近。

厂区道路应能通至主要生产工房和库房，采取沥青路面和双车道，若受地形限制为单车道时应满足错车要求，并能满足消防车同行和掉头。山区的汽车道路坡度不应大于6%，手推车道路坡度不应大于3%。厂内主干道与厂外公路相通，至少要有两个不同方位的出口。厂区铁路应尽量布置在厂区或总仓库区边缘。停车车位至车挡应有20m的距离，以利于某车辆发生火灾时将其他车辆调车。危险品转运车站台到周围其他建筑物的安全距离应符合安全规范的要求。

工厂的危险品仓库一般存药量大，又较集中，一旦发生爆炸事故，破坏性很大，因此应远离厂区和住宅区，并要充分利用地形和自然屏障，与其他区域保持足够的安全距离。对于生产规模较小的工厂，单个危险品库房的存药量较少时，也可不设独立的总仓库区，而与生产区的转手库合并，但其存量应不超过有关安全规范的规定。

为减少爆炸冲击波和飞散物的影响，危险品仓库的平面布置不宜长面相对，并应将危险性大的库房远离库区出入口和交通要道。在树木杂草较多的地方还应设置防火道。

(3) 建筑物的爆炸危险等级

燃烧爆炸危险建筑物，如工房、库房等，可按其危险程度（事故发生的可能性和事故后的破坏能力大小）将该建筑物划分成若干个危险等级，以便分类确定建筑物的设防标准和到其他建筑物的安全距离。

危险作业工房和贮存危险品的库房，按其发生事故的难易和发生事故时对邻近建筑物的破坏程度，分为 A、B、C、D 四大类和 A_1、A_2、A_3、B、C_1、C_2、D 七个等级：

① 爆炸危险类（A_1、A_2、A_3 级）。A 类建筑物的特点是其中生产或贮存的物料具有爆炸性，而生产工艺或设施又无法把爆炸事故的破坏作用限制在局部范围内。这类建筑物中一旦发生爆炸事故，本建筑物可能遭到严重破坏或完全摧毁，并对周围建筑物也能产生较大破坏能力。为了减少这类工房在发生事故时对周围建筑的破坏，在 A 类建筑物外面应修筑防护土堤。A 类建筑物到其他建筑物的距离与其中存在的危险品药量有关，药量越多，距离越远。

对于 A 类建筑物，根据其中生产或贮存的危险品的爆炸性能又分为 A_1、A_2、A_3 三个级别。A_1 级是其中有感度和威力高于 TNT 炸药（RDX、HMX 等炸药）的工房或库房；A_2 级是指制造、加工或贮存 TNT 及相当于 TNT 的爆炸敏感度和爆炸威力的危险品的工房或库房；A_3 级是其中有威力低于 TNT 的炸药（如黑火药等）的工房或库房。例如，导爆索生产中的黑索今或太安准备工房为 A_1 级工房；硝酸铵混合炸药生产中的梯恩梯粉碎、轮碾机热混等工房为 A_2 级工房；生产导火索的黑火药粉准备工房为 A_3 级工房。

② 次爆炸危险类（B 级）。B 级建筑物内生产、加工或贮存的仍是有爆炸性的危险品，但由于某些特定条件而降低了其发生事故的可能性，或减轻了发生事故时的破坏能力。这些特定条件如：

a. 危险性作业是在抗爆小室内或装甲防护下进行的。如雷管制造的引火药配制、引火药头制造、炸药准备、雷管装配、包装等危险性作业等。一旦发生爆炸事故时，破坏作用仅限在抗爆小室或防护装甲之内。

b. 危险品处于不利于爆炸的介质中。如制造二硝基重氮酚、雷汞等起爆药时，将产品暂存于水中，使其爆炸危险性大大降低。

c. 危险品装入金属或非金属壳体中，仅进行外表修饰等加工。如对已装了炸药的爆炸弹丸进行涂漆加工；对卷制好的导爆索、导火索进行外观检验和盘索等，虽属危险作业，但发生爆炸事故的概率已大大减小。

d. 危险品数量较少，即使发生爆炸事故，其破坏能力也较小。如雷汞、二硝基重氮酚等起爆药制造及真空干燥等工房均属此类。

③ 火灾危险类（C_1、C_2 级）。C 类建筑物的特点是其中生产或贮存的产品能自燃或能强烈燃烧，造成火灾，在某些情况下甚至可由燃烧转变成爆炸。能发生由燃烧转化成爆炸的划为 C_1 级，只发生燃烧事故的划分为 C_2 级。

④ 起火危险类（D 级）。D 类建筑物的特点是其中的危险品一旦起火，虽能强烈燃烧，但燃烧的激烈程度比 C 类要轻得多，一般说来燃烧只是局部的，如果扑救及时，不致造成火灾，对周围建筑物的威胁比 C 类要小。例如内部从事硝铵炸药制造的硝酸铵粉碎、干燥、筛选，涉及黑火药制造的硫黄、木炭两成分混合及硝酸钾干燥、粉碎等的工房或库房。

从上述可见，危险品生产建筑物的危险等级的划分，主要是依据建筑物内所制造、加工或贮存危险品的燃烧爆炸特性和发生事故的破坏能力，并考虑到加工方法、工艺防护措施和建筑物本身的抗爆泄爆措施等因素。

11.2 建筑物防爆安全距离

(1) 防爆安全距离及其确定原则

所谓防爆安全距离，是指当危险品发生燃烧爆炸事故时，由燃爆中心到能保护人身安全和使建筑物遭受破坏的程度被限制在设防标准允许的破坏等级之内的最小距离，也叫最小允许距离。安全距离包括防冲击波安全距离、防殉爆安全距离、防地震波安全距离等。

工厂内部危险品生产工房之间，或危险品生产工房与辅助建筑物之间，或危险品库房之间，或危险品库房与辅助建筑物之间，为预防冲击波危险而设置的防爆安全距离，称为内部安全距离。

生产爆炸危险品的工厂与本厂住宅区之间，或与周围零散住户、村庄、城镇、企业事业单位之间，以及重要的交通路线、高压输电线路等的防爆安全距离，称为外部安全距离。

确定防爆安全距离的原则，一是根据危险品爆炸所产生的爆炸空气冲击波强度，二是根据建筑物的设防标准。

设防标准是根据爆炸冲击波对建筑物破坏试验的结果，结合我国爆炸危险品生产企业工房建筑的实际情况确定的。其主要原则有：

① 爆炸危险品生产工厂及其周围建筑物的安全设防标准，要按工厂内部和工厂外部分别考虑。

② 对于工厂内部各类建筑物的安全设防标准：a. 危险品生产区内的危险品生产工房到转手库之间，按允许五级破坏考虑，即允许房屋有严重损坏，但不能倒塌，其承受的冲击波超压 $\Delta p=0.53\sim0.76\text{kgf/cm}^2$（$1\text{kgf/cm}^2=98000\text{Pa}$）。b. 对于非危险品建筑物，按允许四级破坏考虑，即可承受的冲击波超压为 $\Delta p=0.35\sim0.53\text{kgf/cm}^2$。c. 对于工厂的辅助生产建筑物、公共服务设施等，可根据其重要性、人员数量、对安全生产的影响程度等分别确定为允许三级或四级破坏，即事故中虽有较大损坏，但事故后经修理仍能使用。三级破坏的冲击波超压 $\Delta p=0.12\sim0.35\text{kgf/cm}^2$。d. 对于爆炸危险品仓库区建筑物的安全设防标准，主要保证不殉爆，但允许建筑物倒塌。这样既有一定的安全防护，又能方便工艺连接和物料运输，还要尽量减少占地面积。

③ 对于工厂外部各类建筑物的安全设防标准，是从既保证人民生命财产的安全，又贯彻“少占地、少迁民”“有利生产、方便生活”等政策出发确定的。工厂周围居民住宅区、村庄、铁路车站、区域变电站等，均按不超过二级破坏的设防标准考虑，即只允许玻璃破坏，而不允许门、窗、瓦屋面及承重墙有损坏；而对于零散住户则允许三级轻度破坏。该安全距离的设防标准见表 11-1。

表 11-1　关于部分外部安全距离的规定

区域	超压 Δp /(kgf/cm²)	外部被保护对象		火炸药及其制品存量(以 TNT 当量计)/t					
				10	20	30	40	50	100
生产区	≤0.046	村庄	安全距离/m	560	720	820	910	990	
	≤0.08	零散住户		370	480	550	610	660	
总仓库区	≤0.06	村庄		460	590	680	750	820	1040
	≤0.10	零散住户		310	390	450	500	540	700

(2) A 类爆炸危险工房和库房到其他建筑物之间的安全距离计算

如前所述，A_2 级工房是生产或加工 TNT 或威力相当于 TNT 的工房，该工房周围没有防护土堤。根据安全设防标准，在危险生产区内，A 类工房按允许遭受五级严重破坏考虑。由 TNT 爆炸试验得出，A_2 级工房到邻近允许遭受五级严重破坏的工房之间的安全距离公式为：

$$R_{A_2}=\begin{cases}1.2W^{1/2} & (W<6400\text{kg})\\ 2.5W^{1/2.4} & (W\geqslant6400\text{kg})\end{cases}\tag{11-1}$$

式中 R_{A_2}——A_2 级工房安全距离，m；

W——A_2 级工房内的存药量，kg。

上式适用于爆点周围或被保护建筑物周围单方有防护土堤的情况。当双方均有防护土堤时，其安全距离缩小；当双方均无防护土堤时，其安全距离增大。同时，对于 A_1 级和 A_3 级工房的安全距离，也以 A_2 级工房的安全距离为基准，乘以适当比例系数而得到，见表 11-2。

表 11-2 A 类建筑物之间安全距离的比例系数

建筑物危险等级	两个建筑物均无防护土堤	两个建筑物中有一个有防护土堤	两个建筑物均有防护土堤
A_1	$2.80R_{A_2}$	$1.40R_{A_2}$	$0.84R_{A_2}$
A_2	$2.00R_{A_2}$	R_{A_2}	$0.60R_{A_2}$
A_3	$1.80R_{A_2}$	$0.90R_{A_2}$	$0.54R_{A_2}$

注：表中 A_1 级 R_{A_2} 的系数适用于存药量不大于 30t，A_3 级 R_{A_2} 的系数适用于存药量不大 400t。

A 类建筑物距危险生产区以外各类建筑物、构筑物或区域等的冲击波安全距离，随被保护建筑物的安全设防标准不同而不同。举例如下：

某厂职工住宅区规定为允许二级玻璃破坏，所以，在爆炸点周围有防护土堤时，对允许二级玻璃破坏的冲击波安全距离公式为：

$$R'_{A_2}=25W^{1/2.8} \tag{11-2}$$

式中 W 为 A_2 级危险工房内的存药量，kg。对于 A_1 级和 A_3 级建筑物，距厂职工住宅区的安全距离，分别对上式乘以系数 1.25 和 0.9。

A 类建筑物距危险生产区外部其他建筑物、构筑物或区域的安全距离，是以 R'_{A_2} 为基准，根据其不同的安全设防标准，乘以适当的比例系数就可以确定，如表 11-3 所示。

表 11-3 A 类建筑物距危险生产区外部各区的安全距离

项目	相邻建筑物	冲击波安全距离		
		A_1 级建筑物	A_2 级建筑物	A_3 级建筑物
厂内	本厂住宅边缘	$1.25R'_{A_2}$	$R'_{A_2}=25W^{112.8}$	$0.9R'_{A_2}$
	本厂独立机加区	$0.75R'_{A_2}$	$0.6R'_{A_2}$	$0.54R'_{A_2}$
厂外	国家铁路	$0.85R'_{A_2}$	$0.7R'_{A_2}$	$0.63R'_{A_2}$
	县以上公路	$0.63R'_{A_2}$	$0.5R'_{A_2}$	$0.45R'_{A_2}$
	110kV 高压输电线路	$0.63R'_{A_2}$	$0.5R'_{A_2}$	$0.45R'_{A_2}$
	35kV 高压输电线路	$0.38R'_{A_2}$	$0.3R'_{A_2}$	$0.27R'_{A_2}$
	零星住户边缘	$0.75R'_{A_2}$	$0.6R'_{A_2}$	$0.54R'_{A_2}$

续表

项目	相邻建筑物	冲击波安全距离		
		A_1 级建筑物	A_2 级建筑物	A_3 级建筑物
厂外	村庄、铁路车站边缘	$1.25R'_{A2}$	$1.0R'_{A2}$	$0.9R'_{A2}$
	少于 10 万人口的城镇边缘	$1.86R'_{A2}$	$1.5R'_{A2}$	$1.35R'_{A2}$
	多于 10 万人口的城镇边缘	$3.75R'_{A2}$	$3.0R'_{A2}$	$2.7R'_{A2}$

但需指出，不管按上面哪一公式进行计算及其计算结果如何，安全规范规定 A 类建筑物之间的安全距离最小不得少于 35m（从两建筑物的外墙根算起）。

A 类库房距危险品总仓库内部其他库房的安全距离，实际上是按殉爆安全距离（或叫最小不殉爆距离）来计算的。因为确定这一距离的原则，一是保证一库房发生爆炸事故时相邻库房内的危险品不殉爆；二是允许相邻库房的破坏程度达到六级破坏，即允许倒塌。

殉爆的影响因素很多，不仅取决于危险品本身的敏感度、主爆药的威力和数量，而且与包装情况、空间间隔情况、间隔物的材料和几何形状等有关，因而殉爆安全距通常不能精准确定。近年来，国内有关单位为寻求一个比较适用的殉爆安全距离公式进行了大量爆炸试验，取得了一定的成果。试验危险品为散装鳞片状 TNT，密度为 $0.85g/cm^3$。试验处于裸露状态下并在野外进行，主爆药量由 6.4kg 逐步增加到 4000kg，受爆药为 6.4～50kg，从中找到了 TNT 药堆之间的最小不殉爆距离为

$$R=0.692\sqrt[3]{W} \tag{11-3}$$

式中，W 为主爆药的药量，kg。

雷管库与雷管库或雷管库与危险品库之间的安全距离，按下式进行计算：

$$R=K\sqrt{N} \tag{11-4}$$

式中　R——雷管库与雷管库或雷管库与危险品库之间的最小安全距离，m；

N——库房内存放的雷管个数；

K——殉爆安全系数，其值从表 11-4 中选取。

表 11-4　雷管库殉爆安全距离系数

项目	双方均无土堤	一方有土堤	双方均有土堤
雷管库与危险品库	0.06	0.04	0.03
雷管库与雷管库	0.10	0.067	0.05

在计算雷管库与危险品库之间的殉爆安全距离时，由于雷管的敏感度高，可只以雷管库为主爆药进行计算，而不考虑危险品库的装药量。但当危险品存量比雷管存量大得多时，也可以危险品库为主爆药计算其安全距离，然后将两者相比较，取其中较大者。

导爆索库房殉爆安全距离的计算与雷管库的相同，只是将每米导爆索相当于10个雷管代入公式进行计算。

至于导火索库房的安全距离，虽然导火索的药芯为黑火药，但药芯的药量小而细长，外面又有6～7层包缠物，根据试验和实际使用的经验，它仅能燃烧而不会爆炸。例如，某厂库存100多万米导火索，虽然其他产品能够发生爆炸现象，但导火索总仓库只考虑燃烧事故，不考虑殉爆问题。

11.3 建筑物防爆措施

(1) *在建筑结构上采取的防爆措施*

炸药及火工品的生产、贮运企业，应在建筑结构方面采取相应的防火防爆安全措施。主要从以下方面考虑。

① 降低起火爆炸的可能性。例如，完善通风条件以排除炸药粉尘与空气混合形成爆炸性混合物的可能性；在炸药工房采用不发火地面；设置特殊的门窗并避免门窗及其零部件碰击、摩擦产生火花；室内墙面和顶板要刷与物料颜色有区别的油漆，墙角要抹成圆弧形，天棚要做成没有梁等外凸物的平面，以避免集聚粉尘并便于冲洗；向阳的门窗玻璃要涂白漆或采用毛玻璃，以避免阳光直射或由于玻璃内小气泡使太阳光聚焦而点燃易燃易爆物质；在有风沙的地区，门窗应有密闭设施，以免风沙吹入产品中增加其摩擦感度；一些有特殊危险的工序应在抗爆小室内进行作业；一切有可能产生火花的设备用室（如通风机室、配电室等）均应与危险性生产间隔离，并设置单独的出入口，以免互相影响。

② 减小火灾爆炸事故破坏作用的影响范围。例如，生产爆炸危险品的A、B、C、D类工房应不低于生产火灾危险甲类、耐火等级二级的各项要求。

③ 提高建筑主体结构强度。由于爆炸事故产生的冲击波对建筑物具有猛烈的冲击作用，会造成严重的破坏，所以为了在发生事故后能够很快恢复生产，防爆建筑物的主体结构要有足够高的结构强度和足够大的泄压轻型面，避免形成整座建筑物的坍塌。这些防爆技术措施要从建筑物的平面与空

间布置、建筑构造和建筑设施上加以实施。

④ 采取泄压措施。对于防爆建筑物，除了主体结构应能耐受一定的爆炸压力外，还要设立各种能减轻爆炸事故危害的泄压设施，其中以设置轻质屋盖的泄压效果较好。当发生爆炸时，作为泄压面积的建筑构件、配件首先遭到破坏，将爆炸气体及时泄出，使室内形成的爆炸压力骤然下降，从而保全建筑物的主体结构。泄压面积与该工房内处理的危险品数量、爆炸威力等有关，要通过计算确定。

对于炸药和火工品工房，其泄压面积根据爆炸压力确定。一般是通过模拟试验，得出泄压系数（泄压面积与工房容积的比值）K 与爆炸时墙壁所受压力 p 的关系曲线，供设计时选用。

此外，防爆建筑物都应是一、二级耐火建筑物。多层防爆建筑物应采用整体式或装配式钢筋混凝土结构或钢结构；单层防爆建筑可采用铰接装配式钢筋混凝土结构或钢结构。由于热工要求，墙身较厚或建筑面积在 $100m^2$ 以下的小型防爆建筑，也可采用砖墙承重的混合结构。

⑤ 减小爆炸时对人员的伤害和对附近建筑的影响。首先，从工厂总平面布置上将危险建筑物与非危险部分尽可能分开或隔离，对特殊危险的抗爆小室要设置抗爆墙、抗爆装甲门以及相应的抗爆小院；其次，要设置足够的安全疏散出口（包括门、安全窗、安全梯等），使工人在发生事故时能很快疏散或就近离开危险地点。安全疏散出口不得少于两个。对于炸药厂，从工作地点到最近一个安全疏散出口处的距离不得大于 15m。

（2）抗爆墙

为了满足防爆安全要求，对某些建筑物的墙体作增加结构强度处理，提高其抵抗冲击波的能力，以便将爆炸事故的破坏影响限制在局部范围内，这种经过处理的墙体被称为抗爆墙。

在炸药、火工品等危险品生产中，预防生产中发生爆炸事故，一是在生产工艺上采取安全技术措施，减少生产的危险性；二是在工房建设上采取抗爆防爆措施，把爆炸事故限定在一个小范围内。例如设置抗爆小室，将危险性大、事故发生概率大的工序放在抗爆小室内，以免一个工序爆炸影响整个生产线。抗爆小室的墙体应是抗爆墙结构，抗爆小室的轻型泄压窗外面还应修一个抗爆小院（见图 11-1），以防止爆炸事故伤害室外行人。

在炸药和火工品生产场所，为避免这类物质发生燃烧爆炸时对建筑物造成严重破坏，在建筑物结构上也要采取安全措施。主要措施有两个方面：一是增加承重结构和墙体的强度，使其能够抵抗最大爆炸压力 $40\sim110t/m^2$

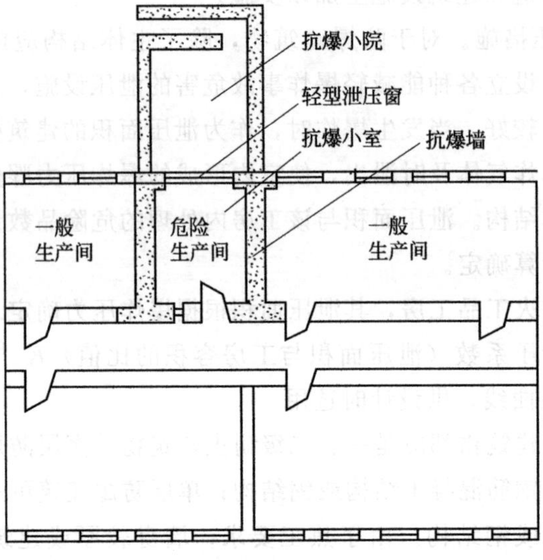

图 11-1 抗爆墙与抗爆小室

(普通 30cm 厚的砖墙只能耐受 $0.7t/m^2$ 的压力)；二是设置一些泄压轻型结构，如轻型屋盖、轻型外墙和轻型窗等，在发生爆炸事故时，薄弱环节首先遭到破坏，瞬间泄放掉大量气体和热量，室内压力骤然下降，从而减轻了对承重结构和抗爆墙的压力，避免房屋倒塌。

抗爆墙的结构大多为钢筋混凝土的，少数有夹砂钢板的、型钢的，特殊情况下也可用黏土砖或砂袋等。

(3) 抗爆小室

抗爆小室是用来将爆炸事故限制在局部范围内的小型危险作业工房。抗爆小室的三面墙壁和屋盖应为现浇钢筋混凝土抗爆结构，能抵抗爆炸产生的巨大压力和冲量；墙壁应为泄压轻型墙结构或安装泄压轻型窗，这样可使爆炸冲击波迅速排到室外大气中，减少对墙壁施加的压力。因为发生爆炸事故时，开始墙壁承受向外的正压力；在爆波泄出时，瞬间形成真空，墙壁又承受向内的负压力，于是墙壁振动。若抗爆小室没有轻型面，爆炸冲击波在室内墙壁上来回反射，将反复作用于抗爆墙上，使抗爆墙发生共振，增大抗爆墙的负荷，甚至遭到破坏，见图 11-2。因此，轻型面对于抗爆小室的抗爆结构有很大影响。

抗爆小室尽量布置在车间靠外墙的地方，轻型面向外。如果轻型面所向方向离道路、建筑物不远时，在轻型墙外还应修抗爆屏院，以防冲击波及破片等飞出伤人或引起其他事故。抗爆屏院由矩形钢筋混凝土抗爆墙构成，墙厚不小于 4m，墙高不低于抗爆小室窗口高度。抗爆屏院的进深为 3～4m。抗爆屏院的布置，应能防止冲击波从开口处传出窜入邻室，引起邻室破坏或炸药殉爆，如图 11-3 所示。

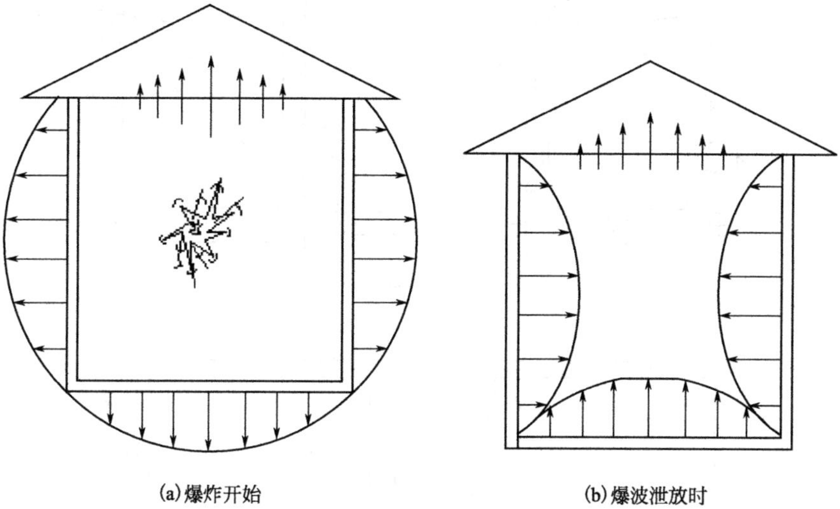

图 11-2　抗爆小室的受力情况

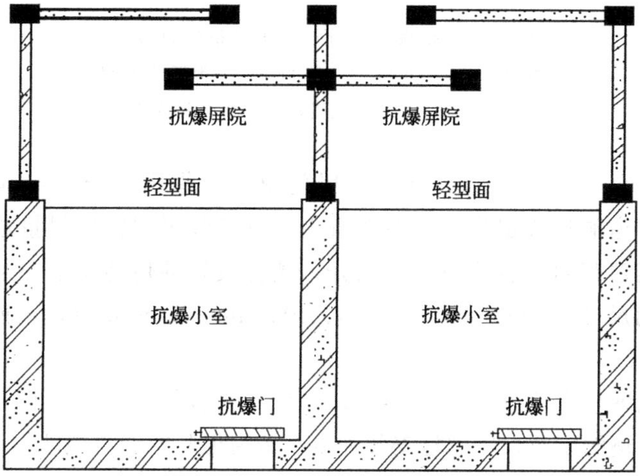

图 11-3　抗爆小室和抗爆屏院的布置

若抗爆小室之间有物料传递，或需要操作人员从外面观察室内的工作情况，那就需要在墙壁上留传送孔、观察窗，且均要设计成抗爆型的。如

图 11-4所示为抗爆小室开设抗爆观察窗的形式。传递孔上要有钢板闸门，闸门和观察窗上的玻璃均为防弹玻璃，在爆炸破片的作用下不允许产生穿透现象。

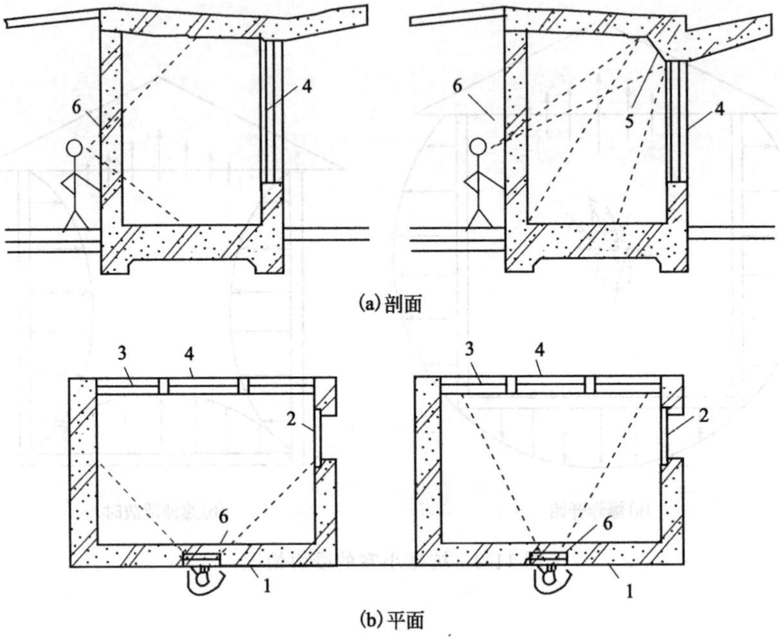

图 11-4 抗爆小室开设防爆观察窗的形式

1—抗爆钢筋混凝土墙；2—装甲门；3—泄压轻型外墙；4—泄压窗；5—玻璃镜装置；6—防弹玻璃

抗爆小室的门窗须做成抗爆装甲门窗，其作用是防止爆炸冲击波及破片通过门窗洞口飞出伤人。在布置上，抗爆装甲门窗应尽量避免与其他生产间的门窗相对，且应设置为内开。墙上设置的传递窗上亦须设置装甲窗扇，窗洞尺寸为 500mm×500mm、500mm×750mm 两种，窗台高度为 0.8～1.0m。

设在抗爆小室墙壁上的观察窗，应采用钢板拼装焊接窗框，镶防弹玻璃，用橡胶垫圈密封，以螺栓安装连接。钢窗框与窗洞口预埋钢板套筒焊接固定。图 11-5 是抗爆小室开设防弹玻璃观察窗的构造。

(4) 泄压轻型屋盖

所谓泄压轻型屋盖，是指自重轻（不超过 100kgf/m^2）、有脆性的非燃烧体屋盖。泄压轻型屋盖在受到 100kgf/m^2 以上压力作用即能被掀掉。

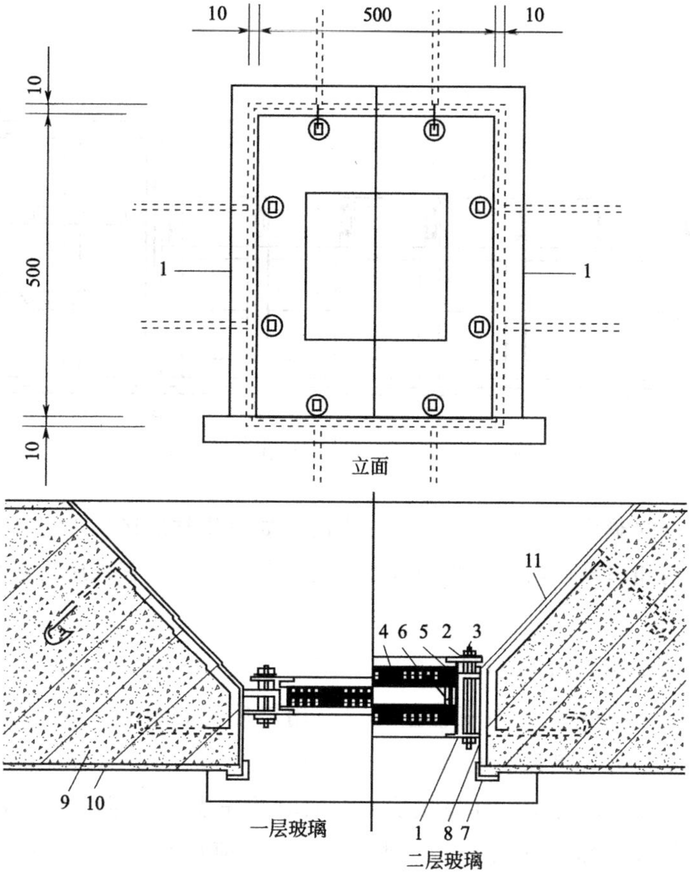

图 11-5　防弹玻璃观察窗构造

1—固定钢窗框；2—压玻璃钢窗框；3—螺栓安装连接（ϕ16mm）；4—夹层玻璃；5—橡胶带垫圈（30mm×10mm）；6—木框垫圈；7—角钢镶边；8—焊接处；9—防爆钢筋混凝土；10—隔爆操作室墙面抹灰层；11—预埋钢套筒

用于有爆炸危险的建筑物上，在发生爆炸事故时能使爆炸波泄放出去，以免建筑物的主体结构受到爆炸波的冲击破坏，降低设备损坏造成的损失。轻型屋盖易被炸成碎块，以免大块物体飞出伤人及造成对附近建筑物的破坏。轻型屋盖为非燃烧材料，以免炸飞的碎块引燃其他建筑物或可燃物。如图 11-6 所示为某工房发生爆炸事故时轻型屋盖被掀掉而起到泄压作用的示意图。

炸药及火工品等危险品生产工房如黑火药生产工房、炸药生产的熔化注装工房、烟火药生产的预烘干燥工房等宜采用轻质易碎屋盖。但对于容易发

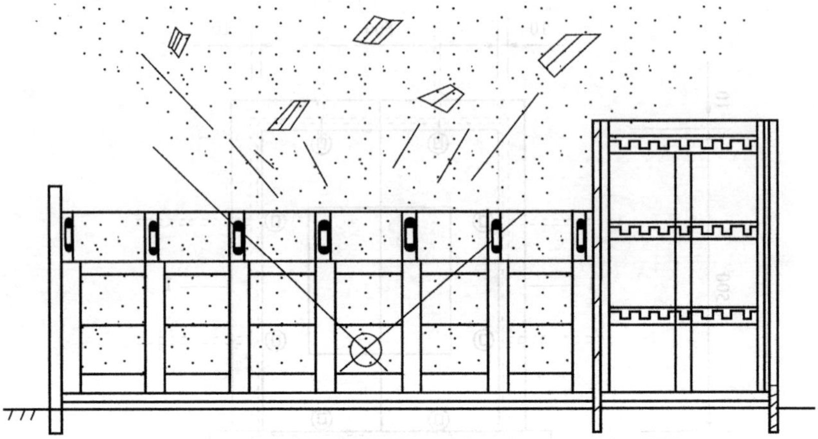

图 11-6 轻型屋盖起泄压作用示意图

生爆炸事故的硝化甘油工房，药量较大的（如硝化甘油接料工房）应采用轻质易碎结构和屋盖；药量较小的（如硝化、分离工房）宜采用钢筋混凝土抗爆结构。

（5）泄压轻型外墙和泄压轻型窗

① 泄压轻型外墙。泄压轻型外墙是用轻质易碎材料构成的防护外墙，其用途基本上与轻型屋盖相同，可在受到 $0.1t/m^2$ 的压力时能被掀掉，在建筑物上造成薄弱环节，在发生爆炸事故时首先遭到破坏，以泄放爆炸波，使建筑物的其他部分少受损失。泄压轻型外墙应设在建筑物朝向安全的一面。泄压轻型外墙的构造，按照使用要求可分为无保温层的和有保温层的两种。

② 泄压轻型窗。泄压轻型窗设置在有爆炸危险工房的外墙上，当发生爆炸事故时，泄压轻型窗在爆炸压力下自动开启或震碎玻璃，泄放掉大量爆炸气体和热量，使室内压力降低，以达到保护建筑物主要部分的目的。泄压轻型窗的材质以木质窗框和窗扇为宜，表面涂以防火漆，使其在一定时间内抵抗火烧；不能采用钢窗，因为钢窗开关时碰撞能产生火花；木窗框上的小五金件也要采用一半铁一半钢制作。当然，也可采用不燃材料高强度混凝土制作泄压轻型窗的窗框和窗扇。

（6）建筑物工房门、窗等的要求

有爆炸危险的工房门窗，除了应满足一般的交通、采光和通风要求外，根据不同产品不同工序的特点与危险程度，尚有一些特殊要求。

① 对门的要求。对于有爆炸危险的工段，为了在发生爆炸事故时能使工房内操作人员迅速疏散到室外，须设置安全疏散门。门要向外开启，不应设门槛。对于危险品仓库，为满足通风和保卫的要求，须设置格栅门或百叶门。危险工房（库）的门扇周围要镶一圈橡皮，以达到密闭不透风沙并使门扇开关时不致碰击出现火花。门的合页和插销应有足够抵抗冲击波的强度。与防火建筑物毗邻的楼梯间、电梯间等应设防火双门斗。防火双门斗应采用双向弹簧门，门斗宜靠外墙设置，并有自然通风。

② 对窗的要求。有爆炸危险的工房的窗户有 3 种形式：一种是安全窗，用作疏散；一种是轻型窗，用作泄压；另一种是装甲窗，用作防爆。

③ 对小五金及玻璃的要求。在有爆炸危险的工房，其门窗小五金件不能采用铁制，因为铁与铁碰撞摩擦时会产生火花，有引起爆炸的危险，一般用黑色金属与有色金属（如铁与铜）配合制成。

爆炸危险工房的窗户玻璃不可全采用平板玻璃，因为平板玻璃内可能有小气泡或表面不平整，使阳光聚焦或发生折射，有可能引爆炸药。为了防止这类事故发生，要求朝阳的窗户玻璃为毛玻璃，或普通玻璃涂上白漆。有抗爆要求的窗户玻璃要用防弹玻璃（即塑性玻璃），如玻璃钢、胶合有机玻璃等，这种玻璃受冲击波作用不易破碎，或破碎后不致伤人。

(7) 不发火地面

不发火地面是指有爆炸危险的工房需要满足防爆要求而特制的地面。在有炸药及火工品的工房，必须防止产生任何火花，为了避免穿钉子鞋或铁制工具与地面碰击摩擦时产生火花，就要求这些工房的地面为不发火地面。此外，还要求这种地面有一定软度和弹性，以减小炸药受撞击摩擦的机会；表面要平滑无缝，以便于冲洗落在地上的药粉；有耐腐蚀性能，能满足工艺上使用酸碱等要求；有一定的导静电能力，以导除生产中物料和设备摩擦产生的静电。

(8) 建筑物对地面排水沟、管线沟等的要求

有爆炸危险的工房、库房，如果生产设备或贮存容器发生爆炸，有时会泄漏大量比空气重的有害物质，这些物质往往会沿着地面排水沟或管线沟（如工艺物料管道沟、热力管道沟、电缆沟等）扩散流窜到相邻生产工房或其他辅助房间，当其达到爆炸极限浓度范围时，遇到火源会发生再次爆炸，从而扩大了事故范围，加重了事故的灾害程度。如果在生产或贮存过程中，易燃易爆危险物质发生“跑、冒、滴、漏”，同样也会沿着地面排水沟和管

线沟扩散到与其相通的建筑物内，引起爆炸事故。

复习思考题

1. 什么是防爆安全距离？确定安全距离的原则是什么？
2. 安全距离计算方法有哪些？各适用于什么场合？
3. 建筑物防爆设计措施有哪些？
4. 建筑物危险等级如何划分？
5. 抗爆小室中可进行什么实验？

参考文献

[1] 胡双启，赵海霞，肖忠良，等．火炸药安全技术［M］．北京：北京理工大学出版社，2014.

[2] 芮筱亭，负来峰，王国平，等．弹药发射安全性导论［M］．北京：国防工业出版社，2009.

[3] 张恒志，王天宏．火炸药应用技术［M］．北京：北京理工大学出版社，2010.

[4] 胡双启，尉存娟，胡立双，等．燃烧与爆炸［M］．北京：北京理工大学出版社，2015.

[5] 胡双启，胡立双，崔超，等．爆炸安全［M］．北京：煤炭工业出版社，2019.

[6] 张国顺．燃烧爆炸危险与安全技术［M］．北京：中国电力出版社，2003.

[7] 王东生．火炸药及其制品燃烧爆炸事故调查与防范［M］．北京：国防工业出版社，2013.

[8] 刘天生，王凤英，李如江，等．燃爆灾害防控学［M］．北京：兵器工业出版社，2011.

[9] 冯长根．热爆炸理论［M］．北京：国防工业出版社，1990.

[10] 王玉玲，余文力．炸药与火工品［M］．西安：西北工业大学出版社，2011.

[11] 欧育湘．炸药学［M］．北京：北京理工大学出版社，2014.

[12] 舒远杰．炸药学概论［M］．北京：化学工业出版社，2011.

[13] 郝志坚，王琪，杜世云．炸药理论［M］．北京：北京理工大学出版社，2015.

[14] 劳允亮．起爆药化学与工艺学［M］．北京：北京理工大学出版社，1997.

[15] 蒋荣光，刘自锡．起爆药［M］．北京：兵器工业出版社，2006.

[16] 王凯民．火工品工程［M］．北京：国防工业出版社，2014.

[17] 叶迎华．火工品技术［M］．北京：北京理工大学出版社，2007.

[18] 叶迎华．火工品技术［M］．北京：国防工业出版社，2014.

[19] 蔡瑞娇．火工品设计原理［M］．北京：北京理工大学出版社，1999.

[20] 陆明．工业炸药配方设计［M］．北京：北京理工大学出版社，2002.

[21] 刘天生，王凤英，张晋红，等．现代爆破理论与技术［M］．北京：北京航空航天大学出版社，2016.

[22] 于亚伦．工程爆破理论与技术［M］．北京：冶金工业出版社，2003.

[23] 顾毅成．爆破工程施工与安全［M］．北京：冶金工业出版社，2003.

[24] 松全才．炸药理论［M］．北京：兵器工业出版社，1997.

[25] 周霖．爆炸化学基础［M］．北京：北京理工大学出版社，2005.

[26] 汪佩兰，李桂茗．火工与烟火安全技术［M］．北京：北京理工大学出版社，2007.

[27] 娄建武，龙源，谢兴博．废弃火炸药和常规弹药的处置与销毁技术［M］．北京：国防工业出版社，2007.

[28] 谢兴博，周向阳，李裕春，等．未爆弹药处置技术［M］．北京：国防工业出版社，2019.

[29] 李金明，雷彬，丁玉奎．通用弹药销毁处理技术［M］．北京：国防工业出版社，2012.